미래 산업사회를 위한
드론 소프트웨어
DRONE SOFTWARE

이병욱 · 황준 공저

21세기사

PREFACE

하늘에 비행기가 나르는 것을 보면 너무 즐겁다. 비행기를 내 손으로 조종하는 일은 더욱 즐겁다. 비행기를 조종하는 것보다 더 즐거운 것은 비행기를 만드는 일이다. 비행기를 물리적으로 만드는 일과 함께 비행기를 움직이는 프로그램을 만드는 일은 더욱 즐거운 일이다. 만약 내가 머릿속으로 생각하는 대로 비행기가 날아간다면 얼마나 좋을까?

처음 모형 비행기에 입문했을 때 모르는 것이 너무 많아서 경험이 있는 분들에게 기회가 있을 때마다 묻고 또 물었다. 그렇지만 자꾸 묻기만 하는 것도 미안해서 자료를 찾아보고 공부를 했지만 기초가 부족해서 그런지 너무 어려웠다. 모형 비행기를 조립하고 날린 다음에는 헬리콥터를 조립하고 날렸는데 헬리콥터는 조립과 조정이 더 힘들어서 애를 먹었다. 그렇게 한참 시간이 지났을 때 드론이 붐을 일으키기 시작하였다. 드론(멀티콥터)은 컴퓨터 프로그램으로 동작하기 때문에 더 호기심이 갔다. 아두이노 보드에 비행제어 프로그램을 올리고 멀티콥터를 날리는 것은 신나는 일이었다.

비행기를 원격으로 조종하고 비행기가 스스로 임무를 수행하는 것은 4차 산업혁명 시대에 매우 중요한 일이다. 비행기가 사람처럼 스스로 임무를 수행한다는 것은 자동차, 선박, 잠수정, 미사일, 우주선, AI 로봇 등 모든 기계장치들이 목표로 하는 것이기 때문에 현대 과학기술의 기반이 된다. 드론을 만들기 위해서는 항공기계, 항공전자, 전기공학, 전기화학, 컴퓨터 소프트웨어 등 다양한 분야의 학문이 융합되어야 하기 때문이다.

이 책은 처음 드론을 시작하는 학생들이 공부할 수 있도록 비행기에 대한 설명과 함께 프로그래밍 기술을 경험할 수 있도록 작성하였다. 드론에 대한 이론을 공부하면서 적절한 시기에 드론을 조립하고 비행할 수 있도록 드론 조립과 비행에 대해서도 기술하였다. 제1장에서 7장까지는 이론 위주로 기술하였고, 제8장에서 16장까지는 비행제어 프로그램에 대해서 기술하였고, 제17장은 GPS와 촬영에 대해서 기술하였고, 제18장은 드론 조립에 대해서 기술하였다. 제18장 드론 조립은 이론을 공부하는 중간에 적절한 시간에 병행하는 것이 좋을 것으로 생각한다.

이 책을 출판하도록 애써주신 21세기사에 감사드린다. 이 책이 드론을 공부하는 분들에게 조금이라도 도움이 되기 바란다.

2019년 6월

저자

CONTENTS

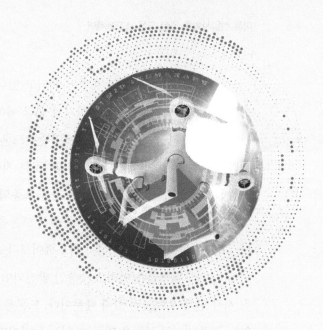

CHAPTER **1**

드론의 개요

드론이라는 말이 일종의 유행어가 되고 있다. 드론이라는 단어는 다양한 분야에서 계속 발전되고 있어서 이를 정의하기가 조금 애매하다. 현재까지의 드론의 발전 추이를 감안하여 볼 때 가장 쉽게 통용되는 정의는 "드론이란 무선 또는 탑재된 컴퓨터로 조종되는 선박이나 항공기"이다. 더 확장된 의미로는 지상의 무인 차량과 수중의 무인 잠수함까지 포함하기도 한다. 어떤 분야에서는 자율 조종되는 로봇으로 정의하기도 한다.

이 장에서는 드론에 대한 기능 중에서 드론을 움직이는 소프트웨어를 중심으로 설명한다. 그 이유는 드론의 중요성이 하드웨어보다 소프트웨어에 있기 때문이다. 드론의 부품이 되는 하드웨어들은 이미 오랫동안 발전되어 성숙 단계에 이르렀지만 소프트웨어는 아직 시작 단계에 머물러 있기 때문이다. 드론을 움직이는 비행제어 소프트웨어를 만들 수 있는 능력이 바로 드론을 만들 수 있는 능력이다.

1.1 개요

사람들은 오랜 옛날부터 하늘을 날고 싶은 꿈이 있었으며 많은 사람들이 이 꿈을 이루고자 노력하였다. 라이트 형제(Wright brothers)[1]가 처음 동력 비행에 성공한 이후부터는 매우 빠른 속도로 비행기가 발전하기 시작하였다. 처음 개발된 비행기는 모두 하드웨어로 만들어졌으므로 기계적인 구성만으로 비행이 가능하였다. 비행기는 긴 활주로를 필요로 하기 때문에 수직 이착륙 필요성에 의하여 헬리콥터가 개발되었다. 1960년대에 컴퓨터가 산업계에 널리 보급되기 시작하면서 비행기 제작과 운항에 소프트웨어가 도입되었다. 또한 헬리콥터의 안정성과 편의성을 개선하는 방법으로 멀티콥터가 개발되었다. 멀티콥터의 여러 개의 모터를 효과적으로 제어하기 위하여 컴퓨터를 이용한 비행제어 소프트웨어가 도입되었다.

■ 드론의 정의

드론을 정의하자면 다양한 표현이 가능하다. 미국연방항공청(FAA)에서는 드론을 "원격조종 및 자율조종으로 시계 밖 비행이 가능한 무인기"라고 정의한다. 국제민간항공기

---

1   1903년 역사상 처음으로 동력 비행기를 제작한 미국인. Orville Wright와 Wilbur Wright 형제.

구(ICAO)에서는 "원격으로 조종되는 항공기"라고 정의한다. IT분야에서는 "무선이나 컴퓨터로 조종되는 무인 선박이나 비행기"라고 정의하고 있다. 드론을 항공기와 함께 선박을 포함해서 정의하는 이유는 이들이 3차원 공간을 운행하기 때문일 것이다. 어떤 이들은 "조작자가 원하는 만큼 움직이는 자율 로봇"이라고 정의한다. 드론이 막 개발되고 발전하고 있는 초기 단계이기 때문에 정의는 아직도 변화하고 있다. 이 책에서는 우선 드론을 "무선이나 컴퓨터로 조종되는 무인기"라는 정의를 기준으로 설명하고자 한다.

1.1.1 드론의 역사

현대적인 개념으로 드론이 처음 사용된 경우는 제2차 세계대전 때 영국과 미국이 대공포 무인 표적기를 사용했던 것으로 보고 있다. 영국 해군이 1935년에 항공기의 공격을 방어하는 훈련을 하기 위해서 "Queen bee"라는 무인기를 대공 표적기로 개발하였다. 이 무인기는 무려 470대를 생산해서 사용했다고 한다. 영국의 영향을 받아서 미국 해군이 무인 표적기를 개발하여 1만5천대 이상 생산하고 사용했다.

이스라엘은 중동전에서 적군을 속이기 위하여 무인기를 위장용 비행기(decoy)로 사용했다. 이스라엘은 무인기를 적진의 상공에 진짜 전투기인 것처럼 띄워서 시리아 방공포대의 공격을 유도하고 방공포대의 위치를 탐지했다. 이스라엘은 지금도 Harpy[2]라는 무인 공격기를 운용하고 있다.

1990년에 있었던 걸프전에서 미군은 컴퓨터 비행제어 보드를 사용하였으며 F111 스텔스기의 안정화를 도모했다고 한다. 이 후로 컴퓨터 비행제어 보드가 활용되기 시작하였다.

1992년에 발발한 보스니아 전쟁에서 미군은 무인 정찰기를 사용했으나 비행시간이 수 시간밖에 되지 않았다. 이스라엘 출신의 이민자 에이브라함 카렘이 자신의 차고에서 만든 Gnat-750 드론은 50시간의 정찰이 가능하였다. 미군은 이것을 사용하였고 계속 발전시켜서 Predater 드론을 만들었다.

2000년대에 들어서 일본은 농업용 드론을 개발하여 사용하기 시작하였다. 지금은 드론이 농사의 부담을 많이 줄이고 있으나 앞으로는 더 크게 줄일 것으로 예상된다. 미군은 드

---

2 Harpy: 이스라엘의 IAI사가 만든 무인 공격기. 최대 8시간 체공하다가 적의 대공 레이더 신호를 발견하면 추적하여 파괴하는 미사일. 한국, 터키, 인도, 중국 등에 수출하였다.

론을 미사일로 무장하여 대지 공격을 수행하였으며 고고도 무인 정찰기까지 개발하여 사용하고 있다. 중국은 민수용 드론을 발전시켜 전 세계 시장을 석권하기 시작하였다. 민간 시장에서 드론이 발전하게 된 원인 중의 하나는 휴대폰의 발전으로 인하여 배터리 성능이 개선된 점을 들 수 있다. 군수용 드론은 장거리 비행을 감당하기 위하여 가솔린 엔진을 사용하고 있으나 민수용은 비행 시간이 짧기 때문에 배터리를 많이 사용하고 있다.

1.1.2 드론의 분류

드론을 분류하는 기준은 매우 다양하다. 드론이 움직이는 영역을 기준으로 분류하기도 하고, 날개의 형태에 따라서 분류하기도 하고, 크기와 용도에 따라서 분류하기도 한다.

(1) 영역에 따르는 분류

드론이 운항되는 영역을 공중, 수상, 수중, 지상 등으로 구분하는 분류이다. 우주로 쏘아 올리는 로켓과 달과 화성과 같은 위성 표면에서 동작하는 차량들도 무인 장비이므로 드론이라고 할 수 있으나 여기서는 포함하지 않는다.

① 무인 항공기 UAV: Unmanned Aerial Vehicle

무인 항공기는 무선이나 컴퓨터로 조종되는 비행기와 사전에 입력된 프로그램에 의하여 조종되는 비행기와 원격으로 조종되는 미사일 등을 포함한다.

② 무인 선박 UMV: Unmanned Maritime Vehicle

무인 선박은 무선이나 컴퓨터로 조종되는 선박과 사전에 입력된 프로그램에 의하여 조종되는 선박과 호버 크래프트[3] 등을 포함한다.

③ 무인 잠수정 UUV: Unmanned Underwater Vehicle

무인 잠수정은 무선이나 컴퓨터로 조종되는 잠수정과 사전에 입력된 프로그램에 의하여 조종되는 잠수정과 원격으로 조종되는 어뢰 등을 포함한다.

---

3   호버 크래프트(hovercraft): 아래로 분출하는 압축 공기를 이용하여 수상이나 지상으로부터 떠오른 상태로 움직이는 운송 수단. 공기가 충격을 완화하기 때문에 바다와의 마찰력이 발생하지 않으므로 빠른 속력으로 항해할 수 있다.

④ 무인 차량 UGV: Unmanned Ground Vehicle

무인 차량은 무선이나 컴퓨터로 조종되는 차량과 사전에 입력된 프로그램에 의하여 조종되는 차량과 이동하는 로봇 등을 포함한다.

(2) 날개 형태에 따르는 분류

드론의 날개가 기체에 고정되어 있는지 회전하는지 수직과 수평으로 변경되는 지에 따르는 분류이다. 이밖에도 로터와 프로펠러가 다양하게 결합된 여러 가지 드론들이 있으나 대표적인 것만 포함한다.

① 고정익

날개가 기체의 동체에 고정된 항공기이다. 전형적인 항공기이다.

② 회전익

날개(rotor)가 회전하는 항공기이다. 헬리콥터와 자이로콥터(gyrocopter)[4] 등이 있다.

③ 틸트 로터(Tilt rotor)

프로펠러가 수직으로 장착되어 있다가 수평으로 장착되는 가변형 항공기이다. 좁은 공간에서 이륙과 착륙을 할 수 있고 공중에서는 프로펠러가 수평으로 바뀌어서 비행기처럼 빠르게 비행한다.

(3) 크기에 따르는 분류

드론의 크기를 무게에 따라서 구분하는 분류이다.

① 대형 드론

대형 드론은 무게 150kg 이상의 드론이다.

② 중형 드론

중형 드론은 무게 150kg 이하의 드론이다.

---

4   Gyrocopter(AutoGyro): 뒤에 달린 프로펠러는 추력을 내서 전진하는데 사용되고, 전진하면 수직 방향으로 회전하는 로터(rotor)가 자유롭게 돌아서 양력을 얻는 비행이다. 전진해야 양력을 얻으므로 활주로가 필요하다. 헬리콥터는 로터로 양력과 추력을 함께 얻는 점이 다르다.

③ 소형 드론

소형 드론은 무게 25kg 이하의 드론이다.

④ 초소형 드론

초소형 드론은 무게 100g 이하의 드론이다.

⑷ 용도에 따르는 분류

드론이 사용되는 분야에 따라서 군사용과 민수용으로 구분된다. 군사용 드론의 비중이 압도적으로 크지만 여기서는 민수용만 다루기로 한다.

■ 군사용

대공 사격 훈련용 표적지로 사용되기 시작하여 정찰, 탐지, 대지 공격 등으로 역할을 확장하고 있다. 더 나가서는 육군과 해군의 전투용 드론도 개발되어 사용할 것으로 예상된다. 전체 드론의 90%는 군사용이고 나머지는 민수용이다. 군사용의 2/3는 미국이 점유하고 나머지의 반은 이스라엘이 점유하고 있다.

■ 민수용

전체 민수용의 70%는 중국의 DJI가 점유하고 있으며 나머지의 절반도 유닉(Yuneec), 이항(Ehang), 샤오미(Ziaomi), 협산(Hubsan) 등 다른 중국 업체들이 점유하고 있다.

① 산업용

농촌에서 씨를 뿌리고 비료와 농약을 살포하며 병충해와 성장과정을 관찰하는 용도로 사용하고 있다. 도로, 제방, 방파제, 송전선로 등의 다양한 사회 시설물의 건설, 기록, 경계 및 감시용으로 사용한다. 문화, 예술, 언론, 방송분야에서는 영화, 드라마, 다큐멘터리 등에서 촬영 용도로 사용한다.

② 취미용

곡예 비행, 레이싱, 영상 촬영 등의 취미를 목적으로 만든 드론이다. 실제 항공기를 축소하여 제작하였으므로 기능과 성능이 우수하다.

③ 완구용

어린이들이 장난감으로 사용하는 드론이다. 주로 손바닥과 같거나 큰 정도의 초소형 드론과 소형 드론이다. 기본적으로 조종하기 쉽도록 호버링(hovering) 기능을 기본으로 채택하고 있다.

지금은 드론의 적용분야가 군사용에서는 정찰과 같은 비 전투 임무에 치중되어 있으나 앞으로는 공격과 방어를 위한 전투 임무로 확장될 것이다. 민수용에서는 자연과 시설 감시에 치중되어 있으나 앞으로는 지도 제작, 물류, 환경 감시 등 산업 전반으로 적용 범위가 확장될 것이다.

(5) 드론의 학문 분류

항공기 설계와 제조는 기계공학의 전유물이었으나 지금은 다양한 공학 기술들이 융합되는 분야이다.

① 항공기계공학

항공기를 설계하고 제작하기 위해서는 비행 능력을 위하여 항공역학 기술이 요구되고, 항공기를 제작하기 위하여 기계공학이 요구된다.

② 항공전자공학

항공기 모터(엔진)와 핵심 비행 장치들을 전자장치로 제어하는 기술이 중요한 요소이며 드론과 지상제어국과의 통신 기술이 중요하다. 이제는 항공전자공학(avionics)이라는 새로운 전문 분야를 창출하였다.

③ 전기공학

드론의 동력원이 엔진에서 전기 모터로 이동하고 있으므로 모터 기술이 중요하며 더불어 에너지를 소비하기 위한 전력 생산, 저장, 공급 기술이 중요하다.

④ 전기화학

항공기 동력이 석유를 사용하는 엔진에서 배터리를 사용하는 전기 모터로 바뀌고 있으므로 배터리를 생산하는 전기화학 기술이 중요한 요소이다. 차세대 연료전지 기술인 수소차도 화학반응으로 전기를 생성하는 전기화학 분야이다.

⑤ 컴퓨터공학

복수 개의 모터(엔진)를 효과적으로 제어하기 위해서는 비행제어 소프트웨어 기술이 중요하다. 모터뿐만 아니라 비행 임무를 위한 자세 제어, 통신 등 주요 장치들을 하나의 시스템으로 운영할 수 있는 제어 소프트웨어 기술이 요구된다.

미래에는 드론뿐만 아니라 모든 과학기술 분야의 다양한 기술들이 융합되고 있으므로 한 가지 전공만으로는 목표를 달성하는 것이 어렵다. 모든 학문의 경계를 허물고 폭넓은 지식을 습득하는 자세가 필요하다. 드론의 상품화까지 고려한다면 과학 기술과 함께 디자인과 마케팅을 포함한 인문과학과 사회과학까지 융합하는 것이 필요하다.

1.1.3 드론의 구성

드론은 무인기이므로 비행기에 있는 조종 장치들을 지상에서 조종기로 제어해야 한다. 따라서 드론과 조종기에는 서로 비행자료를 주고받을 수 있는 통신장치가 필요하다. 드론에는 조종기가 보내는 제어 신호를 수신할 수 있는 수신기가 필요하고 수신기가 보내주는 신호와 각종 감지기(sensor)들의 신호를 받아서 모터를 제어하는 신호를 만들어주는 비행제어 장치가 필요하다. 조종기에는 드론의 속도와 방향을 지시할 수 있는 조종기 스틱과 스위치들이 필요하고 이들 스틱과 스위치들이 만들어내는 신호들을 드론으로 전송할 수 있는 통신장치가 필요하다. [그림 1.1]은 드론과 드론을 조종하는 조종기가 통신을 하고 있는 그림이다.

멀티콥터(multicopter)가 나오기 전에는 무선 제어(RC, Radio Control) 기술을 이용해서 조종기(transmitter)로 무인 비행기와 무인 헬리콥터를 비행하였다. 쿼드콥터(quadcopter:

[그림 1.1] 드론과 조종기

프로펠러가 4개인 멀티콥터)는 드론의 대명사로 불리는 무인기이다. 쿼드콥터가 나오기 전에는 무인기 조종사들이 순전히 손가락의 움직임을 빨리하여 모형비행기들을 운전하였지만, 쿼드콥터는 4개의 모터를 개별적으로 움직여서 쿼드콥터의 속도와 방향을 결정하기 때문에 사람의 손가락만으로는 제어할 수 없게 되었다. 사람의 눈으로 드론을 보고 수십 분의 1초 단위로 한쪽 모터 속도를 빠르게 하고 다른 쪽 모터의 속도를 느리게 조종하기에는 너무나 어려운 일이다. 따라서 쿼드콥터라는 드론을 효과적으로 조종하기 위해서는 컴퓨터와 프로그램이 필요하게 되었다.

[그림 1.2](a)와 같이 모형 비행기를 조종할 때는 비행제어 소프트웨어 없이 조종기 신호가 송신기 HW를 거쳐서 수신기 HW를 통하여 직접 모터를 구동하여 비행하였다. 모형

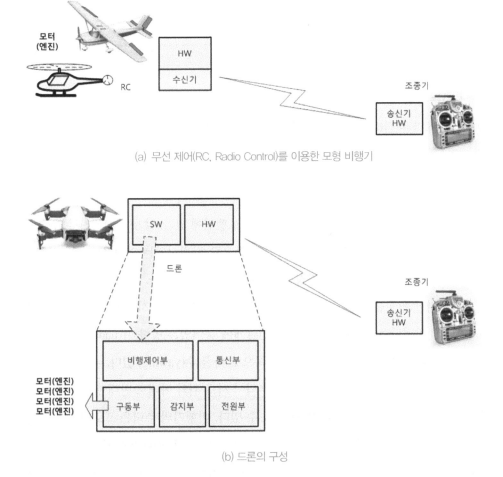

(a) 무선 제어(RC, Radio Control)를 이용한 모형 비행기

(b) 드론의 구성

[그림 1.2] 드론과 조종기의 내부 구성

비행기나 모형 헬리콥터는 기본적으로 추진력을 일으키는 모터가 하나이므로 스틱과 모터가 1:1로 대응된다. 즉 조종자가 조종기의 스로틀 스틱을 움직일 때마다 즉시 하나의 모터를 구동하였다. 그러나 드론에서는 조종자가 조종기 스로틀 스틱을 움직이면 4개의 모터 속도를 개별적으로 계산하여 움직여야 하기 때문에 [그림 1.2](b)와 같이 비행제어 소프트웨어가 필요하게 되었다.

비행제어부는 통신부의 수신기에서 오는 조종 정보와 함께 감지기들에서 오는 감지기 정보를 취합하여 4개의 모터 속도를 계산하고 구동부에 출력한다. 구동부는 모터에 구동 정보를 출력하여 모터를 구동한다. 비행제어부는 수십 분의 1초 단위로 모터 속도를 계산하여 구동부에 출력함으로써 안정적으로 비행하게 한다. 조종기는 비행제어 소프트웨어가 없는 모형비행기와 마찬가지로 순수하게 하드웨어만으로 구성된다.

1.2   비행 원리

항공기는 종류에 따라서 비행하는 원리가 조금씩 다르다. 비행기, 헬리콥터, 멀티콥터 등에 따라서 다른 원리로 비행하기 때문에 성능과 기능과 용도가 다르게 된다.

1.2.1 비행기 비행 원리

비행기가 하늘을 비행하는 원리는 날개와 프로펠러에 있다. 날개는 비행기를 공중으로 부양하는 역할을 하며 프로펠러는 비행기를 앞으로 전진시키는 역할을 수행한다. 비행 원리를 공부하기 전에 비행기의 명칭을 [그림 1.3]에서 알아본다.

수평 꼬리날개에 붙어있는 승강타(elevator)는 상하로 움직여서 비행기의 머리를 위로 올리거나 내릴 수(pitching) 있다. 수직 꼬리날개에 붙어있는 방향타(rudder)는 좌우로 움직여서 비행기의 전진 방향을 오른쪽과 왼쪽으로 바꿀 수(yawing) 있다. 주익(main wing)에 붙어있는 보조 날개(aileron)는 좌익과 우익이 서로 위와 아래로 반대 방향으로 움직여서 비행기 동체를 좌우로 회전(rolling)시킬 수 있다. 비행기의 추력은 프로펠러를 돌려서 얻고, 양력은 주익에서 얻고, 롤(roll)은 보조날개로 얻고, 피치(pitch)는 승강타로 얻고, 요(yaw)는 방향타로 얻어서 비행기를 제어한다. 플랩(flap)은 비행기의 속도를 줄일 때 활짝

펴서 공기의 흐름을 막는 장치이다. 주로 착륙할 때 두 플랩을 위로 펴서 비행기의 속도를
늦춘다.

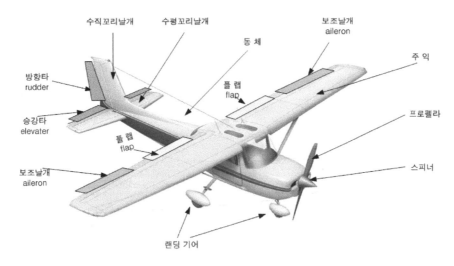

[그림 1.3] 비행기 각 부분의 명칭

(1) 양력

비행기는 날개를 이용하여 공중으로 떠오르는 양력(lift)과 프로펠러를 이용하여 앞으
로 나가는 추력(trust)으로 비행한다. 비행기를 땅으로 내릴 때는 중력(weight)을 이용하여
하강하고 항력(drag)을 증가시켜서 천천히 착륙을 한다. 즉 비행기는 양력, 중력, 항력, 추
력 등의 4가지 힘으로 비행을 한다.

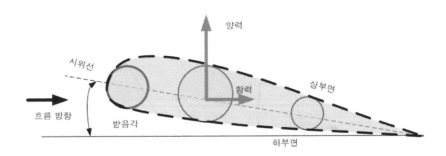

[그림 1.4] 비행기 에어포일

■ 에어포일(airfoil)

에어포일은 비행기 날개의 단면을 의미한다. 비행기 날개를 위에서 아래로 잘랐을 때
나타나는 단면이 바로 [그림 1.4]의 점선이며 에어포일이다. 날개의 앞면이 수평에서 약

간 위로 올라온 각도가 받음각이다. 날개 앞면의 중앙점과 끝을 연결하는 직선을 시위선
이라고 하는데 시위선과 수평선의 각도가 받음각이다. 날개의 가장 굵은 부분 위로 양력
이 작용하고 후면으로 항력이 작용한다. 새들의 날개를 자세히 보면 비행기의 날개처럼
활처럼 휘어있는 것을 볼 수 있다.

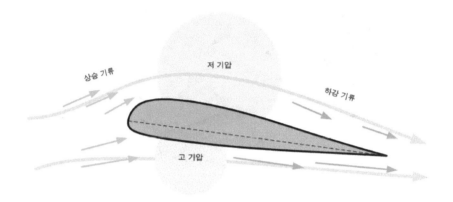

[그림 1.5] 비행기 날개 주변의 공기 압력과 양력

비행기 날개로 바람이 불어오면 [그림 1.5]와 같이 날개 밑으로는 거의 일직선으로 지
나가고 날개 위로는 상승 기류를 탔다가 다시 하강 기류가 되어 지나간다. 날개의 상부면
의 거리가 하부면의 거리보다 길기 때문에 상부면에서는 공기 속도가 빠르므로 저기압이

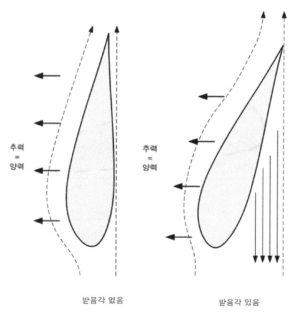

[그림 1.6] 프로펠러의 양력과 추력

형성되고, 반면에 하부면에서는 공기의 속도가 느리므로 상대적으로 고기압이 형성된다. 날개 아래의 고기압은 날개 위의 저기압을 밀어 올리므로 양력이 발생한다.

비행기 날개에서 양력이 발생하는 원리는 베르누이 정리(Bernoulli's theorem)를 기반으로 한다. 이 정리는 1738년에 스위스의 베르누이가 발견한 것으로 유체가 흐르는 속도, 압력, 높이의 관계를 수량적으로 나타낸 법칙이다. 유체의 위치 에너지와 운동 에너지의 합은 일정하다는 법칙에서 유도되었다.

(2) 추력

비행기가 전진하는 추력은 날개와 같은 원리로 만들어진 프로펠러가 회전하면서 생기는 양력이 방향이 바뀌어 앞으로 나가는 힘과 공기를 뒤로 밀어내는 힘으로 구성된다. [그림 1.6]에서 공기가 프로펠러의 곡면을 따라 흐르면 양력이 앞으로 발생하여 추력이 된다. 받음각(angle of attack)이 없는 경우에는 추진력만 생기지만 받음각이 있는 경우에는 날개의 뒷부분이 공기를 뒤로 밀어내서 추진력을 더욱 증가시킨다.

비행기들은 받음각이 클수록 양력이 크고 작을수록 양력이 작아진다. 따라서 비행기가 이륙 시에는 무게가 많이 나가기 때문에 받음각을 작게 하여 큰 힘을 발휘하게 하지만 공중에서는 양력과 중력이 균형을 이루기 때문에 받음각을 크게 바꾸어 비행 효율을 증가시킨다.

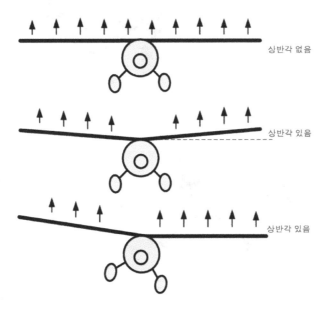

그림 1.7] 비행기 날개의 상반각

(3) 상반각(dihedral angle)

비행기의 주익이 [그림 1.7](a)와 같이 일직선으로 된 것도 있지만 (b)와 같이 약간 날개 끝이 올라간 비행기가 있다. 날개 끝이 올라간 각도를 상반각이라고 한다. 상반각이 있으면 비행기가 롤링을 할 때 복원력이 좋아진다. 상반각이 있으면 (c)와 같이 날개가 기울어진 것만큼 양력이 감소하는 단점이 있다. 그러나 비행기가 한쪽으로 기울어져서 수평이 되면 양력이 증가하고 반대편 날개는 양력이 감소하여 기체가 빨리 수평으로 복원되는 장점이 있다.

예제 1.1 비행기가 비행장에서 [그림 1.8]과 같이 이륙을 하려고 한다. (a)와 같이 비행기 앞에서 바람이 불어오고 있는데 지금 이륙을 해야 하는가? 바람이 멈출 때까지 기다렸다가 이륙해야 하는가? 아니면 뒤에서 바람이 불어올 때 이륙해야 하는가?

풀이

비행기가 이륙하는 속도와 바람이 뒤에서 불어오는 속도가 같다면 비행기 날개 위의 공기는 전혀 움직이지 않는 것과 같다. 따라서 비행기는 이륙하지 못한다. 비행기가 이륙할 때 앞에서 바람이 불어오면 날귀 위로 비행기 속도와 바람 속도가 합해진 속도로 공기가 지나가기 때문에 양력이 커져서 쉽게 이륙할 수 있다. 그래서 비행기는 역풍을 맞아야 이륙할 수 있다는 말이 나왔다.

(a) 바람이 앞에서 불어올 때

(b) 바람이 뒤에서 불어올 때

[그림 1.8] 이륙/착륙하려는 비행기

예제 1.2 비행기가 비행을 마치고 비행장 근처에 도착하여 착륙하려고 한다. 바람이 기체 뒤에서 불어오고 있다. 지금 착륙을 해야 하는가? 아니면 기다렸다가 바람이 멈추면 착륙해야 하는가? 아니면 앞에서 바람이 불어올 때 착륙해야 하는가?

풀이

만약 비행기가 착륙할 때의 속도와 뒷바람의 속도가 같다고 가정하면 비행기와 바람은 같은 속도로 움직이기 때문에 비행기는 바람이 전혀 없는 공간에 떠 있는 것이 되므로 비행기는 즉시 추락하게 된다. 따라서 앞에서 바람이 불어올 때 착륙해야 한다.

1.2.2 헬리콥터 비행 원리

헬리콥터의 특징은 수직 이착륙에 있으며 수직 이착륙의 원리는 로터(rotor)에 있다. 로터는 비행기 날개와 같이 에어포일로 만들어져서 회전 시에 헬리콥터를 공중으로 부양하는 역할과 앞, 뒤, 옆으로 이동하는 역할을 동시에 하고 있다. 헬리콥터의 로터는 비행기 날개와 달리 하늘을 향하고 있으므로 [그림 1.9]와 같이 양력이 곧 추력이 된다. 이륙 시에는 양력을 키워서 위로 올라가게 하고 착륙 시에는 양력을 줄여서 땅으로 내려오므로 수직 이착륙이 된다. 헬리콥터에서는 컬렉티브 피치(collective pitch)라고 하여 로터의 받음각을 높이면 양력이 높아져서 이륙하고 받음각을 내리면 양력이 낮아져서 착륙을 한다.

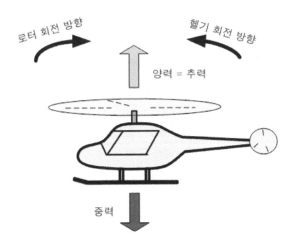

[그림 1.9] 헬리콥터의 양력과 추력

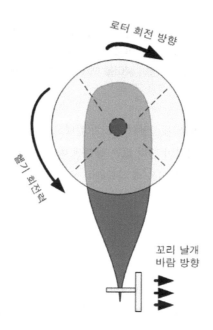

[그림 1.10] 헬리콥터의 회전력과 반동력

　헬리콥터의 어려움은 두 가지가 있다. 첫째는 기체가 로터의 반작용에 의하여 로터의 반대 방향으로 회전하는데 있다. 둘째는 전진과 후진과 옆으로 비행하는 기술에 있다.

　첫째의 어려움은 [그림 1.10]과 같이 기체가 반동하는 힘에 의하여 회전하지 못하도록 꼬리 날개를 달아서 기체 회전 반대 방향으로 돌리는 것이다. 이것으로 반 토크[5](반작용)의 힘은 해결하지만 에너지 효율 감소와 함께 기계의 복잡성이 야기된다. 둘째의 어려움은 로터의 받음각을 이용해서 해결한다. 즉, 헬리콥터가 전진하기 위해서는 로터의 뒷부분이 로터의 앞부분보다 양력이 크면 된다. 이렇게 하기 위해서 로터가 뒤로 오면 받음각을 높이고 로터가 앞으로 오면 받음각이 내려가는 구조를 만들었다. 이 기능을 지원하는 구조가 스와시플레이트(swashplate)이다.

5　torque: 물체를 회전시키는 원인이 되는 물리량. 물체를 회전시키면 반작용으로 반 토크가 발생한다.

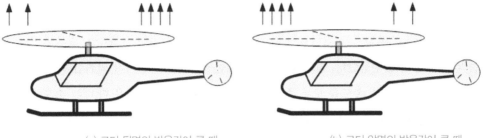

(a) 로터 뒷면의 받음각이 클 때   (b) 로터 앞면의 받음각이 클 때

[그림 1.11] 헬리콥터의 전진과 후진

스와시플레이트는 로터와 함께 고정되어 회전하는 판인데 뒷부분을 올리면 로터가 뒤로 왔을 때만 받음각을 높여주는 기능을 갖고 있다. 따라서 로터의 앞부분을 올리고 싶으면 스와시플레이트의 앞부분을 높여주면 된다. 같은 방식으로 오른쪽으로 가고 싶으면 오른쪽 스와시플레이트를 올려주면 된다. [그림 1.11]과 같이 실제로 로터가 앞과 뒤로 올라가는 것이 아니고 로터의 받음각만 올리고 내리는 기능이다. 이와 같은 기능을 싸이클 피치(cyclic pitch)라고 한다.

1.2.3 멀티콥터 비행 원리

멀티콥터가 비행하는 원리는 프로펠러들의 속도에 있다. 헬리콥터와 마찬가지로 프로펠러가 수직으로 고정되어 있으므로 추력과 양력을 동시에 수행한다.

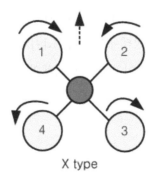

X type

[그림 1.12] 모터의 회전 방향과 반 토크 상쇄

(1) 양력과 토크 상쇄

멀티콥터의 프로펠러는 멀티콥터를 공중으로 부양하는 역할과 앞, 뒤, 옆으로 이동하는 역할을 동시에 수행한다. 쿼드콥터의 경우에는 4개의 프로펠러가 회전한다. 이륙을 할 때는 4개의 프로펠러 속도를 모두 증가시켜서 양력을 키우고 착륙을 할 때는 속도를 모두 감소시켜서 양력을 줄인다. 문제는 앞, 뒤, 좌, 우로 이동하는 것이다. 멀티콥터의 양력은 수직 방향이므로 추력과 같다. 모터 속도를 높이면 양력이 증가하고 동시에 추력도 증가한다. 헬리콥터는 로터의 피치(받음각)로 양력을 조절하지만 멀티콥터는 모터의 속도로 양력을 조절한다.

멀티콥터는 헬리콥터와 같은 로터의 토크(torque) 반작용 문제를 해결하기 위하여 모터의 회전 방향을 서로 반대로 만들었다. [그림 1.12]와 같이 1번과 3번 모터 방향은 CW(Clock Wise)이고 2번과 4번 모터의 방향은 CCW(Counter Clock Wise)이므로 모터들의 반 토크는 모두 상쇄되어 기체가 회전하려는 힘과 진동이 사라진다. 그림에서 화살표 방향이 진행 방향이라고 할 때 앞으로 나가기 위해서는 3번과 4번 모터의 속도가 높아지면 앞으로 나가게 되고 1번과 2번 모터의 속도가 높아지면 뒤로 나가게 된다. 마찬가지로 좌로 가거나 우로 가기 위해서는 반대쪽 모터들의 속도를 높이면 된다.

(2) 정지 비행과 이동 비행

멀티콥터가 정지 비행(hovering)하기 위해서는 양력과 중력이 균형을 이루어야 한다. [그림 1.13]과 같이 모든 모터들의 양력이 합하여 전체 추력이 되므로 양력이 중력보다 많아지면 상승하고 적어지면 하강한다. [그림 1.13]과 같은 정지 비행은 양력과 중력이 균형을 이루는 상태이다. 정지 비행 상태에서 [그림 1.14]와 같이 오른쪽 모터의 추력이 커지면 기체는 CCW 방향으로 회전력이 발생하여 기체의 전체 추력 방향이 왼쪽으로 이동하고 기체가 왼쪽으로 이동 비행한다. 이동하는 량은 전체 추력과 양력과의 차이이다.

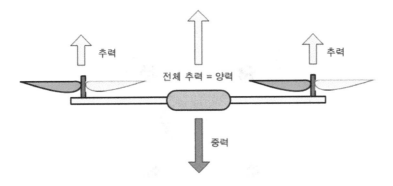

[그림 1.13] 멀티콥터의 정지 비행(hovering)

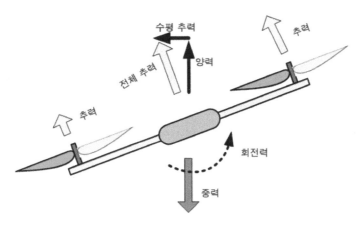

[그림 1.14] 멀티콥터의 이동 비행

(3) 방향 전환

멀티콥터의 방향 전환은 모터들의 회전 방향을 이용하여 수행한다. [그림 1.15]에서 1번과 3번 모터는 CW 방향이고 2번과 4번 모터는 CCW 방향으로 회전한다. 이들이 균형을 이루고 있으면 방향 전환을 할 수 없다. 만약 1번과 3번보다 2번과 4번 모터가 더 빨리 회전하면 2번과 4번 모터의 역방향으로 반작용 토크가 발행하므로 CCW의 반대 방향인 CW 방향으로 회전하므로 점선과 같이 오른쪽으로 비행하게 된다.

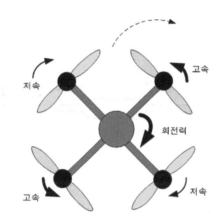

[그림 1.15] 멀티콥터의 방향 전환

이상과 같이 멀티콥터의 비행 원리는 두 가지이다. 첫째, 모터들의 회전 방향을 서로 반대로 하여 반 토크를 줄여서 기체 회전을 방지하고 소음과 진동을 감소하는 것이다. 둘째, 각 모터들의 속도를 높이거나 줄여서 한쪽의 양력을 높이거나 낮춤으로써 멀티콥터가 이동할 수 있도록 조종하는 것이다. 이런 방식은 수직 이착륙이라는 헬리콥터의 장점을 살리면서도 반 토크에 의한 기체 회전과 소음과 진동이라는 헬리콥터의 단점을 제거하는 효과를 가져왔다. 다만 각 모터들의 속도를 개별적으로 조작하기 위해서는 조종사의 조종으로는 불가능하고 컴퓨터 소프트웨어를 이용해야 한다는 점이다.

1.3   드론 조종

멀티콥터를 조종하는 원리는 비행기의 비행 원리와 밀접하다. 멀티콥터에는 승강타, 방향타, 보조날개 등이 없지만 승강타의 기능도 있고 방향타의 기능도 있다. 비행의 원리가 동일하기 때문이다.

1.3.1 비행기 조종

비행기의 속도는 엔진이 프로펠러를 돌리는 힘에 따라서 결정되지만 상, 하, 좌, 우로 조종하는 것은 비행기 날개에 연결된 조종면으로 결정된다. [그림 1.16]과 같이 방향타 (rudder)를 오른쪽으로 돌리면 바람이 방향타에 맞아서 비행기는 오른쪽으로 가고, 왼쪽으로 돌리면 바람이 왼쪽으로 움직인 방향타를 때려서 기체는 왼쪽으로 간다.

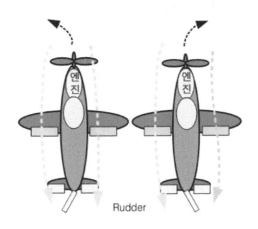

[그림 1.16] 방향타에 의한 방향 조종

이륙할 때 비행기를 상승시키려면 [그림 1.17]과 같이 승강타(elevator)를 위로 들면 바람이 위로 올라온 승강타의 윗부분을 때려서 영향으로 기수가 올라가고, 승강타를 내리면 바람이 아래로 내려간 승강타의 아래 부분을 때려서 기수가 내려간다.

비행기의 동체를 Y축을 중심으로 오른쪽으로 회전하려면 오른쪽 날개가 아래로 내려가야 하므로 오른쪽 보조날개를 위로 올린다. 바람이 불어오면 위로 올라온 보조날개의 윗부분을 때리므로 오른쪽 날개가 내려간다. 반대로 왼쪽 날개는 위로 올라와야 하므로 왼쪽 보조날개를 아래로 내리면 바람이 아래로 내려간 보조날개의 아랫면을 때려서 왼쪽 날개가 위로 올라온다. 따라서 오른쪽 날개는 아래로 내려가고 왼쪽 날개는 위로 올라가게 되어 비행기의 동체는 오른쪽으로 회전하게 된다.

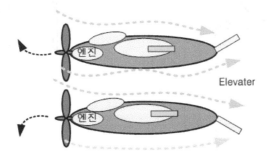

[그림 1.17] 승강타에 의한 방향 조종

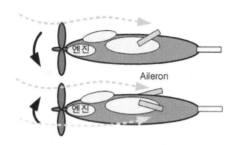

[그림 1.18] 보조날개에 의한 기체 회전

1.3.2 헬리콥터 조종

헬리콥터는 로터의 받음각을 조절하여 양력을 증가시키거나 감소시킴으로써 이륙과 착륙을 할 수 있다. 엔진 속도가 일정하더라도 로터의 받음각(타각, 피치)을 크게 하면 양력이 증가하고 받음각을 작게 하면 양력이 감소하므로 받음각에 따라서 헬리콥터의 상승과 하강 속도가 결정된다. 헬리콥터를 앞, 뒤, 좌, 우로 이동하는 것은 앞, 뒤, 좌, 우에 위치하는 로터의 받음각을 변경함으로써 움직이는 방향이 결정된다. 로터의 앞, 뒤, 좌, 우에 위치하는 로터의 받음각을 변경하는 방법은 스와시플레이트를 이용하는 것이다.

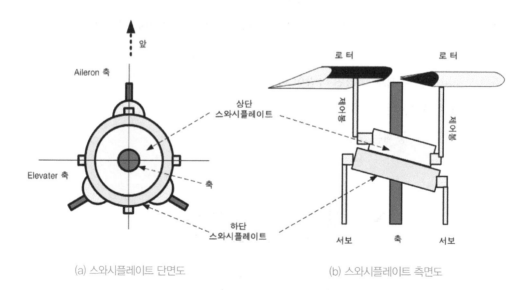

(a) 스와시플레이트 단면도   (b) 스와시플레이트 측면도

[그림 1.19] 120도 스와시플레이트의 구조

하단 스와시플레이트는 [그림 1.19]와 같이 기체에 고정되어 있어서 세 곳을 위아래로 올리고 내릴 수 있다. 상단 스와시플레이트는 하단 스와시플레이트 위에 있어서 하단 스

와시플레이트의 횡단면 위를 돌지만 로터에 제어봉으로 고정되어 있어서 로터와 같이 회전한다. 즉, 하단 스와시플레이트와 상단 스와시플레이트는 붙어 있으므로 같은 기울기로 움직이지만 서로 고정된 부분이 아래와 위로 서로 다르다. [그림 1.20]은 실제 헬리콥터의 하단과 상단 스와시플레이트가 아래위로 밀착되어 있으며, 하단 스와시플레이트는 서보 모터에 연결되어 있고, 상단 스와시플레이트가 제어봉에 연결되어 로터의 받음각을 조절하는 구조를 보여준다.

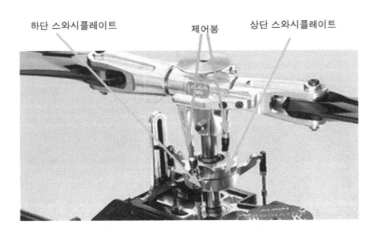

[그림 1.20] 실제 스와시플레이트와 로터

　헬리콥터를 앞으로 이동하고 싶으면 뒷면의 하단 스와시플레이트를 올려주면 상단 스와시플레이트가 같이 올라가서 로터가 뒷면에 오면 받음각이 커져서 양력이 증가하고 앞면으로 가면 받음각이 작아져서 양력이 감소하므로 앞과 뒤의 양력의 차이로 인하여 앞으로 전진하게 된다. 마찬가지로 옆으로 이동하고 싶으면 가고 싶은 반대 방향의 스와시플레이트를 올려서 그 방향의 받음각을 올려주면 양력이 증가하여 상승하고 반대쪽의 받음각은 작아져서 양력이 감소한다. 결과적으로 헬리콥터는 양력이 약한 쪽의 방향으로 이동한다.

1.3.3 멀티콥터 조종

　멀티콥터의 속도는 스로틀에 의해서 결정되지만 앞, 뒤, 좌, 우로 이동하는 것은 각 프로펠러의 속도를 빠르고 느리게 변경함으로써 결정된다. 조종기에서는 스로틀, 에일러론, 피치, 요 등의 4가지 스틱으로 조종을 하지만 4개의 모터들을 모두 별개로 조율해야 허가 때문에 비행제어기가 필요하게 된다.

헬리콥터는 비행제어 소프트웨어 없이도 하드웨어만으로도 비행을 조종할 수 있지만 멀티콥터는 각 모터들을 개별적으로 속도 조절해야 하므로 컴퓨터 비행제어 소프트웨어 없이는 비행 조종이 불가능하다.

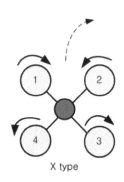

X type

[예제 그림 1.3] 멀티콥터 모터의 회전

예제 1.3 [예제 그림 1.3]의 쿼드콥터를 화살표처럼 오른쪽 방향으로 가게 하려면 1,2,3,4번 모터 들의 속도를 어떻게 올려야 하는지 설명하시오.

풀이

쿼드콥터가 오른쪽 방향으로 가기 위해서는 기체가 CW 방향으로 회전해야 한다. 기체가 CW 방향으로 회전하기 위해서는 반 토크 방향이 적용되어야 하므로 CCW 방향으로 돌아가는 프로펠러가 CW 방향으로 돌아가는 프로펠러보다 더 빨리 회전해야 한다. 따라서 2번과 4번 프로펠러가 1번과 3번 프로펠러보다 더 빨리 회전해야 한다.

예제 1.4 [예제 그림 1.3]의 쿼드콥터의 동체가 왼쪽으로 회전하려면 모터들의 속도를 어떻게 올려야 하는지 설명하시오.

풀이

동체가 왼쪽으로 회전하려면 왼쪽은 아래쪽으로 내려가고 오른쪽은 위로 올라와야 한다. 따라서 왼쪽에 있는 1번과 4번 프로펠러보다 2번과 3번 프로펠러가 더 빨리 회전해야 한다.

1.4 비행제어

비행기가 처음 출현했을 때는 비행기의 자세제어와 조종은 비행사가 담당하였고 항로운항은 항법사가 지도와 나침판을 보면서 담당하였다. 비행기의 발전으로 비행거리가 늘어나고 비행업무가 복잡해지고 기술이 발전함에 따라 비행제어 보조 장치들을 사용하게 되었다. 특히 대륙횡단이나 대양횡단과 같이 비행거리가 길어지면 비행사들의 피로가 증가 되어 자동비행장치(autopilot)의 개발이 절실하게 되었다. 이 분야의 중요성이 확대되어 항공전자공학(avionics)이 개척되었다. 자동비행장치의 역할은 비행사를 도와서 비행 자세를 유지하고 목적지까지의 정해진 항로를 벗어나지 않도록 도와주는 것이다. 자동비행장치에 목적지와 항로 등의 비행 자료를 입력하면 비행기 스스로 이륙부터 착륙까지 비행 임무를 완수하는 단계가 되었다. 더 나가서 비행기 스스로 목적지까지 비행하는 자율 비행 시대가 열리고 있다.

1.4.1 자동조종장치(Autopilot)

비행제어란 자동조종 장치를 이용하여 조종사가 원하는 대로 비행기 엔진과 비행자세와 항로를 조종하는 것이다. 자동조종장치는 비행기, 선박, 차량, 로켓 등을 자동으로 운항하게 제어하는 장치이다. 숙련된 조종사를 단기간에 대량으로 양성하기 어렵기 때문에 조종사들의 운행을 도와주는 장치가 있으면 매우 유익하다. 특히 전쟁을 수행할 때는 숙련된 조종사가 갑자기 많이 필요하기 때문에 더욱 자동조종장치가 필요하다. 전투기들이 전투할 때 극한 상황에서 피로가 몰려오면 자동조종장치와 자동사격장치가 있는 전투기를 조종하는 조종사가 생존할 확률이 압도적으로 많을 수밖에 없다.

(1) 자동조종 장치 기능

자동조종장치는 자이로, 가속도계, 지자기계, 기압계, 적외선 탐지기, GPS 등을 이용하여 비행기의 자세, 속도, 방향 등을 조종사가 원하는 대로 유지시켜주는 장치이다. 자동조종장치는 다음과 같이 3단계로 발전하여왔다.

■ 1단계: 안전 유지

자동조종장치는 비행기와 선박 등의 자세제어를 함으로써 운행을 안전하게 유지한다. 폭우나 폭풍과 같은 외란이 닥쳐도 비행기 스스로 자세를 제어하여 안전 운항을 하게 한다.

■ 2단계: 자동 조종

자동조종장치는 비행기와 선박 등을 자동으로 조종하여 목적지까지 운항할 수 있다. 대형 선박과 비행기에는 의무적으로 장착해야 한다.

■ 3단계: 자동 유도

자동조종장치는 통신장치와 연결되어 자동으로 비행기와 선박의 운항 상태를 해운 당국에 보고하고 외부에서 운항이 가능하도록 한다.

자동조종장치는 계속 발전하고 있으며 드론이 출현하여 발전하는데 상당한 기여를 하였다. 자동조종장치의 발달로 드론이 자동 비행과 자율 비행할 수 있는 기초가 확립되었다.

(2) 자동조종장치 발전

• 1919년: 최초의 자동조종장치 개발

미국의 Sperry회사는 최초로 자이로를 이용하여 자동조종장치를 개발하였다. 이 장치는 조종사가 조종하지 않아도 비행기가 똑바로 비행할 수 있었다.

• 1920년: 선박의 자동 항해

미국 스탠다드 오일의 유조선이 최초로 자동항해를 하였다.

• 1947년: 대서양 횡단 비행

미국 공군의 C-54 수송기가 이륙부터 착륙까지 자동조종장치의 도움으로 대서양 횡단 비행에 성공하였다.

항공전자공학(avionics)의 발전으로 인하여 대형 비행기와 선박들은 법적으로 자동조종장치를 설치하고 운항하게 되었다.

1.4.2 비행제어 소프트웨어

조종사의 비행과 비행 목적을 돕기 위하여 발전한 항공전자공학으로 인하여 많은 비행 제어 장치들이 생산되었다. 특히 공군에서는 비행과 사격통제장비들을 연결하여 전투력을 강화하는 노력으로 제어 장치들이 많이 생산되었다. 컴퓨터가 보급되면서 많은 수의 항공기 부품들과 항공전자장치들을 통합하려는 노력이 경주되었고 해결 방법으로 비행 제어 소프트웨어가 제작되었다. 비행제어 소프트웨어가 하는 일은 다수의 항공기 부품과 제어장치들을 소프트웨어로 통합하는 것이다.

비행제어 소프트웨어는 기본적으로 자세 제어와 항로 제어를 지원한다. 드론의 가장 기본적인 자세는 호버링(hovering, 정지비행)이고 이후에는 수평과 균형을 유지하는 것이다. 자세제어는 자이로와 가속도계 등의 관성측정장치들을 이용하여 구현한다. 항공기의 가장 기본적인 항로 지원 도구는 전자 나침판 등의 관성측정장치들이었지만 지금은 GPS 시스템이 추가되었다. 따라서 비행제어 소프트웨어는 다양한 관성측정장치들의 신호와 조종사의 조종 신호를 분석하여 최적의 비행을 수행할 수 있는 하드웨어 구동 신호를 출력한다.

비행제어 소프트웨어는 오픈 소스와 클로우즈드 소스로 구분되어 발전하고 있다. 더 자세한 사항은 제6장 소프트웨어 계통에서 설명한다.

1.5   안전과 법규

드론은 하늘을 비행하는 항공기이므로 항상 추락 위험이 도사리고 있으며 추락 시에 자신뿐만 아니라 다른 사람들에게도 피해를 줄 수 있기 때문에 철저하게 안전 수칙과 관련 법규를 따르고 준수해야 한다.

1.5.1 드론의 안전

드론을 안전하게 비행하기 위해서는 첫째 비행 준비를 잘 해야 하고 둘째 안전 수칙을 잘 지켜야 한다.

(1) 비행 준비

비행을 잘하기 위해서는 다음과 같이 철저한 준비가 필요하다.

첫째, 비행하기 전에 반드시 컴퓨터 시뮬레이션을 이용하여 비행할 드론과 같은 형태의 드론으로 비행 연습을 충분히 수행한다. 컴퓨터 연습에서 연습해보지 않은 비행은 실제 비행에서 시도하지 않아야 한다.

둘째, 비행장소를 안전한 곳으로 확보해야 한다. 비행을 하기 위해서는 항공 법규에 적합한 비행장을 찾아야 하고, 간단한 시험을 하기 위해서 호버링만 하려고 해도 안전한 장소를 찾아야 한다.

셋째, 드론을 철저하게 정비하고 출발해야 한다. 드론의 각 부품들을 결합하는 볼트와 너트들이 확실하게 조여 있는지 확인하고 미흡하면 다시 조여 준다. 드론의 상판 중판, 하판들의 연결 상태를 확인하고 배터리의 결박상태도 확인한다.

넷째, 예비 배터리들의 충전 상태를 확인하고, 조종기용 배터리의 충전 상태도 확인한다.

다섯째, 예비 프로펠러를 준비하고 규격을 확인하며 대체 가능한 프로펠러들을 알아둔다.

여섯째, 비행장 근처에 새가 많이 날아오는지를 확인한다. 새들이 많으면 비행에 위험 요소가 된다.

일곱째, 비행 장소의 바닥이 흙이나 모래가 많은지 확인한다. 모래나 흙이 많으면 프로펠러 바람에 모래와 흙이 전기 모터에 들어가서 안전에 위협을 받는다.

여덟째, 비행하기 전에 한국모형항공협회에 확인하여 보험을 가입한 기간이 유효한지 확인한다. 유효, 기간이 지났으면 보험부터 가입하고 비행을 해야 한다.

아홉째, 비행을 하려면 드론 전방 10m 이상의 안전거리를 확보하고 드론과 관련 장비를 배치한다.

열 번째, 드론을 만들어서 시험하기 위해서 비행하러 갈 때는 노트북을 가지고 가는 것을 추천한다. 문제가 생기면 현장에서 즉시 프로그램이나 매개변수를 수정해서 조치할 수 있기 때문이다.

이상의 조치들이 확인되었으면 비행장에서 비행 순서를 기다려서 비행하도록 한다.

2) 안전 수칙

① 비행을 위한 모든 확인이 끝나기 전에는 프로펠러를 설치하지 않는다.

② 비상시에 모터를 중단시킬 수 있는 스위치를 설정해두고 사전에 확인한다.

③ 배터리의 비행 가능 시간을 확인하고 시간이 되기 전에 미리 경고를 울리도록 조치한다.

④ 비행하기 전에 비행장에 허용된 수 이상의 비행기가 날고 있는지 확인한다.

⑤ 비행기를 이륙한 후에는 조종기의 통신거리나 자신의 시력이 볼 수 있는 범위를 넘어가지 않도록 비행한다.

⑥ 비행기를 착륙 시에는 사람들이 없는 쪽으로 유도한다(조종사 자신이 있는 곳으로 유도하지 않는다).

1.5.2 항공 법규

드론은 하늘을 비행하기 때문에 항공에 관한 법률을 적용받는다. 드론을 비행하려면 항공관련 법률, 시행령(대통령령), 시행규칙(국토교통부령) 그리고 관련 세부 규정을 충분히 이해하고 따라야 한다. 국제민간항공기구(ICAO)는 국제민간항공의 안전과 질서와 발전을 위하여 1947년에 설립된 UN 전문기관이며 우리나라는 1952년에 가입하였다. 따라서 항공관련 국내법은 ICAO에서 제정한 표준과 권고방식에 따라 제정되었다. 국내 항공법은 2017년에 항공안전법, 항공사업법, 항공시설법으로 세분화되어 적용하고 있다.

(1) 드론의 정의와 범위

항공법에서 모든 항공기는 항공기, 경량항공기, 초경량비행장치로 구분된다. 드론은 법률적으로 항공안전법의 초경량비행장치 중에서 무인비행장치 중에서 무인동력비행장치에 해당한다. [표 1.1]과 같이 무인동력비행장치 중에 무인비행기, 무인헬리콥터, 무인멀티콥터가 있으므로 드론의 법률적 명칭이 바로 무인멀티콥터이다(항공안전법 제2조 3호). 무인비행장치의 기준은 150kg이며 150kg을 넘으면 무인비행기가 된다. 25kg 이하로

[표 1.1] 초경량비행장치의 분류

명칭	기준	비고
무인항공기	150kg 이상	
무인비행장치	25 − 150kg	
무인동력비행장치	25kg 이하	무인비행기, 무인헬리콥터, 무인멀티콥터

내려가면 무인동력비행장치가 된다.

드론을 비행하기 위해서는 비행할 장소가 정부에서 통제를 하는 비행금지 구역 또는 제한구역인지 확인한다. 금지구역과 제한구역은 인터넷이나 휴대폰으로 검색하면 즉시 알 수 있다. 비행 금지 또는 비행 제한 구역이라면 지방 항공청 또는 국방부의 허가를 얻어야 한다.

비행 허가 지역이라도 중량이 25kg을 초과하면 허가를 얻어야 한다.

야간 비행은 금지된다. 야간이라 함은 일몰 이후부터 다음날 일출까지이다.

드론은 150m 이하에서만 비행을 해야 하지만 150m 이상에서 비행하려면 허가를 얻어야 한다.

사람이 많이 모이는 운동 경기장이나 축제가 열리는 장소에서는 비행이 금지된다.

가시거리 밖에서의 비행은 금지된다.

(2) 조종자 자격 면허

자체 중량이 25kg 이하의 드론을 비행하는데는 초경량비행장치 조종자 자격증이 필요하지 않다. 자격증이 필요한 것은 드론 중량이 25kg을 초과하여 사업용으로 사용할 수 있는 사람들이다. 자격증을 취득하는 방법은 두 가지이다.

첫째는 국토교통부 지정 전문교육기관으로 등록된 교육원에서 이론교육과 실기교육을 받으며 한국교통안전공단에서 실시하는 실기 시험에 응시하는 방법이다. 전문교육기관에서는 공단에서 명시한 항공법규, 항공기상, 비행운용 및 이론에 대한 교육을 하기 때문에 이론교육을 면제하고 실기평가만 받는다.

둘째는 개별적으로 학과시험을 준비하여 한국교통안전공단에서 실시하는 학과 시험을 통과하여 실기시험 응시자격을 얻는다. 실기 시험은 비행조종교육을 실시하는 전문교육기관에서 20시간의 비행 교육을 받은 후에 교육받은 서류를 공단에 제출하면 된다.

자격 평가 시험 과목은 학과시험에서 항공법규, 항공기상, 비행운용 및 이론이며 50분간 시험을 치르고 70% 이상 득점해야 한다. 실기시험은 한국교통안전공단에서 지정한 장소에서 평균 45분간 구술시험과 함께 실제 비행 평가를 받는다.

요약

- 드론은 무선이나 탑재된 컴퓨터로 조종되는 무인 비행기다. 드론은 조작자가 원하는 만큼 움직이는 로봇이다.

- 드론 관련 학문은 항공기계공학, 항공전자공학(avionics), 전기공학, 전기화학, 컴퓨터공학 등으로 구성된 융합 학문이다.

- 드론의 역사는 방공 사격 훈련을 하기 위한 방공 표적기에서 시작되어 이제는 항공기, 차량, 선박, 잠수함, 우주선까지 범위가 확장되었다.

- 비행기의 비행 원리는 날개의 윗면과 아랫면의 기압의 차이에 의하여 발생하는 양력에 있다. 날개 윗면이 곡면으로 휘어져 있어서 기압의 차이가 생긴다. 프로펠러는 날개를 돌림으로써 발생하는 양력으로 추진력을 얻는다.

- 비행기 날개에 받음각이 있으면 양력을 더 받는다.

- 헬리콥터의 비행 원리는 로터의 받음각으로 양력을 얻고 꼬리 날개로 반 토크를 상쇄하는데 있다.

- 멀티콥터의 비행 원리는 여러 개의 프로펠러들을 수직으로 돌려서 양력을 얻고, 모터들의 속도 차이를 조절하여 추진력을 얻는 것이다.

- 멀티콥터는 여러 개의 모터들의 속도를 개별적으로 조절해야 하기 때문에 컴퓨터 제어가 필요하다. 멀티콥터의 비행제어기는 모터들의 속도를 제어하는 것이다.

- 비행제어기의 핵심은 소프트웨어 프로그램이다. 비행제어기는 오픈 소스와 크로우즈드 소스로 구분된다.

- 오프소스 비행제어기는 Multiwii, OpenPilot, Pixhawk 등을 기반으로 하는 제품들이 주류를 이룬다.

- 중량 25kg 이상의 드론을 비행하기 위해서는 한국교통안전공단에서 주관하는 초경량비행장치 조종자 자격증을 발급받아야 한다.

- 초경량비행장치 자격증을 받으려면 항공법규, 항공기상, 비행운용 및 이론 과목을 전문교육기관에서 이수하거나 필기시험에 합격해야 한다. 아울러 전문교육기관에서 20시간의 비행 실기 교육을 받아야 한다.

연습문제

1. 비행기의 rolling, pitching, yawing을 조정할 수 있는 각 부분의 명칭을 설명하시오.

2. 헬리콥터는 기체가 반작용하는 힘에 의하여 로터의 반대 방향으로 회전하는 문제를 해결하기 위해서 꼬리날개를 달아서 기체가 회전하지 못하게 한다. 이 방법이 아닌 다른 방법으로 기체의 반작용을 막는 방법으로는 어떠한 방법이 있을 수 있을까 생각해 보도록 한다.

3. 멀티콥터에서 토크 반작용 문제를 해결하기 위한 모터의 회전 방향을 설명하시오.

4. 아래 쿼드콥터에서 쿼드콥터를 앞으로 가게 하려면 1, 2, 3, 4번 모터들의 속도를 어떻게 올려야 하는지 설명하시오.

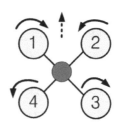

5. 비행 제어를 위해 비행 제어 소프트웨어가 필요한 이유는 무엇인가 설명하시오.

6. 비행기와 헬리콥터와 멀티콥터는 각각 어떻게 양력과 추력을 얻는지 설명하시오.

7. 비행기와 헬리콥터와 멀티콥터는 각각 어떻게 방향을 전환하는지 설명하시오.

8. 모터 간 대각선 거리가 450mm이고 무게가 1.5kg인 드론을 날리려고 한다. 이 드론은 항공 법규 상으로 무엇으로 분류되는가? 이 드론을 합법적으로 날리려면 어디서 어떻게 해야 하는가?

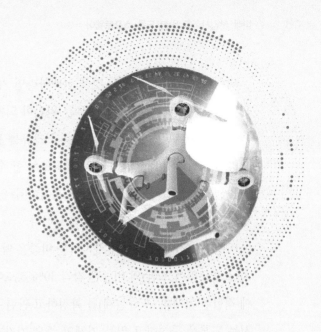

CHAPTER **2**

드론의 기체 계통

비행기에서 가장 중요한 것을 선택하라면 기체(frame)라고 할 수 있다. 그 이유는 기체의 모양이 비행기를 하늘로 띄우는 원인이 되기 때문이다. 자동차와 선박은 차체와 선체의 모양이 아무리 이상해도 바퀴나 스크류를 돌리면 이동할 수 있으나 비행기는 기체의 모양이 적합하지 않으면 하늘로 이륙조차 할 수 없다. 비행기는 구조적으로 주 날개가 양력을 생성하고 조종면들이 기체를 제어할 수 있어야 하늘로 이륙하고 비행할 수 있다. 비행기는 밖으로 보이는 모양부터 중요하다.

비행기 가격에서 기체가 차지하는 비중은 약 30~40% 정도로 가장 크다. 엔진과 제어장치(소프트웨어 포함)의 비중은 각각 30% 정도이다. 드론을 만들기 위해서는 드론의 목적에 적합한 기체의 구조(설계)를 확정하고 관련 부품들을 구입하여 조립하게 된다. 본 장에서는 드론을 구성하고 있는 기체와 주요 기자재들의 물리적인 구성에 대하여 기술한다. 드론의 장비들을 제어하고 움직이게 하는 소프트웨어는 제6장에서 설명한다.

2.1   드론의 구성과 기체

드론은 물리적인 구조를 구성하는 하드웨어와 하드웨어를 움직이는 소프트웨어로 구성된다. 하드웨어는 기체와 부품들이며, 소프트웨어는 엔진과 관련 장비들을 움직이는 제어 소프트웨어들이다. 드론을 구성하는 하드웨어 구조와 부품들에 대하여 기능과 용도를 기준으로 설명한다.

[그림 2.1] 드론의 구성

2.1.1 드론의 구성

드론의 구조를 기능별로 구분하면 구동부, 비행제어부, 센서부, 통신부, 전원부(연료부), 임무부 등으로 나눌 수 있다. 구동부는 프로펠러, 모터, 변속기 등으로 물리적으로 구동하는 장비이다. 비행제어부는 컴퓨터 처리기와 비행제어 소프트웨어로 구성되어 드론 전체를 제어한다. 센서부는 자세유지와 항법장치를 운용하기 위한 센서(sensor) 등으로 구성되어 외부 정보를 입수한다. 통신부는 드론과 지상제어국 사이에 통신하기 위한 수신기와 송신기로 구성된다. 전원부는 배터리와 변압장치로 구성되며, 엔진이 사용되는 경우에는 연료를 지원한다. 임무부는 비행 목적을 수행하는 것으로서 목적이 촬영인 경우에는 카메라와 영상 송신 장치가 되며, 자율비행인 경우에는 GPS 수신기 등의 자율주행과 관련된 장비들이다.

드론을 제작하려면 가장 먼저 용도에 맞게 기체의 크기와 구조를 결정해야 하기 때문에 기체는 드론 구성과 밀접한 관계가 있다. 드론의 구성은 기체 위에 모터, 프로펠러, 변속기(ESC), 센서, 수신기, 비행제어기 등의 기자재들을 목적 수행에 적합한 체제로 배치하는 것이다.

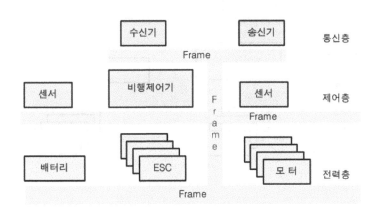

[그림 2.2] 쿼드콥터의 물리적 조립

드론의 정의[1]는 다양하지만 여기서는 무인 멀티콥터를 의미하므로 편의상 모터가 4개인 쿼드콥터를 기준으로 설명한다. 드론을 구성하는 것은 기체와 부품들이다. 기체는 크게 십자 형태(+-type)와 엑스 자 형태(X-type)로 구분된다. 드론의 주요 부품들은 프로펠러, 모터, 변속기, 비행제어기, 수신기, 센서, 배터리 등 기체를 포함하여 약 8가지이다. 드

---

1   드론의 정의: 무선이나 탑재된 컴퓨터로 조종되는 무인 항공기나 선박(IT 분야). 조작자가 원하는 만큼 움직이는 자율 로봇(기계 분야). 원격조종 및 자율조종으로 시계 밖 비행이 가능한 무인기 (FAA). 원격으로 조종되는 항공기(국제민간항공기구)

론을 조립하는 과정은 물리적, 전기적, 소프트웨어적 조립 등의 3단계로 분류된다. [그림 2.2]는 기체 위에 각종 기자재들을 세 개의 층으로 조립하는 것을 보여준다. 기자재를 배치할 때 전력을 많이 사용하는 전력층과 구동부를 제어하는 제어층과 지상과 외부로 연결하는 통신층의 3개 층으로 구분한다. 전력층에는 배터리와 변속기(ESC), 모터 등 12V의 대부분의 전력을 사용하면서 불규칙한 전파를 발생하므로 다른 계층과 구분하여 설치한다. 제어층에는 센서, 비행제어기 등 전파에 민감한 부품들이므로 강한 전파를 발생할 수 있는 전력층과는 거리를 두어 설치한다. 통신층은 지상의 조종기나 우주에 있는 GPS 위성 등과 신호를 주고 받으므로 드론의 상단에 설치한다. 모터와 프로펠러가 구동할 때 발생하는 진동과 바람으로 인하여 부착된 부품들이 흔들리거나 떨어지지 않도록 단단하게 결박한다.

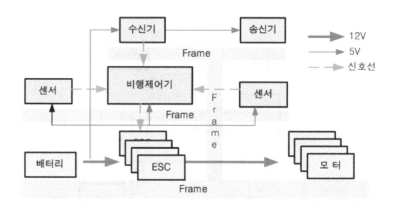

[그림 2.3] 쿼드콥터의 전기적 조립

부품들이 물리적으로 조립되면 [그림 2.3]과 같이 부품들을 전력 공급선과 신호선들을 전기적으로 연결한다. 전력 공급선은 배터리에서 변속기를 거쳐서 모터로 연결되는 12V 전원선과 비행제어기와 센서 등을 구동하는 5V 전원선 등으로 구분된다. 신호선은 수신기와 센서에서 비행제어기 그리고 비행제어기에서 변속기로 신호를 보내는 전선이다. 각 신호선과 전선들은 가급적 전파 영향을 주거나 받지 않도록 최단 거리로 쉽게 구분할 수 있도록 색으로 구분하여 배선한다. 즉, 모든 전원선의 +전선은 붉은색으로 모든 접지선은 검은색으로 배선한다. 센서의 신호선들은 예를 들어 초록색과 노랑색 등으로 배선하고, 수신기 신호선들은 갈색, 청색, 주홍색 등의 다른 색으로 구분하여 전선의 색으로 구별할 수 있도록 배선한다.

부품들이 전기적으로 연결되면 [그림 2.4]와 같이 비행제어기에 비행제어 소프트웨어를 설치하고 배터리 전원을 넣어서 비행제어 프로그램을 실행한다. 수신기는 조종기가 보내는 신호를 수신하여 비행제어기에 전송하고 각 센서와 수신기의 신호를 접수한 비행제어기는 모터를 구동하는 각 모터의 속도를 계산하고 변속기에 전송한다. 소프트웨어가 정상적으로 동작하는지 확인하기 위하여 멀티미터와 오실로스코프 등의 계측기를 이용하여 수신기에서 모터에 이르기까지 각 단계별로 신호의 정확성을 확인한다.

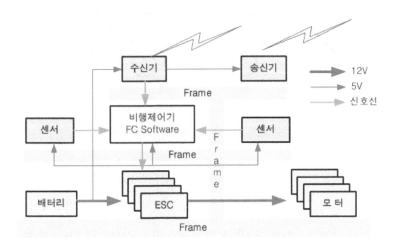

[그림 2.4] 쿼드콥터의 소프트웨어적 조립

2.1.2 멀티콥터의 기체

멀티콥터는 헬리콥터의 반 토크 문제[2]를 해결하기 위하여 모터의 수를 짝수 개로 설치하고 옆에 있는 모터의 회전 방향을 반대 방향으로 설정한다. 멀티콥터의 시작은 [그림 2.5](a)와 같은 쿼드콥터였다. 쿼드콥터는 4개 모터로 구성되며 옆에 있는 모터의 회전 방향을 반대로 하여 반 토크를 해소함으로써 진동과 소음을 줄이고 효율을 개선하였다. 드론의 양력을 증가하려면 모터의 수를 그림 [2.5](b)와 같이 6개로 증가시켜서 해결할 수

---

2 반 토크: 헬리콥터는 회전 날개를 회전시키면 반작용하는 힘에 의해 기체가 회전 날개의 반대 방향으로 돌게 된다. 이 문제의 해결 방안은 첫째 기체의 꼬리 부분에 반 토크용 작은 날개를 주회전 날개와 수직으로 배치(꼬리날개식), 둘째 한 회전 축에 서로 반대로 회전하는 날개를 위와 아래로 배치한다(동축 반전식) 셋째 기체의 앞과 뒤에 서로 반대 방향으로 회전하는 날개를 배치하는 방식(탠덤식) 등이 있다.

있다. 양력을 더 증가시키려면 쿼드콥터의 각 모터 아래에 역회전하는 모터를 설치하면 옥타콥터(octocopter)로 바뀐다. 더욱 양력을 증가시키려면 헥사콥터의 각 모터 아래에 모터를 추가하면 12개로 증가하는 대형 멀티콥터가 된다.

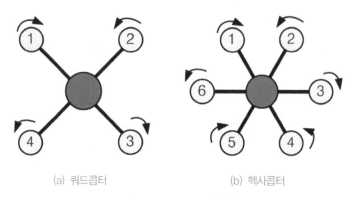

(a) 쿼드콥터   (b) 헥사콥터

[그림 2.5] X−type 쿼드콥터와 헥사콥터 기체

[그림 2.5]는 x-type 멀티콥터 구조이며 [그림 2.6]은 +-type 멀티콥터 구조이다. 두 기체의 차이점은 쿼드콥터의 경우에 앞으로 나가기 위해서 X-type은 3번과 4번 모터들의 속도를 증가시켜야 하지만 +-type은 3번 모터의 속도만 증가시키면 된다. 따라서 멀티콥터 기동 시에 X-type은 두 개의 모터를 사용하기 때문에 상대적으로 빠르고 힘 있게 움직일 수 있다.

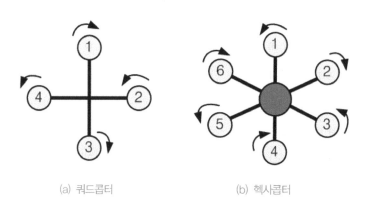

(a) 쿼드콥터   (b) 헥사콥터

[그림 2.6] +−type 쿼드콥터와 헥사콥터 기체

2.2 프로펠러

비행기 프로펠러는 추력을 발생하므로 자동차의 타이어와 비교된다. 타이어가 지면과 마찰되면서 자동차가 앞으로 나가듯이 프로펠러는 공기와 마찰되면서 비행기가 앞으로 나간다. 자동차의 타이어가 종류와 크기 면에서 다양하듯이 프로펠러도 종류와 크기도 다양하다. 프로펠러를 선택할 때 고려해야 할 사항은 방향, 크기, 피치(pitch), 날개의 수 등이다. 이들 4가지가 프로펠러의 성능과 특성을 주로 결정한다.

2.2.1 프로펠러의 특징

프로펠러는 모터의 회전력을 이용하여 프로펠러 전면의 공기압을 감소시키고 프로펠러 뒷면으로 공기를 밀어내어 추진력을 얻는 장치이다.

(1) 방향

프로펠러는 회전 방향이 시계 방향(CW, Clock Wise)인 것과 시계 반대 방향(CCW, Counter Clock Wise)인 것으로 구분된다. 프로펠러는 받음각(angle of attack)이 있어서 방향에 따라서 받음각도 반대 방향으로 제작된다. 시계 방향으로 회전하는 프로펠러를 견인식이라고 하며 비행기의 앞에 설치하고, 반시계 방향으로 회전하는 것을 추진식이라고 하며 비행기의 뒤에 설치한다. [그림 2.7](b)의 프로펠러는 CW 방향이므로 견인식이다.

(2) 크기 diameter

프로펠러의 크기는 지름(직경)을 의미한다. 직경이 길수록 공기를 많이 밀어내므로 힘을 발휘한다. 그러나 길이가 길어지면 부러지거나 휘기 때문에 조심해야 한다. 직경이 큰 프로펠러는 천천히 회전하고 작은 프로펠러는 빨리 회전해야 적정한 추력을 얻을 수 있다.

(3) 피치 pitch

피치는 프로펠러가 한 바퀴 회전하였을 때 프로펠러가 전진하는 길이를 말한다. 나사의 톱니 경사가 크면 조금만 돌려도 많이 들어가고 경사가 작으면 조금씩 들어가는 것과 같은 이치이다. 피치가 작으면 느리게 나가지만 힘이 있고 반대로 피치가 크면 빨리나가지만 힘이 적을 수밖에 없다. 정지해 있는 무거운 비행기를 움직이려면 피치를 작게 해서 천천히 가지만 큰 힘을 내게 하고, 비행기가 이륙하여 속도가 빨라지면 피치를 크게 해서 작은 힘으로 빨리 비행하는 것이 효율적이다. 실제 비행기들은 피치를 비행 중에 임의로 변경할 수 있는 가변 피치 프로펠러를 사용한다. 처음 이륙할 때는 피치를 작게 하고 속도가 붙으면 피치를 크게 하여 날아간다.

⑷ 날개의 수

프로펠러의 잎은 두 개, 세 개, 네 개 등이 가장 많이 사용된다. 잎이 많을수록 추력이 증가하지만 에너지 효율이 감소된다. 잎이 많으면 힘과 속도는 상승하지만 배터리를 빠르게 소모시킨다. 레이싱 드론은 속도가 중요하므로 3엽 이상의 프로펠러를 사용하는 경우가 많다. 그러나 드론에서 가장 많이 사용하는 프로펠러 잎의 수는 2엽이다.

2.2.2 프로펠러 선택

드론에 맞는 적합한 프로펠러를 선택할 때는 제조업자가 제공하는 프로펠러의 규격을 잘 살펴봐야 한다.

⑴ 프로펠러 규격

프로펠러의 규격은 앞에서 언급한 특징들을 중요한 순서대로 열거한 것이다. [그림 2.7] 프로펠러 규격에서 5046은 크기로서 길이가 5인치이고 피치가 4.6인치를 의미한다. Hub 5mm는 모터 축에 끼우는 프로펠러 구멍의 직경이다. 프로펠러를 모터의 축에 끼울 때 허브 구멍과 모터 축의 크기가 맞지 않아서 난처할 경우가 있으므로 미리 알고 구입하는 것이 좋다. 재질은 폴리카보네이트이며, 무게가 2.7g임을 의미한다. CW는 프로펠러의 회전 방향이 시계 방향이고, CCW는 시계 반대 방향을 의미한다.

GemFan Bull Nose 5046 Polycarbonate Propellers CW/CCW green
(1 pair)

Specs:
Size: **5046 (5"x4.6")**
Color: **Green**
Hub: **5mm**
Material: **Polycarbonate (PC)**
Weight: **2.7g**

Included:
1 x CW Propeller
1 x CCW Propeller

(a) 프로펠러의 규격 명세

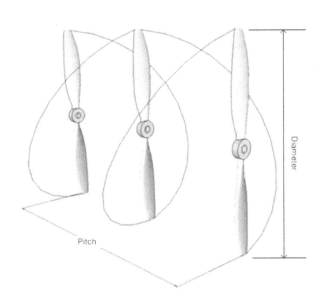

(b) 프로펠러의 직경과 피치

[그림 2.7] 프로펠러 규격

(2) 프로펠러 저울대

자동차 타이어를 구매하면 새 타이어라도 타이어의 무게 균형(wheel balance)을 맞추고 장착한다. 마찬가지로 프로펠러를 새로 모터에 장착할 때도 항상 프로펠러의 균형을 맞추어야 한다. 아무리 공장에서 잘 만들었다고 해도 대량 생산하는 만큼 양쪽의 균형이 미세하게 맞지 않는 경우가 있다. 양쪽의 무게 균형이 맞지 않으면 진동과 소음이 발생하며 효율이 저하되고 심하면 비행 안전에 지장을 줄 수 있다.

프로펠러의 균형을 맞추는 방법은 [그림 2.8]과 같이 프로펠러의 중심에 있는 구멍에 가는 축을 넣고 저울대 위에 올려놓고 좌우로 얼마나 기우는 지 측정한다. 어느 한쪽이 기울어지면 가벼운 쪽 날개에 테이프를 붙여서 무겁게 하여 양쪽의 무게가 균형을 이루게 한다.

[그림 2.8] 프로펠러 저울대

2.3   모터

프로펠러에 회전력을 전달하는 것은 토크 에너지 발생장치인 모터다. 드론은 모터가 직접 프로펠러에 연결되어 구동된다는 점이 자동차와 다른 점이다. 자동차는 엔진이 변속기에 연결되어 속도를 조절한 다음에 타이어에 연결되는 간접 방식이다. 모터의 종류는 석유 연료를 사용하는 연료형 모터와 전기를 사용하는 전기형 모터가 있다. 이 책에서는 전적으로 전기 모터를 다룬다.

2.3.1 모터 분류

전기 모터를 분류하면 [그림 2.9]와 같이 직류(DC, Direct Current) 모터와 교류(AC, Alternating Current) 모터로 나누고, 직류 모터는 브러시(Brushed) 모터와 브러시리스(Brushless) 모터로 나뉜다. 브러시는 모터의 전극을 바꿔주는 장치로서 마찰이 많이 발생해서 발열과 소음이 난다. 브러시리스 모터는 브러시 마찰이 없어서 발열과 소음이 적고 기계적 고장이 적다. 드론의 동력발생장치는 주로 브러시리스(BLDC, Brushless Direct

Current) 모터를 사용한다. 브러시리스 모터는 아우트러너 모터(outrunner motor)와 인러너 모터(inrunner motor)로 구분된다. 아우트러너는 영구자석이 전자석 밖에서 돌기 때문에 통돌이 모터라고도 하는데 구조상 직경이 길어서 토크가 크기 때문에 큰 프로펠러를 잘 돌린다. 인러너 모터는 영구자석 안쪽에서 전자석이 회전하는 형태이므로 직경이 작아서 출력은 약하지만 토크 조정이 유연하다는 장점이 있다.

브러시 모터는 중심의 회전축에 코일이 감겨있어서 전자석이 되며 코일은 작은 금속 브러시와 접촉되어 있다. 금속 브러시가 +와 - 전극 사이를 회전하면서 전자석의 극성이 바뀌므로 전자석이 계속 회전한다. 금속 브러시와 전극 사이의 마찰 때문에 효율이 감소된다. 그러나 복잡한 제어장치가 필요 없다는 장점이 있다. 브러시 모터는 코어 모터(core motor)와 코어리스 모터(coreless motor)로 나뉜다. 코어 모터는 코어의 중심축을 이루는 철심이 있으므로 무겁다. 반면에 코어리스 모터는 가볍고 작게 만들 수 있는 장점이 있어서 초소형 모터에 사용된다. 브러시 모터의 효율은 브러시로 인하여 60% 정도로 낮으나 브러시리스 모터는 80% 정도로 높다. 그러나 코어리스 모터는 무게가 적어서 브러시가 있음에도 70 - 80%의 높은 효율을 유지한다.

2.3.2 모터 규격

드론의 크기가 초소형이 아닌 경우에는 주로 브러시리스(BLDC, Brushless DC) 모터를 사용한다. [그림 2.10]은 450급과 550급 드론에서 많이 사용되는 브러시리스 모터의 실례이다. 상자에 있는 숫자 22는 모터 안의 스테이터(고정자)의 직경이고 13은 스테이터의 두께이다. 스테이터(stator)란 구리선을 감은 철심으로 전류가 흐르면 전자석이 된다. 935KV는 1볼트 전압 당 모터가 935번 회전한다는 의미이다. kv가 낮을수록 회전 속도는 느려지고 힘은 강해진다. kv가 높을수록 회전 속도는 빨라지고 힘은 작아진다. 3S(Lipo): 1045는 3.7V 배터리 3개를 직렬로 연결한 11.1V를 사용할 때는 1045급 프로펠러를 사용하고, 4S(Lipo): 8045는 3.7V 배터리 4개를 직렬로 연결한 14.8V를 사용할 때는 8045급 프로펠러를 사용하라는 의미이다. 배터리 전압이 높을 때는 작은 프로펠러(8인치)를 사용하지만 전압이 낮을 때는 양력을 키우기 위하여 큰 프로펠러(10인치)를 사용하라는 의미이다. 변속기 전류는 20A에서 30A를 사용할 것을 권고하고 있다. 모터의 최대 추력은 860g이다.

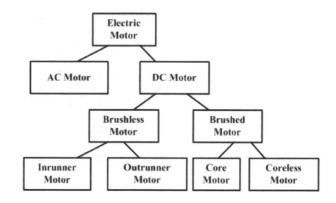

[그림 2.9] 전기 모터의 분류

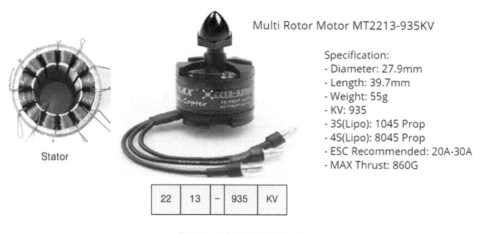

[그림 2.10] 모터의 규격 사례

■ 직류 모터와 교류 모터

　직류 모터는 직류 전기로 돌아가기 때문에 배터리를 사용한다. 직류 모터는 배터리의 +
와 ─전극만으로 모터를 구동하는 반면에 교류 모터는 교류 전기로만 돌아간다. 발전소에
서 공급하는 전기는 모두 교류 전기이므로 직류 모터를 구동할 수 없다. 따라서 공장과 가
정에 공급되는 전기를 그대로 사용하는 모터는 모두 교류 모터이다.

　교류 모터는 브러시 같은 기계적인 부속품이 필요 없고 고속에서 순간 최대 토크를 낼
수 있고 응답 특성이 빠르며 토크 무게가 작아서 소형화하고 경량화 할 수 있는 장점이 있
다. 구조가 간단하기 때문에 효율도 높다. 특히 수십 와트의 소형에서 수백 와트의 대형 모
터가 가능하므로 산업현장에서 선풍기, 세탁기, 펌프와 같은 다양한 기계에 사용하고 있
다. 그러나 교류 모터를 돌리기 위해서는 주파수를 제어하는 복잡한 제어장치가 필요하다.

반도체를 이용해서 주파수를 제어하는 장치가 변속기(ESC, Electric Speed Controller)이다.

교류 모터의 장점 때문에 드론에서도 교류 모터를 많이 사용한다. 배터리의 직류 전류를 이용해서 교류 모터를 사용하려면 인버터(inverter)가 필요하다. 인버터는 직류를 교류로 변환하는 장치이다. 드론의 배터리는 직류이므로 변속기 안에 인버터를 설치하여 직류를 교류로 변환한다.

예제 2.1 MT2204 2300kv 모터를 3S 11.V 배터리로 구동하면 회전 속도는 얼마인가?

풀이

2300kv는 1V당 2300번 회전하는 것이므로 2300 * 11.1V = 25,530이므로 25,530번 회전한다.

2.4 변속기(ESC)

변속기(ESC, Electric Speed Controller)는 배터리의 직류 전압을 3상 교류로 변환하여 브러시리스 모터에 교류 전기를 공급하는 장치이다. 전기 공급량을 조절하면 모터의 속도를 바꿀 수 있으므로 변속기라고 한다. 변속기는 브러시가 있는 모터에는 필요 없지만 브러시리스 모터에는 반드시 필요한 장치이다. 브러시리스 모터는 3상 교류로 돌아가기 때문에 배터리의 직류를 3상 교류로 바꾸어주어야 한다. 변속기는 모터를 구동하는 이외에 부수적으로 12V의 전압을 5V 전압으로 전환하여 드론에서 사용하는 센서들과 비행제어기 보드에 전원을 제공한다.

2.4.1 변속기 규격

[그림 2.11]의 변속기 명세에서 "Power input: 5.6 – 16.8V (2-3S cells Li-Poly, "는 3.7V의 리튬폴리머 배터리를 2개 또는 3개를 직렬로 연결할 수 있고, 8.4V에서 16.8V까지 입력 받을 수 있다는 의미이다. 따라서 배터리와 모터가 이 범위에 속하는 것인지를 확인해야 한다. BEC(Battery Eliminator Circuit)가 2A라는 것은 변속기가 출력하는 5V 전압의 전류가 2A라는 것을 의미한다. Constant current 30A(Max 40A less than 10 seconds)는 변

속기가 운용하는 전류는 상시 30A의 전류를 지속적으로 낼 수 있고 10초 이내에서는 최대로 40A까지 낼 수 있다는 의미이다.

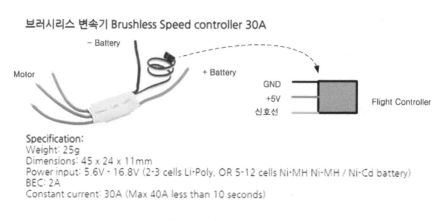

[그림 2.11] 변속기 규격

2.4.2 변속기 종류

변속기의 종류는 BEC(Battery Eliminator Circuit) 형과 OPTO(Optoisolator) 형으로 나뉜다. BEC 형은 변속기에서 5V 전압을 출력하는 것이고 OPTO 형은 5V를 출력하지 않는 변속기이다. 따라서 OPTO 형 변속기를 사용할 때는 별도의 BEC이나 UBEC(Universal BEC)을 설치하여 센서와 비행제어기 보드 등에 별도의 5V 전원을 공급해주어야 한다.

(1) BEC Battery Eliminator Circuit 형 변속기

드론은 보통 12V에 해당하는 배터리와 모터를 사용하지만 비행제어기와 센서 등은 3.3V~5V 사이의 전압을 사용한다. 따라서 변속기는 12V 전압을 5V로 강하하는 BEC (Battery Eliminator Circuit) 회로를 추가할 필요가 있다. BEC형 변속기는 [그림 2.12]와 같이 12V 배터리 전원을 입력 받아서 3상의 12V 전압을 모터로 출력하고 동시에 비행제어기와 센서 등을 위하여 5V 전압을 출력한다. 대부분의 변속기는 BEC형이다. [그림 2.11]의 변속기도 비행제어기에서 사용할 5V 전압을 출력하므로 BEC형 변속기이다. 12V의 전압을 5V로 변환하면서 손실되는 전압이 열로 전환된다. 열이 발생하면 변속기에 노이즈가 생기고 노이즈의 영향을 받는 전자 장치들이 오작동을 일으킬 수 있다. 4셀 이상의 고전압을 사용하는 드론에서는 전압 차이가 크기 때문에 BEC를 없애고 신호를 빛으로 처리하는 OPTO 방식의 변속기를 사용하여 노이즈를 방지한다. 전압 차이가 크면 그 차이만큼 발열을 많이 생성하기 때문에 다른 전자 부품에 나쁜 영향을 줄 수 있다.

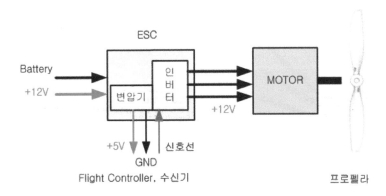

[그림 2.12] BEC형 변속기 회로도

(2) OPTO(Optoisolator)형 변속기

드론이 무거우면 양력을 높이기 위하여 큰 모터를 사용해야하므로 높은 전압의 배터리를 사용하게 된다. 즉 3S 12V 대신에 4S 16V 또는 6S 24V 배터리를 사용하면 변속기와 모터는 고전압에 견디는 제품을 사용하게 된다. 배터리 전압이 높아지는데 변속기의 BEC 출력 전압을 5V로 유지하려면 7V(12V-5V)보다 높은 11V(16V-5V)는 19V(24V-5V)의 전압을 발열로 소모시켜야 하므로 발열량이 많아진다. 발열이 심하면 변속기의 인버터와 센서와 비행제어기 등 주변 전자 회로에 나쁜 영향을 줄 수 있다. 이런 때를 대비하여 변속기에서는 비행제어기용 저전압을 출력하지 않고 배터리에서 5V를 별도로 공급하는 회로를 만든다.

OPTO형 변속기는 입력은 BEC형과 같으나 [그림 2.13](a)와 같이 5V 전압을 내보내지 않고 신호선(흰색)과 접지선(검은색)만 연결된다. 따라서 수신기와 비행제어기에서 사용할 5V 전압을 [그림 2.13](b)와 같이 UBEC이라는 변압기를 통하여 제공한다. BEC형 변속기를 대신하려면 OPTO형 변속기와 함께 UBEC을 별도로 사용해야 한다. OPTO형 변속기는 비행제어기의 신호를 빛으로 변환하기 때문에 노이즈가 발생되지 않는다.

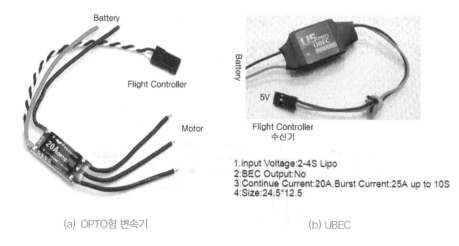

(a) OPTO형 변속기   (b) UBEC

[그림 2.13] OPTO형 변속기와 UBEC

[그림 2.14]는 OPTO형 변속기의 내부 회로도이다. 그림과 같이 OPTO형 변속기는 5V 전압을 생성하지 않으므로 별도로 12V를 5V로 감압하는 변압기(BEC)를 이용하여 5V 전원을 비행제어기와 센서 등에게 제공해야 한다. 드론의 무게가 1kg을 넘는 경우에 3S 12V 배터리로는 충분한 전류를 공급할 수 없는 경우에 주로 4S 16V 또는 6S 24V 배터리를 사용하게 된다. 이 경우에 16V나 24V를 5V로 감압하는 변압기를 사용할 필요가 있어서 OPTO형 변속기를 주로 사용하게 된다.

> **예제 2.2** MT2213 935kv 모터에 1045 프로펠러를 장착하고 3S 배터리를 사용하였다. 양력을 높이기 위하여 4S 배터리를 사용하려면 어떤 프로펠러를 사용해야 하는가? 같은 크기의 프로펠러를 사용해도 되는가? 이 모터는 3S 배터리와 4S 배터리를 모두 사용할 수 있다.

풀이

935kv 모터에 3S 배터리를 사용하면 회전 속도는 935*11.1 = 10,378.5이고, 4S 배터리를 사용하면 회전 속도가 935* 14.8 = 13,838이다. 회전 속도가 느릴 때는 큰 프로펠러를 사용하고 회전 속도가 빠를 때는 작은 프로펠러를 사용한다. 따라서 4S 배터리를 사용할 때는 크기가 작은 9045나 8045 프로펠러를 사용하는 것이 좋다. 만약 4S 배터리에 1045 프로펠러를 사용하면 모터가 과열할 가능성이 있다.

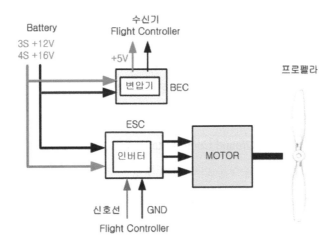

[그림 2.14] OPTO형 변속기 회로도

2.5   비행제어기

비행제어기(FC, Flight Controller)는 조종사가 원하는 대로 비행기를 조종할 수 있도록 비행기를 제어한다. 역사적으로는 장거리 비행에서 목적지를 찾고 비행 환경을 조사하고 비행경로를 따라 비행기를 조종하는 작업이 너무 힘들기 때문에 조종사의 보조 역할을 수행하는 것으로 시작되었다. 비행제어기의 기능이 점차 확장되어 최근의 자동비행장치(autopilot)는 목적지와 비행경로를 입력하면 출발지에서 이륙하여 착륙할 때까지 비행기 스스로 비행할 수 있는 단계까지 발전하였다. 선박에서도 오래전부터 자동조타장치(autopilot system)를 개발하여 목적지와 경유지 항로를 입력하면 선원들이 개입하지 않아도 스스로 목적지까지 운항하게 하였다.

무인기는 조종사가 지상에 있기 때문에 지상에서 명령한 사항들을 책임지고 수행하기 때문에 비행제어기의 중요성이 유인기보다 훨씬 더 크다. 비행 환경이 바뀌어도 드론이 안정적으로 비행할 수 있도록 비행제어기가 스스로 여러 가지 문제들을 해결해야 한다. 비행제어기는 지상의 조종기에서 보낸 조종 정보를 수신기에서 받고 각 센서들이 보내주는 센서 정보를 받아서 각 모터들의 개별 속도를 계산하여 모터들에게 구동 명령을 내린다. 따라서 비행제어기는 드론의 두뇌와 같은 역할을 수행한다.

2.5.1 비행제어 기능과 하드웨어

비행제어기는 조종사 개입 없이 스스로 비행할 수 있을 정도로 정교하게 비행을 제어하므로 드론의 두뇌라고 말할 수 있다. 드론의 두뇌가 할 수 있는 일은 우선 조종사가 원하는 고도에서 비행 자세를 유지하고 조종사 명령에 따라 드론의 비행을 책임진다. 비행제어기는 지상제어국(GCS, Ground Control Station) 조종기와 센서들이 보내주는 명령과 관련 비행 정보와 자연 환경에 의한 외부 환경 정보 등을 입수하여 가장 적절한 방법으로 드론이 임무를 수행할 수 있도록 구동장치들을 조종한다. 드론이 특정 목적지까지 비행하는 임무를 받았다면 목적지까지 비행할 수 있도록 드론을 제어한다. 비행제어기는 컴퓨터 기능을 수행하는 제어 보드와 정보를 처리하는 소프트웨어로 구성된다.

현재 가장 많이 사용되는 오픈소스 비행제어 하드웨어는 Multiwii 계열의 아두이노 보드들과 APM과 Pixhawk 계열의 보드들이다. 오픈되지 않은 하드웨어로는 민간회사인 DJI, PARROT, 3DRobotics, Yuneec과 같은 대표적인 기업들이 자신들의 제품을 위하여 사용하고 있다.

2.5.2 비행제어 소프트웨어

멀티콥터가 나오기 이전의 무인 비행기들은 수신기에서 비행기의 스로틀, 엘리베이터, 러더 등의 조종면 서보 모터들에 직접 신호를 보내서 비행기를 조종하였다. 수신기 포트와 조종면 서보 모터가 1:1 대응되었기 때문에 직접 제어가 가능하였다. 그러나 멀티콥터에서는 [그림 2.15]와 같이 승강타, 방향타와 같은 조종면들이 없어지고 4개의 모터들의 속도를 각각 조종해야 비행이 가능하게 되었다. 즉 조종기가 보내는 수신기의 신호들을 받아서 비행제어 소프트웨어가 4개의 모터 속도들을 각각 계산해야 한다. 비행기에서는 비행제어기가 반드시 필요한 것이 아니지만 멀티콥터에서는 비행제어 소프트웨어가 없어서는 비행을 할 수 없게 되었다.

비행제어 소프트웨어는 조종사가 원하는 대로 드론의 비행 자세를 유지하고 항로를 따라 비행하게 하는 프로그램이다. 이를 위하여 수신기와 다양한 센서로부터 비행 환경 정보를 입력받아서 안정적인 비행을 할 수 있도록 각 모터들의 속도를 계산하고 변속기를 제어하는 정보처리를 수행한다. 비행제어 소프트웨어는 오픈 소스와 클로우즈드 소스로 구분된다. 오픈 소스는 소스가 개방되어 있고 소스의 저작자를 밝히기만 하면 누구나 사용하고 수정하고 개선할 수 있도록 허용하고 있다. 클로우즈드 소스는 특정한 개인이나 조직이 개발한 것으로 소스가 개방되어 있지도 않고 수정하거나 임의로 사용할 수 없다는 점이 다르다.

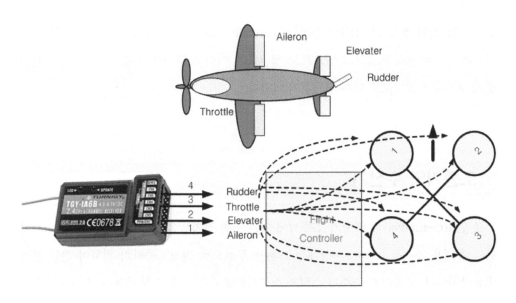

[그림 2.15] 비행제어 소프트웨어의 필요성

(1) 공개 소스 비행제어기 Open Source FC

오프 소스의 대표적인 비행제어기는 Multiwii 기반, OpenPilot 기반, 3D robotics 기반 등의 3가지 계열로 구분된다. 닌텐도(Nintendo, 任天堂) 회사의 게임기와 아두이노를 결합시켜 만든 Multiwii는 많은 사람들이 사용하고 있으며 여기서 개선된 BetaFlight, CleanFlight 같은 비행제어기들이 많이 보급되었다. OpenPilot는 대학 연구실에서 출발하였으나 현재는 폐쇄된 상태이다. 그러나 예전에 공개한 오픈소스가 남아서 CC3D로 여전히 인기를 누리고 있다. 3DRobotics 회사는 APM(ArduPilotMega)을 보급하여 많은 호응을 얻었으나 APM2.8 이후에는 개선을 중단한 상태이고 지금은 Pixhawk를 주력으로 취급하고 있다. 이들의 특징은 누구나 다른 사람들이 작성한 파일과 필요한 소프트웨어를 무료로 내려 받아서 사용하고 수정할 수 있다는 점이다.

(2) 폐쇄 소스 비행제어기| Closed Source FC

클로우즈드 소스 비행제어기는 다양한 기관과 개인이 개발하고 소스를 공개하지 않았으므로 구성이 다양한 것으로 알려져 있다. 기업에서 수익용으로 개발한 비행제어기들은 소비자들이 구매하여 사용할 수는 있으나 사용자들은 소스를 볼 수도 없고 수정할 수도 없다. 대표적인 것으로는 DJI의 우공, X_Aircraft의 Super-X 등이 있다. 민수용 비행제어기들은 영업비밀로 보호하고 있으므로 접근하기 어렵고 군사용 비행제어기들은 군사비밀로 보호하고 있으므로 더욱 접근하기 어렵다.

2.6 조종기와 수신기

조종기(transmitter)는 비행기 조종석에 있는 조종 장치들을 지상에서 움직이기 위하여 만든 휴대용 통신장치이다. 지상에서 드론을 무선으로 원격조종하기 위하여 만든 전파 송신장치이다. 조종사가 조종기 스틱과 스위치들을 움직이면 조작 내용을 조종기의 송신 장치가 송신하고 드론의 수신기는 수신된 신호를 비행제어기에게 전달한다. 비행제어기는 입력된 신호대로 각 모터들의 속도를 계산하고 변속기들에게 전달한다.

2.6.1 조종기

드론을 무선 조종하는 조종기들은 제조사별로 종류가 매우 다양하지만 모양과 조작 방법이 거의 유사하다. 과거 조종기들은 단순 형태의 기계식이었으나 요즈음에는 메모리와 LCD와 함께 신호 처리기를 갖춘 전자식으로 발전되었다. 기계식에서는 다양한 기능을 갖추지 못하였으나 전자식에서는 매우 다양한 조종 기능을 갖추고 있고 음성 지원도 가능하다. 즉, 조종기와 비행 상태를 음성으로 알려주고 있다. 음성 지원은 조종사가 눈으로 조종기를 보지 않고 하늘에 떠있는 드론만 보면서 조종할 수 있으므로 비행 안전 상 매우 유익한 기능이다.

⑴ 조종기 구조

조종기의 구조를 보면 하단, 중앙, 상단으로 구분할 수 있다. 하단은 LCD 창과 조종기의 주요 설정 값들을 초기화하고 설정하는 단추들이 배치되어 있고, 중앙에는 조종기 전원 스위치가 있고 양 옆에 두 개의 스틱과 스틱의 값들을 미세 조정하는 4개의 트림들로 구성되어 있다. 상단에는 스위치들이 있고 맨 위에는 안테나와 손잡이가 있다.

조종사는 양 손의 엄지손가락으로 두 개의 스틱을 위에서 누르고 나머지 네 개의 손가락으로 조종기의 몸통을 잡는다. 엄지손가락의 살이 많은 부분으로 스틱을 살며시 누르면서 움직이고 필요하면 간헐적으로 조종기 윗면에 있는 스위치들을 조작한다. 조종기 스틱을 꽉 잡거나 꽉 누르는 것은 금물이고 항상 스틱을 살며시 접촉한 상태에서 천천히 밀어주는 연습을 해야 한다. 조종기의 무게가 작지 않기 때문에 손가락을 자유롭게 하기 위하여 조종기의 중앙에 고리를 걸어서 목에 걸고 조종한다.

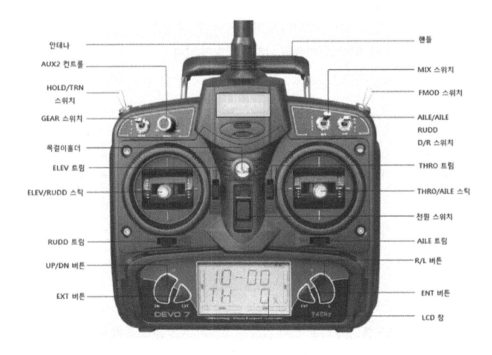

[그림 2.16] 조종기와 각 부분의 명칭

[그림 2.16]은 일반적인 형태의 조종기 그림과 명칭이다. 시중에 나와 있는 조종기들은 모양과 구조가 거의 비슷하므로 이 그림으로 구조와 기능을 설명해도 대부분 적용된다. 조종기 사용의 핵심은 조종기 스틱, LCD 창과 제어 버튼들에 있다. 스틱들은 모터의 속도

를 조종하고 LCD 창은 조종기 상태와 비행 상태를 표시한다. 조종기 스틱은 좌우에 두 개가 있는데 [그림 2.16]에서 오른쪽은 스로틀과 에일러론을 담당하고 왼쪽은 엘리베이터와 러더를 담당한다(모드1의 경우). 스틱의 주변에는 스틱들을 약간씩 변경할 수 있는 트림들이 설치되어 있다. 왼쪽 스틱의 기능과 오른쪽 스틱의 기능은 서로 변경하여 설치할 수 있다. 두 스틱 모두 오른쪽이나 위로 밀면 최댓값을 왼쪽이나 아래로 밀면 최솟값을 나타낸다. 조종기는 스틱을 움직이면 움직인 거리를 μs(마이크로 초) 단위의 시간으로 간주하고 수치화하여 통신장치를 통하여 수신기로 전달된다. 두 스틱은 위로 올리면 최댓값을 아래로 내리면 최솟값을 나타낸다. 최솟값은 1000μs를 의미하고 최댓값은 2000μs를 의미한다.

조종기 스틱은 용도에 따라서 모드 1과 모드 2로 나뉜다. 모드 1은 한국과 일본에서 주로 사용하며 모드 2는 그 이외의 나라에서 사용한다. [그림 2.17]과 같이 모드 1과 모드 2의 차이는 스로틀의 위치이다. 스로틀이 왼쪽에 있으면 모드 2이고 오른쪽에 있으면 모드 1이다. 스로틀이 바뀌는 위치는 엘리베이터이므로 스로틀이 오른쪽으로 가면 엘리베이터는 왼쪽으로 간다. 러더와 에일러론의 위치는 변함이 없다.

러 더   에일러론   러 더   에일러론

모드 1   모드 2

[그림 2.17] 조종기 모드와 스틱 역할

조종기의 사용 모드를 설정하고 초기 값들을 설정하는 것은 조종기 매뉴얼을 보면서 LCD 창으로 확인하는 것이 바람직하다.

(2) 채널과 신호

조종기는 기본적으로 두 개 스틱의 움직임에 따라 스로틀, 에일러론, 엘리베이터, 러더 등의 4가지 신호를 발생하므로 조종기는 4개의 통신 채널이 필요하다. 스위치에 대한 정보도 별 개의 채널을 통하여 수신기로 전송된다. 스위치를 사용하가 위해서는 조종기가 최소한 5개 이상의 채널을 지원해야 한다. 채널별로 신호는 1000μs에서 2000μs의 정보를 PPM(Pulse Position Modulation), PCM(Pulse Code Modulation) 등의 방식으로 전송한다.

(3) 통신 주파수

조종기는 드론 수신기에 조종기의 스틱과 스위치 동작 신호를 무선으로 송신하는 통신 장치이다. 모형 항공기를 시작한 초기에는 낮은 AM과 FM 주파수 대역에서만 조종기 신호를 전달할 수 있었다. AM(Amplitude Modulation)은 먼 거리까지 신호를 전달할 수 있었고 FM(Frequency Modulation)은 정확하게 신호를 전달할 수 있었지만 모두 하나의 주파수를 한 사람밖에 사용할 수 없다. 두 사람이 같은 주파수를 사용하면 충돌이 일어나 드론이 추락하게 되므로 문제점이 많았다. 2010년경부터는 조종기의 주파수 대역을 2.4GHz를 사용하게 되었고 주파수 도약(frequency hopping) 방식을 이용하여 주파수가 충돌하면 다른 주파수로 이동해서 주파수 충돌을 피할 수 있다. 즉 같은 비행장에서 여러 사람이 다른 사람의 주파수에 신경 쓰지 않고 비행할 수 있게 되었다. AM이나 FM을 사용하던 시절에는 두 사람이 실수로 같은 주파수를 사용하면 즉시 주파수 충돌이 일어나서 비행기가 추락하였다.

최근에는 5.8GHz 주파수 대역을 추가로 사용하게 되어 더 여유가 생겼다. 즉, 2.4GHz는 조종기가 사용하고 5.8GHz는 드론의 카메라 영상을 송신하는데 사용할 수 있게 되었다.

2.6.2 수신기

수신기는 조종기가 보낸 신호들을 수신하여 채널별로 비행제어기로 전달하는 통신장치이다. [그림 2.18]은 Turnigy와 Devo7의 수신기로서 각각 10개 채널과 7개의 채널을 구성하고 있다. Turnigy 수신기는 윗면에 CH1, CH2,...,CH8로 되어 있고 Devo7용 수신기는 ELE, AIL, THR, RUD 등으로 용도가 기재되어있다. Turnigy는 채널의 사용 내용이 AIL, ELE, THR, RUD 등의 순서로 되어 있으므로 수신기에 따라서 적용하는 채널 순서가 다르다는 것을 알 수 있다.

(a) Turnigy 수신기   (b) Devo7 수신기

[그림 2.18] 드론 용 수신기

수신기의 핀들은 단자의 맨 위는 신호선이고 중간선은 +5V 전압선이고 밑에 있는 선은 접지선이다. 중간선들은 모두 공통의 5V 전원선이고 맨 밑의 선들은 모두 공통의 접지선들이다. 수신기가 동작하기 위해서는 5V 입력 전압을 중간선과 접지선에 연결해야 한다.

2.7   관성측정장치(IMU)

항공기에서 가장 중요한 것은 무엇일까? 금액을 기준으로 한다면 엔진이나 기체일 것이다. 항공기에서 가장 중요한 엔진을 잘 운용하려면 엔진을 제어하는 비행제어기가 좋아야 한다. 비행제어기에서 가장 중요한 것은 무엇일까? 엔진의 상태와 주변 환경을 정확하게 파악하는 관성측정장치(IMU, Inertial Measurement Unit)일 것이다. 그 이유는 관성측정장치들이 있어야 항공기의 자세를 제어하고 목적지까지 안전하게 비행할 수 있기 때문이다. 현대 항공기에서 관성측정장치가 없거나 부실하다면 항공기가 제 역할을 다 할 수 없다. 특히 자율주행이 대세가 되고 있는 시점에서 관성측정장치는 GPS와 함께 항공기 운행에 중요한 역할을 한다.

> 🖤 **참고**   관성과 센서
>
> 관성(inertia)이란 물체에서 외부의 힘이 사라지더라도 기존의 상태를 계속 유지하려고 하는 성질이다. 움직이는 물체는 계속 움직이려고 하고, 정지된 물체는 계속 정지 상태로 있으려고 한다. 사람도 물체와 마찬가지로 자신이 하던 일이나 역할을 계속 유지하고 싶어 하는 관성이 있다. 관성을 측정하는 장치에는 여러 가지 종류의 센서(sensor)들이 있다. 센서는 온도, 압력, 속도와 같은 물리 및 화학적인 환경 정보를 감지하는 장치이다. 드론에서 사용하는 센서들은 감지한 정보를 주로 전기 신호로 바꿔주고 있다. 드론의 자세 제어와 비행제어를 위하여 사용하는 관성측정장치는 주로 가속도계와 자이로 그리고 지자기계 등이다.

2.7.1 자이로(gyroscope): 각속도 감지기(angular speed sensor)

자이로는 회전하는 물체의 각속도를 측정하는 센서이다. 물체가 축을 중심으로 회전할 때는 회전하려는 관성을 이용한 것이다. 자전거가 빨리 달리면 회전하는 바퀴는 바퀴 회전축을 중심으로 계속 회전하려는 성질이 있어서 좌우로 쓰러지지 않는다. 각속도란 원운동에서 시간당 물체가 회전한 각도이다. 어떤 회전하는 물체가 10초 동안 50° 기울였다면 평균 각속도는 50°/10초 = 5°/초이다. 물체가 기울 때 짧은 시간 단위로 각속도를 구하고 전체 시간에 대해 적분하면 전체 기울어진 각도를 구할 수 있다.

자이로는 비행 중의 드론 자세를 3축(x, y, z)으로 각각 기울어진 각도를 측정해서 알려주므로 드론이 수평을 유지할 수 있도록 도와준다. MPU-6050은 각속도와 가속도를 측정하는 센서를 하나의 칩(chip) 안에 넣어서 x, y, z 축 3방향의 각속도와 가속도를 측정한다. 자이로는 가속도 센서와 협력하여 드론이 수평 자세를 유지하며 비행하도록 도와준다.

2.7.2 가속도 센서(acceleration sensor)

가속도 센서는 이동하는 물체의 가속도나 충격의 세기를 측정하는 센서이다. 가속도란 물체의 속도가 시간에 따라 변할 때 단위 시간당 변화하는 속도의 비율이다. 가속도를 알면 드론이 이동한 거리를 계산할 수 있다. 드론이 이동한 거리를 x, y, z 축의 값으로 알면 각 축을 기준으로 드론이 기울어진 각도를 계산할 수 있으므로 자이로 역할도 수행할 수 있다.

자이로는 초기 값이 일정해도 오차 값은 누적되어 증가한다. 이것을 드리프트 오차(drift error)라고 한다. 자이로의 드리프트 오차를 보정하는 것이 가속도계의 상호 보완 기능이다.

2.7.3 지자기 센서(geomagnetic sensor)

지자기계는 지구의 자기장을 검출하는 나침판과 같이 지자기를 측정하는 센서이다. 지구는 거대한 자석과 같아서 [그림 2.19]와 같이 남극과 북극 사이에 거대한 자기장이 형성되어 있다. 자석을 지구의 자기장 위에 놓으면 남과 북을 가리키는 나침판이 된다. 지자기계는 자기장을 분석하여 드론이 어느 방향을 향하고 있는지를 측정한다. 지자기계는

HMC5883L을 많이 사용한다. GPS 센서와 조합하여 자동비행 또는 자율비행을 수행할 수 있다. GY-86 센서는 MPU-6050과 HMC5883L을 포함하고 있어서 하나의 센서로 세 가지 역할을 수행할 수 있다.

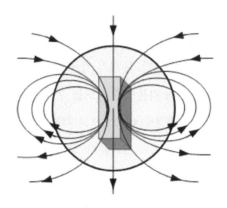

[그림 2.19] 지구의 자기장

2.7.4 초음파 센서(Ultra sonic wave sensor)

초음파 센서는 초음파를 발사하고 되돌아오는 것을 인식하는 장치이다. 초음파는 주파수가 20kHz를 넘는 소리이다. 사람이 들을 수 있는 소리는 주파수가 20Hz ~ 20kHz의 소리이므로 사람은 초음파를 들을 수 없다. 초음파의 특성은 주파수가 높아서 딱딱한 물체에 거의 100% 반사하며, 속도가 344m/s이고 방향과 거리 측정에 사용된다. 박쥐는 초음파를 쏘아서 되돌아오는 반사파를 인식하여 방향을 파악하고 되돌아오는 시간을 이용하여 거리를 측정한다. 고래는 초음파를 이용하여 거리를 측정하고 대화까지 한다. 병원 산부인과에서는 초음파를 이용하여 태아의 영상 사진을 촬영한다. 드론에서는 초음파 센서를 이용하여 장애물을 파악하고 회피하는 용도로 사용한다.

2.8 배터리와 충전기

드론이 사용하는 에너지를 기준으로 드론을 분류하면 전기 모터를 사용하는 드론과 석유 엔진을 사용하는 드론으로 나눌 수 있다. 이 책에서는 전기를 사용하는 드론에 한정하여 설명한다. 배터리(battery)는 전기 에너지를 화학적으로 저장하는 장치이면서 전기를 공급하는 장치이다. 충전기는 반대로 전기 에너지를 공급하여 배터리 안에 화학 에너지로 저장하게 하는 장치이다. 따라서 드론을 날리기 위해서는 배터리가 필요하고 배터리를 계속 사용하기 위해서는 충전기(charger)가 필요하다. 배터리의 종류는 제작 형태와 용량이 다양하며 형태와 용량마다 적합한 충전기가 따로 있으므로 자신이 사용하는 드론에 적합한 배터리와 충전기를 선택해야 한다.

2.8.1 배터리

전기 에너지는 전기 상태로는 저장이 되지 않는다. 따라서 전기 에너지를 저장하려면 화학 장치에 화학 에너지로 저장해야 한다. 배터리는 전기 에너지가 화학 에너지로 변환된 것을 저장하는 창고 공간이다. 전기를 저장하는 방법은 양극과 음극을 대전시키는 것이기 때문에 직류 전기만 저장할 수 있고 교류 전기는 불가하다.

(1) 배터리 분류

배터리는 전기를 저장하고 사용하는 기술에 따라서 다음과 같이 3가지로 구분할 수 있다.

① 1차 전지(battery)

1차 전지는 저장된 전기를 한 번 사용한 후에는 다시 사용할 수 없는 전지이다. 예를 들면, 알카라인, 망간 전지 등의 건전지로서 기전력은 1.5V이다. 리모컨, 손목시계, 벽걸이 시계 등에 주로 사용한다.

② 2차 전지

2차 전지는 저장된 전기가 방전되면 다시 충전할 수 있는 전지이다. 예를 들면, 납축, Ni-Cd, Ni-Mh, 리튬 이온, 리튬 폴리머 전지 등이다. 자동차, 노트북, 휴대폰 등에 사용하는 전지이다. 충전할 수 있는 횟수와 수명이 정해져 있다.

③ 3차 전지

전기 생성 장치에 연료를 공급하면 부산물과 함께 전기를 생산하는 장치이다. 예를 들어, 수소 전지는 물을 전기분해하면 수소와 산소가 나오는 원리를 역이용하여 수소와 산소를 공급하면 물과 함께 전기를 생산한다. 수소 자동차와 우주선에서 사용하는 전지이다.

드론에서 사용하는 전지는 주로 2차 전지로서 리튬 이온(Li-ion, Lithium-ion) 전지를 사용하다가 요즈음에는 조금 더 안전하고 성능이 좋은 리튬-이온 폴리머(Li-Po, Lithium-ion Polymer) 전지를 많이 사용한다.

(2) 배터리 종류

드론에서 사용하는 전지는 주로 12V의 Li-ion과 Li-Po 전지이다. 조종기에는 1.5V 건전지를 여러 개 사용하거나 Li-Po 배터리를 사용한다.

① 니켈-카드뮴 전지: Ni-Cd

양극에 니켈 음극에 카드뮴 전극으로 1.2V의 기전력이 있다. 중금속 위험이 있으며, 메모리 효과[3]가 있어서 반드시 완전 방전하고 충전해야 한다.

② 니켈-수소 전지: Ni-Mh

양극에 니켈 음극에 금속수소화합물 전극으로 1.2V의 기전력이 있다. 중금속 위험이 없으며 메모리 효과가 있어서 완전 방전하고 충전해야 한다.

③ 리튬 이온 전지: Li-Ion

양극에 니켈 음극에 탄소 전극으로 3.7V의 기전력이 있다. 중금속 위험이 없으며, 메모리 효과가 적다. 니켈 계열보다 2배 용량에 3배의 전압이 높다. 1991년에 소니가 개발하였다. 전해질이 액체이므로 액체가 흘러나와서 폭발 가능성이 있다. 성형성이 나빠서 원통형만 존재한다. 너무 방전하면 충전할 수 없다. 노트북, 휴대폰, 카메라 용도로 사용된다.

---

3   배터리를 완전히 방전시키지 않은 상태에서 충전을 하게 되면 배터리의 충전 가능 용량이 줄어드는 니카드(NiCad) 배터리 특성.

④ 리튬—폴리머 전지: Li-Po

양극에 니켈 음극에 탄소 전극으로 3.7V의 기전력이 있다. 전해질이 젤이나 고체여서 폭발 위험성이 적다. 리튬-이온 전지의 특성이 있으나 안정성과 무게가 30% 향상되었다. 성형성이 좋아서 다양한 모양을 만들 수 있으므로 제품을 디자인하기 좋다. 드론과 전기 자전거, 전기자동차 용도로 사용된다.

[표 2.1]은 드론과 관련하여 시중에서 사용하고 있는 배터리의 특징이다. Li-Po 배터리가 가장 좋으나 가격 때문에 아직도 니켈-카드뮴과 니켈-수소 배터리 등을 사용하고 있으므로 배터리 특성에 따라서 잘 관리할 필요가 있다. 자연 방전은 사용하지 않아도 시간이 지나면 점차 방전되는 특성이다. 메모리 효과는 완전히 방전되지 않은 상태에서 충전을 반복하면 최대 용량이 줄어드는 특성이다.

[표 2.1] 배터리 종류별 특징

특성	Ni-Cd	Ni-Mh	Li-Ion	Li-Po
용량	작다	작다	크다	크다
자연 방전	많다	보통	거의 없다	거의 없다
메모리 효과	많다	보통	없다	없다
중금속 위험	있다	없다	없다	없다
완전 방전 시	충전 가능	충전 가능	충전 불가	충전 불가

(3) 배터리 규격

① 배터리 용량

리튬 이온 폴리머 전지의 규격은 2000mAh 11.1V 30C 3S Li-Po 등으로 표현된다. 2000mAh는 1시간 동안 2000밀리암페어를 사용할 수 있다는 의미이며, 11.1V는 기준 전압을 의미하며, 30C는 방전 시에 최대로 30배의 전류를 출력할 수 있다는 의미이다. 3S는 3.7V의 배터리가 직렬로 3개가 연결되었다는 의미이므로 합계 11.1V를 갖는다는 의미이며, Li-Po는 리튬이온-폴리머 전지라는 의미이다. 만약 S 대신에 P라는 기호가 있으면 전지들을 병렬로 연결하였다는 의미이다.

② 방전율과 충전율

방전율이란 배터리가 일정한 전압으로 출력할 수 있는 전류의 비율이다. 30C는 11.1V의 전압을 30배 많은 전류로 방전할 수 있다는 의미이다. 따라서 2000mAh 전지를 30C로 방전하면 60분간 사용할 수 있는 전지를 60/30 = 2이므로 2분간 사용할 수 있다.

충전율이란 전지를 충전할 때 사용할 수 있는 전류의 비율이다. 충전율이 0.5라면 2000mHa의 전지를 1000mHa로 충전하므로 2000mHa/1000mHa = 2이므로 충전시간이 2시간 소요된다.

[그림 2.20]의 배터리에서 굵은 전선이 방전선이고 가는 전선이 충전선이다. 그 이유는 배터리가 30C이므로 필요시에는 30배의 전류가 흘려야 하기 때문에 방전선의 굵기가 충진선보다 30배 정도 굵이야 한다. 3S LiPo이므로 3.7V 전지 3개가 직렬로 연결되어 있다. 충전을 위한 전선은 맨 끝의 검은 선이 접지선이고 3.7V마다 전선이 필요하므로 충전선은 모두 4개로 구성된다. 11.1V 1300mAh이므로 11.1V의 전류를 1시간에 1300mA 사용할 수 있다.

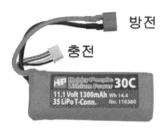

[그림 2.20] Li–Po 배터리

예제 2.3 12V 40W 모터 4개를 장착한 멀티콥터에 12V 2200mAh 20C 배터리를 사용하면 몇 분 동안 사용할 수 있는지 계산하시오.

풀이

드론에 소요되는 전력은 40W * 4 = 160W이다. 전력을 계산하는 공식은 P(W) = V*I이므로 배터리가 공급할 수 있는 전력 P = 12V * 2.2A= 26.4W이다. 따라서 이 배터리는 26.4W로 60분 사용할 수 있으므로 160W가 소요되는 드론을 구동하려면 160W : 26.4W = 60분 : x분이므로 x = 26.4*60/160 = 9.9분 사용할 수 있다. 만약 방전율이 평균 10C로 사용된다면 9.9분/10C = 0.99분 사용할 수 있다.

2.8.2 충전기

충전기(charger)는 직류 전기 에너지를 배터리 형태에 맞추어 배터리에 저장하는 장치다. 따라서 배터리 형태가 Ni-Cd, Ni-Mh, Li-Ion, Li-Po 등으로 다양하므로 배터리 종류마다 별도의 충전기가 필요하다. 시중에는 여러 가지 배터리들을 한 충전기에서 선택하여 충전할 수 있는 범용 충전기를 판매하고 있다.

(1) 통합형 충전기/Li-Po 전용 충전기

시중에는 Li-Po(리튬이온-폴리머) 전용 배터리 충전기도 판매하고 여러 가지 배터리를 모두 충전할 수 있는 통합형 충전기도 판매하지만 주로 통합형을 많이 사용한다. 통합형 충전기에서 리튬Li-Po 전지나 자신의 배터리에 맞는 전지를 선택하고 굵은 전선은 방전 단자에 연결하고 가는 전선은 충전 단자에 연결한다. 충전 단자가 여러 개가 있는 경우가 많으므로 3S 배터리는 3개의 셀(cell)에 맞는 단자를 선택하고 4S 배터리는 4개의 셀에 맞는 단자에 연결한다.

충전 중에는 화재가 날 수도 있으므로 반드시 옆에서 지켜보고 있어야 한다. [그림 2.21]과 같이 충전기에는 충전할 수 있는 배터리의 종류를 LCD 창에서 확인할 수 있다. 충전하는 방법은 충전선과 방전선을 연결하고 4개의 버튼을 이용하여 해당 배터리 종류를 선택하고 충전한다. 충전기를 사용하려면 별도의 직류 전원을 규격대로 공급해주어야 한다. 여러 명이 동시에 배터리를 충전해야 하는 경우에는 2개, 4개의 배터리를 충전할 수 있는 대형 충전기를 구입하는 것이 좋다.

[그림 2.21] 여러 종류의 배터리를 충전할 수 있는 충전기

(2) 전원 공급기

드론에서의 전원 공급기(power supply)는 충전기에 직류 전기를 공급하는 장치로서 전원은 주로 가정용 100-220V의 교류를 사용한다. 전원 공급기는 인버터(inverter)의 반대로 교류 전기를 직류 전기로 변환하는 컨버터(converter)이다. 전원 공급기의 출력은 Li-Po 배터리 충전기 경우에 12V이다. 전원 공급기의 선택은 전적으로 충전기 용량에 따라서 결정된다. 충전기의 용량보다 큰 용량의 전원 공급기를 선택하는 것이 안전하고 시간적으로도 바람직하다. [그림 2.22]는 세 가지 전원 공급기의 종류를 보여준다. (a)의 소형 어댑터는 1,000mAh 미만의 전력을 공급하고, (b)의 중형 어댑터는 10Ah 내외의 전력을 공급하고 (c)의 대형 전원 공급기는 30Ah 이상의 전력을 공급하므로 고열을 방출하는 환풍기가 부착되어 있다.

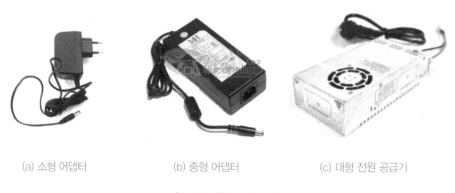

(a) 소형 어댑터   (b) 중형 어댑터   (c) 대형 전원 공급기

[그림 2.22] 전원 공급기

요약

- 드론은 구동부, 비행제어부, 센서부, 통신부, 전원부(연료부) 등으로 구성된다. 드론 제작은 물리적 조립, 전기적 조립, 소프트웨어적 조립 순서로 진행된다.
- 드론 기체는 모터들의 반 토크를 막기 위하여 모터의 수를 짝수로 만들고 각각 시계 방향과 반 시계 방향으로 구성한다.
- 프로펠러는 날개를 돌려서 추력을 얻는 장치이다. 프로펠러는 곡면으로 만들어진 날개 앞면에서 저기압을 얻어서 추진력을 얻고 받음각(angle of attack)을 이용하여 공

기를 뒤로 밀어냄으로써 추력을 얻는다.

- 모터는 전기 에너지를 회전력으로 변환하는 장치이다. 브러시 모터는 제어 시스템이 필요 없으나 효율이 낮고 브러시리스 모터는 효율이 좋으나 복잡한 제어 시스템이 필요하다.

- 변속기(ESC)는 BLDC 모터를 구동하기 위하여 직류 전기를 3상 교류로 변환하는 장치이다. 변속기의 전류 용량은 모터의 용량보다 커야 안전하다.

- 비행제어기는 비행기의 자세와 비행을 제어하는 소프트웨어이다. 비행제어기는 수신기에서 오는 조종기의 조종 명령과 센서 자료의 입력에 따라 각 모터들의 속도를 계산하고 변속기에 모터 구동 신호를 제공한다.

- 조종기는 비행기 조종석에 있는 조종 장치들을 지상에서 무선으로 조작시키는 장치이다. 조종기는 조종사가 움직이는 조종기 스틱과 스위치들의 설정 값들을 드론의 수신기로 전송하는 통신장치이다.

- 수신기는 조종기에서 보내주는 스틱과 스위치들의 신호들을 받아서 채널별로 분리하여 비행제어기로 전달하는 통신장치이다. 수신기는 조종기와 짝이 되어 제작된다.

- 관성측정장치는 이동하는 물체의 속도, 방향, 중력, 가속도 등을 측정하는 장치이다. 이들이 측정한 값들을 이용하여 비행제어기는 모터들의 속도를 계산하여 전달한다.

- GPS는 인공위성에서 보내는 신호를 수신하여 수신자의 위치를 확인하는 장치이다.

- 배터리는 전기 에너지가 화학 에너지로 변환된 것을 저장하는 공간이다. 드론에서 가장 많이 사용하는 리튬폴리머 전지는 최고 전압의 80% 이상을 유지하는 것이 좋다. 전압이 너무 떨어지면 충전이 안 될 수 있다.

- 충전기는 직류 전기를 배터리 형태에 맞추어 배터리에 저장하는 장치다. 배터리는 종류가 다양하므로 배터리 형태에 맞는 충전기를 사용해야 한다.

- 전원 공급기는 교류 전기를 직류 전기로 변환하는 장치로서 컨버터(converter)라고도 한다. 반대로 인버터(inverter)는 직류를 교류로 변환하는 장치이다.

연습문제

1. 드론의 주요 부품을 8가지 정도 기술하시오.

2. 드론의 주요 부품중 변속기가 하는 일은 무엇인가?

3. 쿼드콥터와 헥사콥터의 프로펠러 회전 방향을 도시하시오.

4. 프로펠러의 회전 방식에는 시계방향 회전인 (   ) 규격 프로펠러와 반시계방향 회전인
   (   ) 규격 프로펠러가 있다. 괄호를 채우시오.

5. 브러쉬리스 모터의 특징을 기술하시오.

6. 비행제어를 위해서는 흔히 소프트웨어를 오픈소스를 많이 사용한다. 오픈 소스를 사용하는 장
   점인 무엇인가?

7. 드론 조종기의 모드는 1과 2로 나뉜다. 두 모드는 무엇이 다른가?

8. 관성을 측정하는 센서의 이름은 무엇인가?

9. 회전하는 물체의 각속도를 측정하는 센서의 이름은 무엇인가?

10. 지구의 자기장을 측정하는 센서의 이름은 무엇인가?

11. 현존하는 배터리는 전기를 저장하는 방법에 따라 1차전지, 2차전지, 3차전지로 나뉠 수 있다.
    각각의 특징을 기술하시오.

12. 드론에서 주로 사용하는 전지는 리튬 이온과 리튬 이온 폴리머 전지이다. 이 둘간의 차이점은
    무엇인가?

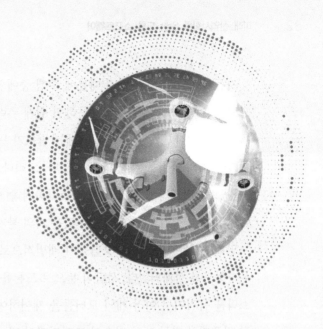

CHAPTER **3**

드론의 제어 계통

자동차는 네 바퀴가 있기 때문에 주행 중에 전복되기 쉽지 않다. 항공기는 공중에 떠있으므로 수평 자세를 유지하지 못하면 쉽게 추락할 수 있다. 선박도 선체가 균형을 잃으면 침몰하기 쉽다. 항공기도 초창기에는 속도가 느려서 조종사가 손으로 조종면들을 움직여서 항공기의 균형을 유지할 수 있었다. 그러나 비행 속도가 빨라지면서 조종사가 비행기의 균형을 잠시라도 잡지 못하면 추락하기 쉽게 되었다. 초음속 비행기가 나오면서 사람이 손으로 비행기의 균형을 잡는 것은 거의 불가능한 수준에 이르렀다.

멀티콥터는 여러 개의 모터들이 개별적으로 회전 속도를 잘 조절해서 기체의 수평을 유지하도록 설계되었다. 사람이 눈으로 드론을 보고 머리로 계산하고 손가락으로 조종기 스틱을 움직여서 여러 개의 모터들을 제어하여 균형을 유지하는 것은 불가능하다. 다행히 컴퓨터와 자동 제어 기술이 도입되면서 멀티콥터의 균형을 유지할 수 있게 되었다. 비행기뿐만 아니라 모든 분야에서 인공지능 로봇과 같은 기능을 요구하기 때문에 자동 제어 기술이 더욱 중요하게 되었다.

3.1   제어 개요

비행기와 선박은 수평 상태로 운항하는 것이 가장 안정적이다. 약간 기울어지는 것은 몰라도 너무 기울어지면 몸체가 수평을 회복하지 못하고 추락하거나 침몰한다. 선박이 항해할 때 선체가 흔들려서 멀미가 나는 이유는 배가 바람과 파도에 의하여 롤(roll), 피치(pitch), 요(yaw)를 반복하기 때문이다. 선박들이 외란에 의하여 롤, 피치, 요를 하더라도 침몰하지 않고 안정된 자세를 유지하는 것은 자동 제어 기능이 있기 때문이다.

3.1.1 제어 개념

제어란 물체를 목표 상태로 유지하기 위하여 조작하는 행위이다. 과거에 나무나 석탄으로 불을 때서 난방을 하던 시절에는 방안의 온도를 일정하게 유지하기 위하여 아궁이에 땔감을 시간에 따라 적절하게 넣어주어야 했다. 땔감을 많이 넣으면 너무 뜨겁고 부족하게 넣으면 너무 추워진다. 아궁이에 땔감을 손으로 넣는 것은 수동 제어지만 지금은 자동제어 보일러가 있어서 목표 온도를 설정하면 보일러가 스스로 적정량의 연료를 공급하여 설정된 온도를 유지한다.

자동제어는 기계가 기계를 스스로 제어하는 기술이다. 자동제어는 모든 작업이 일정하게 유지되므로 품질관리와 함께 생산성 향상에 크게 기여하였다. 자동제어 기법은 예전부터 많이 개발되었으나 처음에는 모두 하드웨어를 기반으로 동작하였다. 하드웨어로 자동제어를 수행하기 위해서는 정밀한 부품들을 복잡하게 구성하고 기계적으로 동작하기 때문에 가격이 고가이고 고장 나기 쉬웠다. 기능을 향상시키려면 하드웨어 자체를 교체해야 했다. 소프트웨어로 자동제어를 하면 소프트웨어만 갱신하면 되기 때문에 작업하기 매우 편리하다.

선박은 수평을 유지하기 위하여 부력점보다 무게 중심점을 아래에 잡는다. [그림 3.1](a)와 같이 무게 중심이 낮으면 배가 기울어도 짝힘에 의하여 배가 수평으로 복원된다. 그러나 [그림 3.1](b)와 같이 무게 중심이 부력점보다 높으면 배는 짝힘에 의하여 복원력을 잃고 침몰한다. [그림 3.1](c)와 같이 무게 중심점이 부력보다 낮더라도 중앙에서 변두리로 이동하면 배는 짝힘에 의하여 복원력을 잃는다. 선박의 화물 선적과 운항에 따라서 평형수의 양과 위치를 배치하는 것은 선박 안전에 매우 중요하다. 24시간 운항하는 선박 조타수들에게 자동으로 배의 균형을 잡아주는 자동제어 장치는 필수적이다.

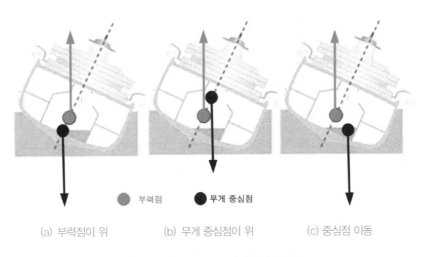

(a) 부력점이 위   (b) 무게 중심점이 위   (c) 중심점 이동

[그림 3.1] 선박의 부력점과 무게 중심점

쿼드콥터의 균형은 4개의 모터 속도를 개별적으로 조절하여 유지한다. [그림 3.2]에서 쿼드콥터가 오른쪽으로 기울면 오른쪽의 2번과 3번 모터의 속도를 올리고 1번과 4번 모터 속도를 낮추어 수평으로 복원한다. 만약 앞으로 기울면 1번과 2번 모터의 속도를 높이

고 3번과 4번 모터의 속도를 줄여서 수평으로 복원한다. 그러나 모터의 속도가 빠르기 때문에 사람이 눈으로 수평 상태를 관찰하고 손가락으로 조종기의 스틱을 움직여서 쿼드콥터의 수평을 유지하는 것은 불가능하다. 따라서 비행 속도가 빠른 항공기에서는 자동 제어 기술이 절대적으로 필요하다.

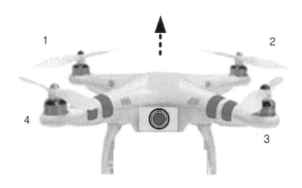

[그림 3.2] 쿼드콥터의 균형

3.1.2 자율 비행

자율 비행(autonomous flight)은 비행기가 스스로 출발지에서 목적지까지 비행 상의 문제점들을 스스로 해결하면서 주어진 임무를 수행하는 비행이다. 비행하면서 수평을 유지해야 하고 장애물이 나타나면 충돌을 회피해야 하고, 경유지를 입력하면 스스로 경유지를 찾아다니면서 목적지까지 비행한다.

자율 비행의 시작은 선박으로부터 시작되었다. 과거부터 선박의 안전은 조타수에 의하여 결정되었다. 그러나 제1차 세계대전에서 항해할 선박이 대폭 증가하면서 노련한 조타수를 양성하는 것이 큰 과제가 되었다. 미국 해군은 노련한 조타수를 양성하는데 많이 시일이 걸리기 때문에 1900년대 초에 자동 조타 장치(autopilot) 개발을 추진한다. 미국 해군의 노력으로 자동 조타 장치가 선을 보이기 시작했다.

선박 조타실에서 목적지와 도착 시간을 입력하면 선박이 스스로 방향타(rudder)와 엔진 속도를 조절하여 목적지까지 항해를 하는 것이 자동 조타 장치의 목적이다. 1922년에 Nicolas Minorsky[1]는 미국 해군 함정을 위하여 자동 조타 장치를 개발하였다. 목적지 방향에 대한 편각과 각속도를 검출하고 자동적으로 방향타를 조작하여 목적지로 운항하는 것이다.

(1) 자동 비행 Automatic Flight

비행기 성능이 향상되면서 비행 거리가 점점 늘어나서 대양과 대륙을 횡단하는 정도의 장거리를 비행하게 되었다[2]. 장거리 비행에서 오는 조종사의 피로를 예방하기 위하여 자동 비행 기술이 일찍부터 개발되었다. 자동 비행은 미리 입력한 경유지를 따라서 비행하거나 조종사의 입력에 의하여 주어진 조건대로 비행 상태를 유지하는 것이다. 자동 비행 장치는 공중 충돌이나 항공기 고장 또는 기상 조건의 변화에 능동적으로 대처하는 것은 불가능하지만 조종사에게 큰 도움을 주었다. 그러므로 자동 비행은 자율비행의 기초 단계라고 볼 수 있다. 무인기에서의 자동 비행은 시계 비행이 불가능한 공역에서 비행할 때 매우 필요하다.

(2) 자율 비행 Autonomous Flight, Self-Driving Flight

자율 비행이란 조종사 도움 없이 드론이 스스로 알아서 출발지에서 목적지까지 비행하는 것이다. 자동 비행 장치는 조종사를 도와서 비행을 도와주는 장치이다. 자율 비행 장치는 조종사의 개입이 없어도 스스로 비행기를 조종하여 임무를 수행하는 장치이다. 자율 주행은 선박과 비행기뿐만 아니라 자동차에서도 적극적으로 도입하고 있다. 자율 주행은 다음과 같이 여러 가지 단계가 있다.

■ 1단계: 조종사 조종

조종사가 직접 드론을 조종하되 부분적으로 제어 장치의 도움을 받는 단계이다. 나침판이나 GPS를 이용한 내비게이션 등의 도움을 받는다.

■ 2단계: 조종사 위임

조종사가 비행의 상당 부분을 제어 장치에게 위임하고 통제하지 않는 단계이다. 방위와 속도를 설정하면 비행기 스스로 그 방위를 향하여 설정된 속도로 비행한다. 조종사는 비행 과정을 가끔 확인한다.

1　Nicolas Minorsky(1885-1970): 제정 러시아 해군 출신의 미국 자동제어학자. PID 제어 이론가.
　　https://en.wikipedia.org/wiki/Nicolas_Minorsky
2　1927년 미국 비행사 Charles Lindbergh는 뉴욕에서 파리까지 33시간 동안 쉬지 않고 단독 비행 성공.

- ■ 3단계: 조종사 감독

제어 장치가 전적으로 비행 업무를 담당하고 필요할 때만 조종사의 지시를 받는 단계이다. 목적지와 도착 시간 등을 설정하면 비행기 목적지까지 스스로 속도를 조절하며 비행한다. 설정된 대로 비행하지 못하게 되면 조종사의 지시를 요구한다.

- ■ 4단계: 완전 자율 주행

조종사가 입력한 대로 비행하지만 추가적으로 지시를 받지 않는 형태이다. 진정한 의미의 자율 주행이다. 목적지와 도착 시간 등을 설정하면 비행기 스스로 모든 문제를 해결하면서 목적지 활주로까지 비행한다. 조종사가 필요 없는 단계이다.

지율 비행을 수행하기 위해서는 1단계라도 효율적인 비행을 위하여 많은 제어 장치들이 필요하다. 무인기에서는 완전 자율 비행을 목표로 개발되고 있다. 자율 비행에서는 공중에서의 충돌방지와 회피 그리고 자동 이·착륙이 필수적이다. 유인기에서는 충돌 회피 장치를 1993년 12월부터 31석 이상의 민항기에 의무적으로 장착해야 했고 1996년부터는 10석 이상으로 확대되었다.

3.2   자동 제어

차량, 선박, 비행기 등을 운행할 때 운전자는 기계 상태와 경로를 점검하면서 끊임없이 앞을 보고 운전 장치들을 조작한다. 운행 시간이 길어질수록 운전자의 피로가 커지므로 운전이 안전하도록 운전자를 도와주는 보조 장치들이 개발되고 있다. 안전한 운전을 지원하기 위한 보조 장치들이 점차 완성도를 높이고 자동화되어 이제는 완전한 자동 제어가 가능한 단계에 왔다.

3.2.1 자동 제어

소달구지를 몰고 가는 농부는 소의 코에 멍에를 씌워서 소가 달구지를 잘 끌고 가도록 고삐를 조절한다. 택시 운전수는 택시가 목적지로 잘 가도록 운전 장치들을 조작한다. 대상의 목표 상태를 유지하기 위하여 수행하는 일을 제어라고 한다. 제어를 정의하면 '물체의 물리량을 목표 상태로 유지하기 위하여 조작하는 행위'이다. 운전자가 기계 장치를 조작하는 행위를 수동 제어라고 한다면 자동 제어는 기계가 스스로 기계 장치들을 조작하는 행위이다. 따라서 자동 제어를 정의하면 '물체의 물리량을 목표 상태로 유지하기 위하여 기계 스스로 기계를 조작하는 행위'라고 할 수 있다. 달리 말하면 주어진 일을 신호나 조건에 따라서 자동적으로 수행하는 행위이다.

자동 제어는 기계가 발전하여 기능이 많아지고 복잡해지는 것과 더불어 발전하였다. 1784년에 제임스 와트의 증기기관이 나왔을 때 속도를 조절하기 위하여 기관의 회전수를 제어하려는 것이 자동제어의 첫 시도라고 할 수 있다. 풍차가 잘 돌기 위해서는 바람의 방향에 따라 날개 방향도 같이 돌아가야 한다. 따라서 사람이 없을 때도 바람의 방향이 바뀌면 풍차 스스로 날개의 방향을 바꾸는 행위가 필요했다. 이런 요구들이 쌓이고 쌓여서 자동 제어가 발전하였다. 특히 제2차 세계대전 이후에 공업화가 진척되면서 자동 제어가 더욱 발전하였다.

(1) 자동 제어 분류

석유화학 공장에 석유를 증류하고 분류하는 공정이 있는데 이 과정에서 온도, 유량, 압력, 농도 등을 정확하게 유지해야 한다. 이 과정을 공정 제어(process control)라고 하는데 생산성 향상을 위하여 공정 제어의 자동화는 필수적이다. 석탄 화력 발전소에서는 석탄가루를 뜨거운 공기와 혼합하여 보일러에 불어넣는 송풍기가 있다. 송풍기 풍량과 보일러 온도와 석탄가루 밀도를 정확하게 유지해야 완전 연소가 된다. 완전 연소가 되지 않을수록 미세먼지는 비례해서 많이 나올 것이다. 조선소에는 후판을 설계도면에 따라서 정확하게 산소용접기로 절단을 해야 하는데 설계도를 용접기에 연결하여 자동으로 제어하는 장치가 필수적이다. 선박과 항공기가 장시간 운항하려면 승무원들이 운항 장치들을 계속 주시하면서 조작하지 않아도 장치 스스로 제어하는 기술이 필요하다.

자동 제어는 용도에 따라서 처리 방법이 달라진다. 자동 제어의 종류는 순차 제어(順次制御, sequence control)와 궤환 제어(軌還制御, feedback control)로 나뉜다.

① 순차 제어(sequential control)

순차제어는 정해진 시간과 순서에 따라서 일을 자동적으로 수행하는 작업이다. 작업이 순서대로 진행되면 최종적으로 목적이 달성되는 일에 적합하다. 공장의 생산라인은 입구에서 원료가 투입되어 여러 가지 가공 과정을 거쳐서 최종 단계에서 제품이 완성되는 방식이다. 예를 들어, 압연공장 입구에서 붉은 쇳덩어리가 들어가서 점차 가늘게 눌려져서 최종 단계에서 철근 제품이 생산되는 공정과 같은 것이다. 제지공장에서도 종이 원료인 펄프가 입구에 투입되고 점차 물에 풀어지고 걸러지고 롤러에 감겨서 얇은 종이로 생산되는 공정과 같다.

순차적으로 공정이 이루어지는 방식의 제어를 개 루프 제어(open loop control)라고 한다. 개 루프 제어는 제어 신호가 처리 과정의 외부에 개방되기 때문에 사람이 중간에서 확인하고 다음 공정으로 넘길 것인지 아니면 공정을 더 돌릴 것인지를 결정할 수 있다.

② 궤환 제어(feedback control)

궤환 제어는 작업을 수행한 후에 현재 상태와 목표 상태를 비교하고 목표 상태에 이르지 못했으면 목표 상태에 이를 때까지 같은 공정을 반복하여 처리하게 하는 방식이다. 제어 결과를 입력에 반영하여 작업 내용이 개선되는 효과를 목표로 하는 일에 적합하다. 예를 들어, 냉장고에서 목표 온도를 설정하고 온도를 측정하여 온도가 높으면 압축기를 돌려서 온도를 낮추고 온도가 낮으면 압축기를 정지시켜서 목표 온도에 도달하도록 측정과 처리 과정을 반복하는 방식이다.

목표 상태에 이를 때까지 같은 공정을 반복 처리하는 방식의 제어를 폐 루프 제어(closed loop control)라고 한다. 폐 루프 제어는 처리 과정이 외부에 노출되지 않고 내부적

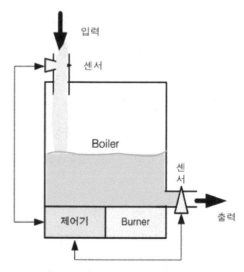

[그림 3.3] 보일러 자동 제어 시스템

으로 목표 상태를 확인하면서 처리 과정을 반복하기 때문에 외부에서 중간 과정을 확인하기 어렵다. 제어 결과를 입력에 반영하여 처리 과정을 반복하기 때문에 궤환 제어라고 한다.

(2) 자동 제어 실례

[그림 3.3]은 보일러를 자동 제어로 가동하는 시스템이다. 출력되는 물의 온도를 설정하면 버너가 작동해서 물의 온도가 올라간다. 물의 온도가 목표에 도달하면 버너는 정지되고 물의 온도가 낮아지면 버너는 다시 가동되어 물을 끓인다. 보일러의 출력 온도에 따라서 입력되는 물의 수량을 조절한다. 출력되는 물의 온도가 낮으면 입력 수량을 줄이고 물의 온도가 높으면 입력 수량을 증가하여 물의 온도를 설정한 대로 유지한다. 이와 같이 기계 스스로 출력을 입력에 반영하여 목표 상태를 유지하므로 궤환 제어라고 한다. 처리 공정이 순차적으로 이루어지지 않고 한 공정을 밀폐 상태에서 반복하기 때문에 폐 루프 제어라고 한다. 이와 같은 궤환 제어 방식의 실례는 냉장고, 에어컨, 자동차 정속 주행기 (cruise control) 등이 있다.

예제 3.1 드론의 수평 자세를 유지하기 위하여 자동 제어를 도입한다면 폐 루프 제어인가 아니면 개 루프 제어인가?

풀이

드론의 목표 상태가 수평 상태라면 바람이 불어서 약간 기울어진 것은 목표 상태를 벗어난 것이다. 기울어진 쪽을 감지하고 기울어진 쪽의 모터를 더 빨리 회전시킴으로써 목표 상태로 복원시키는 작업을 수행한다. 목표 상태가 될 때까지 이 작업을 반복하는 과정에서 드론의 자세를 수평으로 만든다. 이것은 드론 자세 결과를 감지하여 입력에 반영하는 작업이므로 궤환 제어에 해당하므로 폐 루프제어이다.

(3) 궤환 제어 종류

궤환 제어 기법을 현실에서 구현하는 방법은 여러 가지가 있으나 On-Off 제어와 PID 제어기법이 대표적이다.

① On-Off 제어

On-Off 제어는 목표 값에 도달하기 위하여 기계 장치를 가동하거나 가동하지 않는 방식이다. 냉장고의 온도를 4℃로 유지하려고 한다. 4℃보다 온도가 낮으면 냉각장치를 가동하지 않고 4℃보다 높아지면 냉각장치를 가동한다. 온도가 4℃ 보다 낮아지면 냉각장치 스위치를 끄고, 온도가 4℃ 보다 높아지면 냉각장치 스위치를 켠다. 이와 같이 목표 값을 달성하기 위하여 스위치를 이용하여 기계를 가동하거나 가동하지 않는 것이 On-Off 제어 방식이다. 스위치를 사람 손으로 끄거나 켜면 수동 제어이고, 기계 스스로 스위치를 켜거나 끄면 자동 제어이다. 개념상으로 스위치를 켜거나 끄는 것이기 때문에 스위치 조작 제어 방식이라고도 한다.

예를 들어, 전기다리미와 냉장고, 자동차 라디에이터처럼 일정한 온도를 유지하려면 서모스탯(thermostat)[3]을 이용하여 간단하게 On-Off 제어를 구현한다.

② PID 제어

궤환 제어 방식은 출력의 결과를 입력에 반영하여 목표 값을 유지하는 방식이다. 목표 값과 현재 값의 차이(오차)에 비례(proportional)하여 오차가 크면 기계 장치를 크게 가동하고 오차가 작으면 작게 가동한다. 목표 값 부근에서는 오차를 누적(Integral)했다가 제어장치 가동 시에 반영한다. 현재 값이 목표 값을 초과했으면 그 차이만큼 제어장치를 적게 가동하고, 미달했으면 제어장치를 크게 가동한다. 목표 값과 현재 값의 오차율(differential rate)을 측정하여 오차율이 증가에서 감소로 또는 감소에서 증가로 바뀌면 다음의 목표 값을 예측할 수 있으므로 그 만큼 기계 장치 가동에 반영한다. 이와 같이 궤환 제어는 기계 장치 가동에 의한 현재 값을 입력에 궤환시키는 방식이다. 이 방식을 이용하면 기계 장치 스스로 목표 값에 도달하고 스스로 목표 값을 유지한다. 이와 같이 비례(P), 적분(I), 미분(D) 기법을 이용하기 때문에 PID 제어라고 한다.

공장에서 사용하는 대형 공기 조화기나 화학공장의 반응탑 같은 분야는 정밀해야 하므로 PID 제어를 이용한다.

On-Off 제어는 간단하기 때문에 구현하기 쉬운 자동 제어이다. PID 제어는 효과가 좋지만 구현하기 복잡하기 때문에 정밀 분야에서 주로 사용하고 있다.

---

3   서모스탯: 온도 변화에 따라 수축과 팽창을 하는 소재를 이용하여 냉각수 온도가 낮으면 수축하여 밸브가 닫히고, 온도가 올라가 일정 온도가 되면 열팽창을 하여 밸브가 열리는 장치.

3.3 PID 제어

PID 제어는 목표 값과 현재 값의 차이(오차)를 계산하고 그 차이를 줄이는 처리를 반복적으로 수행하는 제어 방식이다. PID 제어는 On-Off 제어와 함께 폐 루프 방식의 제어 기법으로 우리 사회에서 광범위하게 사용되고 있다.

3.3.1 PID 제어

PID 제어는 1900년대 전반기에 개발된 궤환 제어(feedback control) 기법이다. PID 제어를 간단하게 정의하면 "시스템에 설정된 목표 값과 현재 값의 차이(오차)를 이용하여 목표 값을 유지하는 제어 방식"이다. 구현 방법은 오차에 비례하여 제어하고, 목표 값 근처에서는 오차를 적분하여 제어하고, 오차의 변화율을 이용하여 제어하는 3항의 동작을 궤환 방식으로 처리한다. PID 제어를 항목별로 구분하면 다음과 같다.

(1) 비례 제어(P)

목표 값과 현재 값과의 차이(오차)를 계산하고 오차의 크기에 비례(proportional)하여 제어하는 방식이다. 오차가 크면 크게 적용하고 작으면 작게 적용한다. P값이 클수록 목표 값에 빨리 도달하지만 오차가 빨리 줄어들지 않고 목표 값 주변으로 진동하므로 응답속도가 늦다. P값이 작으면 목표 값에 천천히 도달하지만 목표 값 주변에 가면 오차가 빨리 줄어든다.

(2) 적분 제어(I)

목표 값 근처에 도달했을 때 미세한 오차를 누적(Integral)하다가 일정한 수준을 넘어서면 적용하여 목표 값에 도달한다. 오차가 목표 값을 초과했으면 오차만큼 빼서 적용하고 미달했으면 더해서 적용한다. I값이 클수록 목표 값에 빨리 수렴한다.

• 비례적분(PI) 제어: 비례와 적분을 종합하여 제어한다. 목표 값에 빨리 도달하고 진동이 빨리 줄어들어서 응답속도가 개선된다.

(3) 미분 제어(D)

오차의 변화를 미분(Derivative)하여 오차율이 증가에서 감소로 바뀌거나 감소에서 증가로 바뀌면 다음 목표 값에 도달하는 것을 예측하여 적용한다. D값이 클수록 목표 값에 도달하는 응답속도가 빠르다.

- 비례미분(PD) 제어: 비례와 미분을 종합하여 제어한다. 목표 값에 빨리 도달하고 응답속도가 빠르다.

(4) PID 제어

비례, 적분, 미분 세 가지 기법을 모두 종합하여 적용한다. 빨리 목표 값에 도달하고 진동도 적으며 응답속도가 빠르다.

PID 제어는 목표 값과 현재 값과의 차이인 오차의 크기를 이용하여 목표 값에 도달하는 제어 방식이다. P는 비례라는 뜻의 약자로 오차의 크기에 비례하여 제어장치를 가동하는 방식이다. 자동차 정속 주행기에서 목표 값이 100km이고 현재 속도가 60km라면 오차는 40km이다. 오차가 크면 가속기를 크게 밟고 오차가 작으면 가속기를 작게 밟는 것이 비례 방식이다. I는 자동차 속도가 목표 값에 인접했을 때 오차를 누적했다가 어느 정도 쌓이면 한꺼번에 그 오차만큼을 빼주거나 더해주는 방식이다. D는 자동차의 속도가 증가하다가 감소하거나 감소하다가 증가할 때 즉 오차의 변화율이 바뀔 때 다음 목표 값에 도달하는 것을 예측하고 제어하는 방식이다.

PID 제어 기법의 처리 절차는 다음과 같다.

① 목표 값 설정
② 시스템 출력 측정(현재 값)
③ 오차 계산
④ 오차를 이용하여 제어 값 결정
⑤ 제어 값을 시스템에 입력
⑥ 시스템 출력 측정
⑦ 현재 값을 궤환

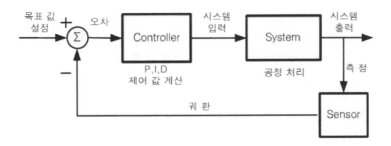

[그림 3.4] PID 제어의 처리 절차

[그림 3.4]는 PID 제어의 처리 절차를 개념적으로 설명하는 그림이다. 시스템에 목표 값을 설정한 다음에 목표 값과 출력 값과의 차이(오차)를 입력하면 제어 프로그램(control program)이 P, I, D 제어 값을 계산한다. 이들 제어 값들을 시스템에 입력하면 공정 처리 작업을 수행하고 시스템의 현재 값(출력 값)을 출력한다. 센서는 시스템의 출력 값을 측정하여 제어 장치에게 궤환한다. 다시 앞에서의 과정이 시작되어 제어 프로그램은 목표 값과 현재 값의 차이(오차)를 다시 입력으로 받는다. 이 과정이 반복되면서 시스템의 출력 값이 점점 목표 값에 근접한다.

식(3.1)은 PID 제어 값을 계산하는 수식이다. K_p는 비례항의 계수이고 K_i는 적분항의 계수이고 K_d는 미분항의 계수로서 PID 제어에서 효율을 극대화하는 최적화된 값이다. e(t)는 오차가 시간에 비례한다는 의미이고, e(r)dr은 t시간동안 오차를 적분한다는 의미이고, de/dt는 오차율을 미분한다는 의미이다.

$$\mathrm{MV}(\mathrm{t}) = K_p e(t) + K_i \int_0^t e(\tau)d\tau + K_d \frac{de}{dt}$$ 식(3.1)

이 수식을 개념적인 그림으로 표현한 것이 [그림 3.5]의 그림이다. 설정된 목표 값(Setpoint)과 출력(Output) 값의 차이 Error(오차)를 입력하면 PID 계수를 각각 비례처리, 적분처리, 미분처리를 수행한 다음에 합산한 값을 시스템에 입력하여 처리(Process)하고 출력(Output)을 만든다. 출력단에서 현재 값을 측정하여 입력단으로 궤환시키는 작업을 반복한다.

3.3.2 PID 제어의 특징

목표 값과 현재 값의 차이가 너무 크면 비례 값을 크게 적용하게 되고 그러면 목표 값에 빨리 도달함과 동시에 목표 값을 크게 벗어난다. 오버슈트(overshoot)는 이와 같이 목표 값에 비하여 너무 커진 오차를 말한다. 오버슈트가 너무 커지면 시스템에 무리가 간다. 정착 시간이란 제어를 시작하여 목표 값의 ±2%내로 제어가 완료되는 시간이다. 물론 정착 시간은 짧을수록 좋다. 정상상태 오차는 제어량이 목표 값의 일정 범위에 도달했을 때 남아있는 오차를 말한다. 정상상태(steady state)란 운동 상태가 시간이 흘러도 변화하지 않는 상태이므로 목표에 도달했다고 보는 것이다.

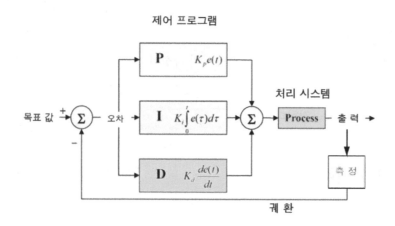

[그림 3.5] PID 제어기의 블록 다이어그램

[그림 3.6]은 P값에 따르는 제어 시스템의 변화를 보여준다. 붉은 선과 같이 P값이 크면 목표 값에 빨리 도달하지만 목표 값을 크게 벗어나기 때문에 계속 목표 값 주변에서 크게 진동하면서 천천히 안정된다. 푸른 선과 같이 P값이 작으면 목표 값에 도달하는 시간은 느리지만 목표 값에서 크게 벗어나지 않으므로 목표 값에 수렴되는 동안의 진동 크기가 작다. 검은 선과 같이 P값의 크기가 중간이면 목표 값에도 중간에 도달하고 목표 값에 수렴하는 동안의 진동 크기도 중간에 해당한다. 좋은 제어는 목표 값에 빨리 도달하고 진동이 작아서 빨리 안정되는 것이다.

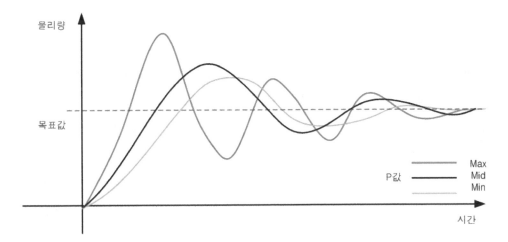

[그림 3.6] P값의 크기에 따르는 변화

3.4　자세 제어

　　항공기는 비행 과정에서 스스로 또는 외란에 의하여 수평 상태에서 벗어나더라도 신속하게 수평 상태로 돌아오려고 노력한다. 수평 상태란 항공기의 롤 각도와 피치 각도가 0°인 상태를 말한다. 지구에서의 중력은 일정하기 때문에 양력을 얻기 위해서는 항공기가 최소한의 비행 속도를 유지해야 한다. 비행 속도가 저하되거나 다른 이유로 양력이 감소되고 항력이 증가하여 비행을 유지할 수 없는 상태를 실속(stall)이라고 한다. 항공기의 실속은 추락을 의미한다. 항공기는 안전한 비행과 함께 기체의 자세를 원하는 대로 제어하기 위하여 PID 제어 기법을 사용한다.

3.4.1 항공기의 자세 제어

　　항공기는 안전한 비행을 위하여 수평 자세를 유지하려고 노력한다. 필요에 따라서 수평 자세에서 잠시 벗어날 수 있지만 수평 자세는 언제나 기본이다. 이륙을 할 때는 승강타를 이용하여 기수가 들린 상태에서 비행하고 일정한 고도에 오르면 수평 비행을 하고 착륙할 때도 수평 자세를 유지하면서 하강한다. 방향을 바꾸기 위하여 방향타와 보조날개를 사용할 때도 조종면들이 움직이는 타각은 크지 않다. 타각이 크면 양력이 감소하여 실속하기 쉽고 실속하면 추락하기 쉽다.

항공기가 비행하기 위하여 조종면에 사용하는 힘은 [그림 3.7]과 같이 롤(roll), 피치 (pitch), 요(yaw) 등 3가지이다. 롤은 항공기가 동체 축을 중심으로 회전하려는 힘이고, 피치는 동체의 앞과 뒤를 올리고 내리는 힘이고 요는 전진하는 방향을 왼쪽이나 오른쪽으로 바꾸려는 힘이다. 항공기가 안전하게 비행하기 위해서는 이렇게 3가지 힘이 적절하게 조화를 이루어야 한다. 이 3가지 힘은 선박의 운항에서도 똑 같이 적용된다. 롤, 피치, 요라는 용어도 선박에서 사용하던 것을 항공기에서 차용한 것이다. 자동차에도 스프링이 좋은 차에는 롤과 피치가 조금 적용되고 요는 방향을 잡는 것이므로 운전대에 의하여 많이 적용된다.

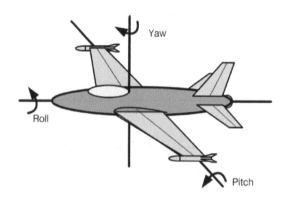

[그림 3.7] 항공기를 조종하는 힘

항공기가 안정된 비행 자세를 유지하는 것은 외란이 크더라도 롤링(rolling)하지 않고 피칭(pitching)하지 않고 요잉(yawing)하지 않으면서 수평 비행하는 것이다. 항공기가 안정적으로 수평 비행하기 위해서는 자세 제어가 필수적이다. 항공기의 자세 제어를 정의하면 "항공기를 조종사가 원하는 자세로 유지하도록 비행 제어장치들을 조작하는 일"이다. 비행기에서의 비행 제어장치는 엔진과 방향타(rudder), 승강타(elevator), 보조날개 (aileron)이고 쿼드콥터에서는 4개의 모터들이다.

3.4.2 드론의 PID 제어

드론을 비행하기 위해서는 관성측정장치(IMU, Inertial Measurement Unit)가 필요하다. 관성측정장치는 이동하는 물체의 속도와 방향, 중력, 가속도 등을 측정하는 장치로서 센서를 기반으로 동작한다. MPU-6050과 같은 관성측정장치에는 3축 가속도계와 3축 자이로가 내장되어 있어서 x, y, z축의 가속도와 롤(roll), 피치(pitch), 요(yaw) 각속도의 측정이 가능하다. 이 자료를 이용하여 비행제어기(FC, Flight Controller)에서 드론의 속도와 자세각을 계산할 수 있고 이들을 기반으로 PID 계수 값들을 계산하고 활용할 수 있다.

(1) PID 계수 조정

[그림 3.8]은 어떤 드론의 PID 계수 값들을 MultiwiiConf로 보여준 것이다. 여기서 P값은 1에서 10 사이의 소수 값이며 I값은 0에서 1 사이의 소수 값이며 D 값은 0에서 50 사이의 정수 값이다. 롤, 피치, 요의 PID 계수 값에 따라서 드론의 비행이 어떤 영향을 받는지 다음과 같이 살펴본다.

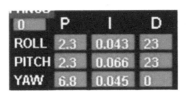

[그림 3.8] MultiwiiConf의 PID 계수 값

① 롤 Roll

롤은 기체를 동체(fuselage) 축을 중심으로 좌우로 회전하는 힘이다.

- P 값이 크면 좌우 수평에 빨리 도달하려는 힘이 증가
- I 값이 크면 좌우 수평을 정확하게 유지하려는 힘이 증가
- D 값이 크면 좌우 수평을 빨리 회복하려는 힘이 증가

② 피치 Pitch

피치는 기체의 앞과 뒤를 올리고 내리게 하는 힘이다.

- P 값이 크면 앞뒤 균형을 유지하려는 힘이 증가.
- I 값이 크면 앞뒤 균형을 정확하게 유지하려는 힘이 증가.
- D 값이 크면 앞뒤 균형을 빨리 회복하려는 힘이 증가.

③ 요 Yaw

요는 기체의 전진 방향을 좌우로 바꾸는 힘이다.

- P 값이 크면 방향 전환 상태에서 복귀하려는 힘이 증가.
- I 값이 크면 방향 전환 상태에서 정확하게 복귀하려는 힘이 증가.
- D 값이 크면 방향 전환 상태에서 빨리 복귀하려는 힘이 증가.

P 값은 1.0에서 0.1 단위로 증가시키면서 가장 적절한 값에서 정지한다. I 값은 0.001에서 0.001 단위로 증가하면서 가장 적절한 값에서 정지한다. D 값은 1에서 5씩 증가하면서 가장 적절한 값에서 정지한다.

(2) PID 조정법

일반적으로 P값이 높으면 목표 값에 빨리 접근하지만 목표 값을 많이 지나쳤다가 다시 내려오기를 반복한다. 따라서 P값이 크면 크게 진동하는 경향이 있다. P값이 낮으면 약하게 목표 값에 접근하므로 목표 값에 천천히 접근한다. 천천히 목표 값에 접근하는 대신 크게 진동하지 않고 목표 값으로 접근한다.

일반적으로 I값이 높으면 오차를 강하게 반영하므로 빨리 목표 값으로 수렴한다. I값이 낮으면 오차를 약하게 반영하므로 천천히 목표 값에 수렴한다. 일반적으로 D값이 높으면 오차율을 강하게 반영하므로 응답속도가 빠르다. D값이 낮으면 오차율을 약하게 반영하므로 응답속도가 느리다.

① PID 계수 설정 순서

PID 계수 값을 조정하는 방법은 P를 1.0부터 시작하여 드론의 움직임을 살펴보면서 0.1씩 증가한다. 가장 목표 값에 근접하는 P 값으로 마무리하고 I 값 조정에 들어간다. I값은 0.001부터 시작하여 드론의 움직임을 살펴보면서 0.001씩 증가한다. P 값만으로는 드론이 흔들리기 때문에 흔들림이 멎을 때까지 I 값을 증가시킨다. 초보자들은 P 값과 I 값만으로 원하는 자세를 얻을 수 있다. D 값을 사용하지 않고 안정시킬 수 있도록 반복적으로 수정한다. P값과 I값 조정이 익숙해지면 D 값 조정에 들어간다. D 값도 1부터 시작하여 드론의 움직임을 살펴보면서 5씩 증가한다. 가장 안정적으로 수평 자세에 도달할 때 D 값을 확정한다.

② PID 계수 조정

이미 설정된 PID 계수 값으로 드론을 날렸을 때 이상이 있으면 다시 PID 계수 값을 다음과 같이 재조정해야 한다.

- 스로틀 조작으로 호버링이 곤란하다.

  너무 과격하게 반응하는 것이므로 P값을 줄인다.

- 스틱 중심에서 기체가 흐른다.

  오차를 잡지 못하는 것이므로 조종기 트림으로 1차 조정하고, I값을 키운다.

- 드론이 앞뒤 또는 좌우로 흔들린다.

  P값이 너무 커서 목표 값 부근에서 진동하는 것이므로 P값을 먼저 줄이고, 진동이 계속되면 목표 값에 빨리 수렴하기 위하여 조금씩 I값을 키운다.

- 드론이 기민하게 움직이지 않는다.

  반응 속도가 느린 것이므로 P값과 D 값을 차례로 키운다.

PID 계수 값을 찾는 일은 P 값과 I 값과 D 값이 각각 최적이 되는 값을 찾는 일이다. 각 값들은 소수점 단위로 변하기 때문에 수많은 값들의 변화가 예상된다. 계수 값이 하나 바뀔 때마다 드론을 띄워서 비행 상태를 확인해 보아야 한다. 따라서 최적의 PID 계수 값들을 찾는 일은 시간이 많이 걸리는 일이다. 초보자들이 PID 값을 찾는 절차는 P, I, D 값의 순서로 진행한다. P, I, D 값에 익숙해지면 P값을 찾은 후에 D값을 찾는 것도 드론을 빨리 안정시키는 한 가지 방법이다.

요약

- 제어(control)란 어떤 물체의 물리량을 목표 상태로 유지하기 위하여 조작하는 행위이다.
- 자동 비행(automatic flight)은 미리 입력한 경유지를 따라서 비행하거나 조종사가 입력한 조건대로 비행 상태를 유지하는 기능이다.

- 자율 비행(autonomous flight)은 비행기가 스스로 출발지에서 목적지까지 비행 상의 문제점들을 스스로 해결하면서 임무를 수행하는 비행이다. 즉 드론이 조종사 도움 없이 스스로 자세의 균형을 유지하면서 출발지에서 목적지까지 비행한다.

- 자동 제어(automatic control)란 물체의 물리량을 목표 상태로 유지하기 위하여 기계가 스스로 기계를 조작하는 행위이다.

- 순차 제어(sequence control)는 정해진 시간과 순서에 따라서 일을 자동적으로 수행하는 작업이다.

- 궤환 제어(feedback control)는 실제 상태와 목표 상태를 비교하여 목표 상태에 이르지 못하면 다시 처리 과정을 거쳐서 목표 상태에 자동적으로 도달하도록 하는 방식이다.

- 궤환 세어(feedback control)는 작업을 수행한 후에 현재 상태와 목표 상태를 비교하고 목표 상태에 이르지 못했으면 목표 상태에 이를 때까지 다시 처리하게 하는 방식이다.

- On-Off 제어는 목표 값에 도달하기 위하여 제어장치를 가동하거나 가동하지 않는 방식이다.

- PID 제어는 목표 값과 현재 값의 차이(오차)를 계산하고 그 차이만큼 비례하여 제어하고, 목표 값 부근에서는 차이를 누적하여 제어하고, 오차의 변화율을 이용하여 제어하는 방식이다.

- 오버슈트(overshoot)란 목표 값을 지나치게 벗어난 값이다. 오차가 크면 오차에 비례하여 큰 값을 제어에 반영하게 되어 오버슈트가 발생한다.

- 정착 시간이란 제어를 시작하여 목표 값의 ±2%내로 제어가 완료되는 시간이다.

- 정상상태(steady state)란 운동 상태가 시간이 흘러도 변화하지 않는 상태이므로 목표에 도달했다고 보는 것이다.

- 항공기 자세 제어는 항공기를 조종사가 원하는 자세를 유지하도록 비행 제어장치들을 조작하는 일이다.

- 항공기 자세를 결정하는 힘은 롤, 피치, 요와 엔진(모터) 속도이다.

- PID 계수 값을 찾아가는 순서는 P 값을 1부터 조금씩 올려서 가장 안정될 때까지 올리면 중단한다. I 값을 0.001부터 조금씩 올려서 가장 안정될 깨까지 올리면 중단한다. D 값을 1부터 올려서 가장 안정될 때 중단한다.

연습문제

1. 드론의 수평 비행을 위하여 자동 제어를 도입한다면 폐 루프 제어인가 아니면 개 루프 제어인가?

2. 냉장고나 에어콘디션의 온도 조절 제어의 경우 on-off 제어인가? 아니면 PID 제어인가?

3. 항공기 제어에서 기체의 자세 제어를 위해 PID 제어를 사용하는 이유를 설명하시오.

4. 다음 보기에서 골라서 괄호를 채우시오.

〈보기〉		
(가) 롤(Roll)	(나) 피치(Pitch)	(다) 요(Yaw)

1) 기체를 동체(fuselage) 축을 중심으로 좌우로 회전하는 힘   (   )

2) 기체의 앞과 뒤를 올리고 내리게 하는 힘   (   )

3) 기체의 전진 방향을 좌우로 바꾸는 힘   (   )

5. PID 제어에서 P 값이 지나치게 높으면 나타나는 현상은?

6. PID 제어에서 I 값이 지나치게 높으면 나타나는 현상은?

7. PID 제어에서 D 값이 지나치게 높으면 나타나는 현상은?

8. PID 계수값을 설정 후 시험 비행때 다음과 같은 현상이 일어나면 어떻게 조치해야 하는가?

　　1) 스로틀 조작으로 호버링이 곤란하다. 　　　　　　　　　　(　　　)

　　2) 스틱 중심에서 기체가 흐른다. 　　　　　　　　　　　　(　　　)

　　3) 드론이 앞뒤 또는 좌우로 흔들린다. 　　　　　　　　　　(　　　)

　　4) 드론이 기민하게 움직이지 않는다. 　　　　　　　　　　(　　　)

9. 순차 제어와 궤환 제어가 필요한 분야를 각각 설명하시오.

10. On-Off 제어가 가장 적합한 응용분야를 찾아서 설명하시오.

11. PID 제어가 가장 적합한 응용분야를 찾아서 설명하시오.

12. On-Off 제어도 가능하고 PID 제어도 가능한 분야가 있는지 없는지 설명하시오. 만약 있다면 어느 쪽이 더 효과적인지 설명하시오.

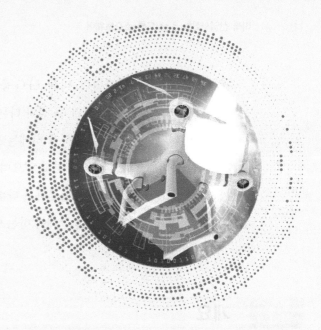

CHAPTER **4**

드론의 전력계통

차량의 동력 에너지는 가솔린, 디젤, LPG 등 석유 에너지가 주로 사용되었으나 최근에는 리튬 계열 배터리와 수소 전지 등 점차 다른 에너지로 바뀌고 있다. 디젤 잠수함은 평시에 디젤 에너지로 추진하지만 작전 시에는 소음 때문에 배터리로 운항한다. 멀티콥터는 배터리를 동력원으로 많이 사용하고 있으며 배터리는 멀티콥터를 구성하는 부품들 중에서 중요한 요소이다. 배터리는 깨끗하고 다루기 편리한 장점이 있지만 무겁고, 충전 시간이 길고, 정비가 어려워 관리를 잘해야 하는 단점이 있다.

4.1   개요

유비쿼터스(ubiquitous) 시대에는 이동성이 강조되어 MP3, 휴대폰, 노트북, 태블릿 등의 모바일 기기가 널리 보급되었다. 모바일 기기로 인하여 배터리 수요가 폭발적으로 증가 하였으며 그 영향으로 배터리 성능이 향상되었다. 배터리 성능의 향상은 다시 배터리 수요를 증가시켰으며 드론도 동력을 배터리로 사용하게 되었다. 드론은 짧은 시간 동안 촬영이나 탐색 등에 사용되는 경우에 배터리를 많이 사용하고 있다. 그러나 드론을 화물용이나 장거리 운항 용도로 이용하려면 배터리를 사용하는 것보다 석유 엔진을 사용한다. 배터리를 무리하게 사용하면 전자회로가 과열될 수 있고, 비행 중에 전력이 부족해지면 추락할 수도 있다.

4.1.1 배터리: 드론의 동력

노트북과 스마트폰 등의 휴대용 전자기기의 고급화는 배터리 성능의 고급화를 유도하였고, 이 과정에서 배터리 폭발과 화재 사고가 발생하여 모바일 전자기기 회사들이 곤욕을 치렀다. 그럼에도 불구하고 배터리 성능을 고급화하려는 노력은 지속되고 있다. 배터리 성능 향상은 전기 자동차와 드론 개발을 더욱 촉진하게 되었다.

전기 자동차가 무거운 배터리를 싣고 수백 킬로미터를 주행할 수 있는 것은 배터리 중량을 바퀴가 지탱하기 때문이다. 배터리 성능이 많이 향상되었지만 아직도 배터리는 무게가 부담이 되고 있다. 드론은 자동차보다 에너지 효율이 높지만 공중으로 비행하기 때문에 무게 부담이 많다. 드론 설계에서는 무엇보다도 무게를 줄이는 것이 중요하다. 배터리 용량 부족과 중량은 과부하를 야기하고 과부하는 발열의 위험 요소가 되고 있다. 드론을 설계할 때 가장 먼저 고려해야할 사항은 에너지 차원의 전력 계통이다.

■ 전압과 전류와 저항의 관계

드론이 주로 전기 모터로 구동되기 때문에 전기에 대한 이해가 필요하다. 전압과 전류와 저항과 전력 간의 관계를 잘 이해하는 것이 드론 제작과 개발에 매우 중요하다. 간단한 예제를 이용하여 전기 관련 법칙들을 정리한다.

| 예제 4.1 | 다음 [예제 그림 4.1] 회로에 12V의 전압이 걸리고, 4Ω과 2Ω의 저항이 직렬로 구성되었다. A, B, C에 걸리는 전압과 전류를 각각 계산하시오.

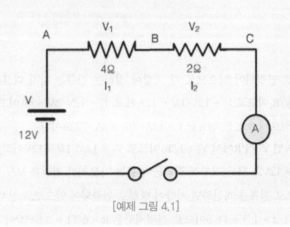

[예제 그림 4.1]

풀이

A와 B 사이의 저항은 4Ω이고 B와 C 사이는 2Ω이 직렬로 연결되어 있다. A와 C에 걸리는 저항은 R = R_1 + R_2이므로 R = 4Ω + 2Ω = 6Ω이다. A와 C에 걸리는 전류는 I = V/R이므로 I = 12/6 = 2A이다. B에서의 전류는 I = I_1 = I_2이므로 전체 전류와 같은 2A이다. V_1 = I_1*R_1이므로 V_1 = 2A*4Ω = 8V이고, V_2 = 2A*2Ω = 4V이다. 따라서 A, B, C에 걸리는 전압은 12V, 4V, 0V이고 전류는 어디서나 2A이다.

예제 4.2 [예제 그림 4.2] 회로에 12V의 전압이 걸리고, 1Ω, 2Ω, 3Ω의 저항이 병렬로 구성되었다. 각 저항에 걸리는 전압과 전류를 계산하시오.

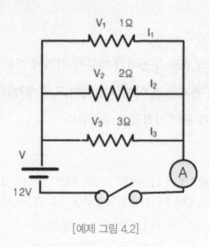

[예제 그림 4.2]

풀이

저항이 병렬로 연결되어 있으므로 각 저항에 걸리는 전류는 각각 다르다. 전류를 계산하면 V = I*R에서 I_1 = V/R_1이므로 I_1 = 12V/1Ω = 12A이고, I_2 = 12V/2Ω = 6A이고, I_3 = 12V/3Ω = 4A이다. 따라서 전체 회로에 흐르는 전류는 I = 12A+ 6A + 4A = 22A이다.

전압을 계산하면 V = I*R에서 V_1 = I_1*R_1이므로 V_1 = 12A* 1Ω = 12V이고, V_2 = 6A* 2Ω = 12V이고, V_3 = 4A* 3Ω = 12V로 모든 저항에 걸리는 전류는 다르지만 전압은 모두 동일하다.

저항을 기준으로 전류를 계산하면 저항이 병렬로 연결되어 있으므로 전체 저항 1/R= 1/R_1 + 1/R_2 + 1/R_3 = 1/1 + 1/2 + 1/3 = 11/6이므로 전체저항은 R = 6/11 = 0.545Ω이다. 즉 I = V/R = 12/0.545 = 22.02이므로 개별적으로 전류를 계산하여 합산한 것과 거의 동일하다.

예제 4.3 [예제 그림 4.3] 회로에 12V 2,200mAh 용량의 배터리와 직류 모터가 연결되어 있다. 이 배터리로 12V 100W의 모터를 몇 분 동안 구동할 수 있는가?

풀이

이 문제는 전력에 관한 문제이다. 전력(electric power)은 단위 시간 동안 전기장치에 공급되는 전기에너지이다. 전력의 단위는 와트(W)로서 1W는 1A의 전류가 1V의 전압이 흐를 때 소비되는 전력이다. 전력 P = V*I이므로 V = I*R을 대입하면 P = I^2*R로 표현할 수 있다.

12V 2,200mAh란 1 시간 동안 2.2A의 전류를 사용할 수 있다는 의미이므로 이 배터리의 전력 P = 12V * 2.2A = 26.4Wh이다. 26.4W의 배터리를 60분 동안 사용할 수 있다면 100W의 모터를 몇 분 동안 사용할 수 있는가의 문제이다. 즉 26.4W/100W = x분/60분에서 x = 26,4W*60분/100W = 15.84분 사용할 수 있다. 이 모터에 걸리는 저항은 V = I*R이므로 R =V/I = 12/2.2 = 5.45Ω이다.

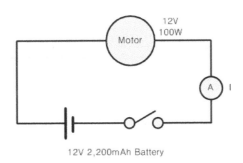

[예제 그림 4.3] 직류 모터 구동 회로

이 예제들은 앞으로 배터리 잔량을 측정하거나 드론이 공급해야할 배터리 용량을 계산할 때 요긴하게 사용된다.

4.1.2 드론의 전력 계통도

드론의 전력을 설계하기 전에 [그림 4.1]의 전력 계통도를 살펴본다. 전력 계통도는 드론의 전체 회로 중에서 배터리 전원을 공급받는 모든 부품들을 연결하는 전선만을 보여준다. 즉 배터리에서 나오는 11.1V와 아두이노 보드에서 나오는 5V와 3.3V를 연결하는 전선만 그린 것이다. 이 드론 회로에 사용된 부품들은 [표 4.1]과 같다.

전력 계통도에서 전원은 3S 11.1V 리튬폴리머 배터리를 사용하고 이 전원을 아두이노 보드에 입력하여 보드에서 5V 전원을 받아서 수신기에 공급하고 3.3V를 받아서 센서에 공급한다.

[표 4.1] 특정 450급 쿼드콥터의 무게 추산

번호	부품	수량	무게g	소계g	비 고
1	프레임	1	180	180	450급
2	배터리	1	200	200	3S 11.1V 2200mAh
3	모터	4	40	160	2212 1000kv
4	변속기	4	25	100	30A
5	비행제어기	1	30	30	Arduino UNO
6	수신기	1	30	30	Rx701
7	센서	1	40	40	MPU−6050
8	프로펠러	4	8	32	
	합계			772	

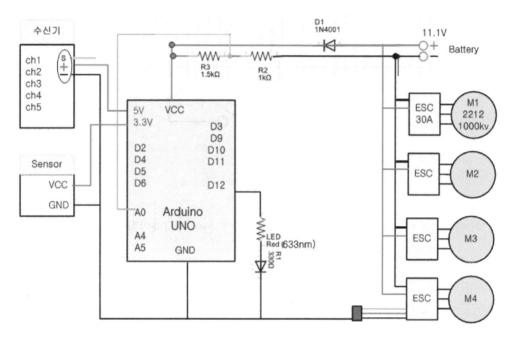

[그림 4.1] 드론의 전력 계통도

■ 전력 안전 회로

전력을 다루다 보면 착오로 인하여 역 전류가 흘러서 노트북이나 아두이노 보드에 큰 전류가 흘러서 회로나 부품 고장이 나는 경우가 있다. 이런 전기 사고를 막기 위하여 전원으로 역 전류가 흐르지 않도록 만든 것이 [그림 4.2]와 같은 전력 안전 회로이다. 드론을 만들 때는 이런 종류의 전력 안전장치를 설치하는 것이 필요하다. 그림에서 다이오드는 전류가 역류하는 것을 방지하는 반도체이고 사용되는 저항들은 전압 강하를 측정하여 전압이 어느 이하로 낮아질 때 경고등을 켜기 위한 것이다. 이 회로를 이용하면 배터리 전압이 10V 이하로 낮아지면 프로그램에서 LED 경고등을 켠다.

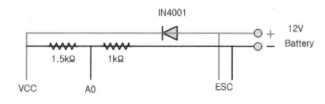

[그림 4.2] 전력 안전 회로

4.2 배터리

배터리는 드론의 동력 공급원이라 중요하지만 무거운 부품이기 때문에 드론 설계 시에 중요 고려 사항이다. 배터리의 종류와 명세가 다양하므로 배터리의 특성과 사용법을 잘 알아야 배터리 선택과 유지관리를 잘 할 수 있다.

4.2.1 배터리 특성

드론에서 사용하는 배터리는 주로 리튬이온-폴리머(Li-Po, Lithium-ion-polymer) 배터리이다. 리튬이온-폴리머 배터리는 리튬-이온(Li-Ion, Lithium-Ion) 배터리에서 전해질이 젤이나 고체로 발전된 것으로 여러 가지 측면에서 장점을 가지고 있다. 다른 배터리들보다 고 용량이고, 고 방전되며, 가볍고, 크기도 작고, 성능에 비하여 가격도 저렴하다. 특히 성형성이 좋아서 여러 가지 형태로 만들 수 있어서 디자인하기 편리하다. 중금속이 없다는 점도 매력적이다. 대형으로 제작할 수 있어서 자동차용으로도 사용할 수 있다. 기전력이 3.7V로 고전압이어서 용도가 다양하다. 이 배터리의 성능은 전극과 전해질과 분리막의 성능이 중요한데, 아직도 이 부품들이 지속적으로 개선되고 있다. 배터리의 크기와 효율이 계속 좋아질 것이므로 배터리는 드론에서 더욱 큰 역할을 수행할 것이다.

리튬이온-폴리머 배터리는 소재가 귀하고 제조 공정이 복잡하기 때문에 다른 배터리보다 가격이 높은 편이다. 전해질이 젤이나 고체여서 안전해졌지만 그 대신 액체 전해질보다는 전도율이 낮고, 모든 배터리가 그렇듯이 낮은 온도에서 성능이 저하된다. 특히 과 충전되면 부풀고 지나치면 폭발할 수 있다. 배터리가 부풀어 오르면 주저하지 말고 폐기해야 한다. 리튬-폴리머 배터리를 사용하는 사람들은 배터리가 부풀어서 사용하지 못하는 경우가 많다. 따라서 리튬-폴리머 배터리를 사용하려면 유지 보수를 잘해야 한다.

4.2.2 배터리 연결

리튬이온-폴리머 배터리는 같은 용량이라 하더라도 방전율(discharge rate)[1]에 따라서

---

1 discharge rate: 배터리가 일정하게 내보낼 수 있는 전압과 전류의 비율. 30C는 용량의 30배를 방전할 수 있다. 최대 방전율로 사용하면 방전 시간은 1/30로 줄어든다.

가격 차이가 크다. 다음은 리튬-폴리머 배터리를 구입할 때의 유의 사항이다.

- 가능하다면 동일한 회사의 동일 규격 제품을 구입한다.
- 성능이 같거나 약간 높은 배터리를 구입한다.
- 배터리 연결 부품이 같은 종류인지 확인한다.

[그림 4.3]과 같이 배터리 전선을 연결하는 부품들은 시장에서 다양하게 판매되고 있다. 배터리 규격이 중요하지만 연결 부품도 적합해야 한다. 모든 배터리 연결선들은 빨간색의 +극과 검은색의 −극을 가지고 다양한 모양의 연결 부품들이 있으므로 색과 모양을 잘 확인해야 한다.

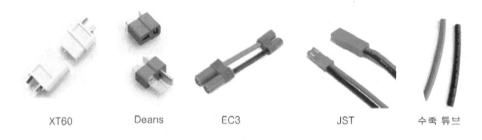

XT60   Deans   EC3   JST   수축 튜브

[그림 4.3] 배터리 전선을 연결하는 부품 규격

4.2.3 배터리 사용

리튬이온-폴리머 배터리는 기준 전압이 3.7V지만 전압이 최소 67%(2.8V)에서 최고 100%(4.2V) 안에 있어야 안전하다. 전압이 67% 이하로 내려가면 배터리 성능이 급격하게 저하되고 충전이 안 된다. 3S 배터리는 이들 전압의 3배이므로 8.4V에서 12.6V 범위 안에 있어야 한다. 즉 전압이 67% 이상 유지해야 한다. 그러나 안전을 위하여 최소 76%(9.6V) 이하로 내려가지 않도록 주의해야 한다. 전압이 76%(9.6V) 이하로 내려가면 조금만 실수해도 배터리를 다시 충전할 수 없는 경우가 발생한다. 충전이 되더라도 수명이 짧아진다. 안전을 위해서는 80%(10V) 이상의 전압을 유지하는 것이 바람직하다.

다음은 리튬이온-폴리머 배터리의 구입부터 폐기할 때까지의 유의 사항이다.

⑴ 배터리 충전

• 리튬이온-폴리머 배터리 전용 충전기를 사용한다. 반드시 경고음이 울리는 충전기를 사용한다. 충전 시에는 항상 만약의 사고에 대비해서 경고음을 들을 수 있는 거리에서 대기한다.

• 적정 전압 이상으로 과 충전하지 않는다. 완충 경고음이 울리면 즉시 분리할 수 있는 위치에서 대기한다.

• 가급적 고속 충전하지 않는다. 고속 충전은 배터리 수명을 단축한다.

• 드론을 날리기 전 날에는 항상 배터리 전압을 점검하고 충전을 한다.

⑵ 배터리 사용

• 배터리를 완충 시의 80% 이상에서만 사용한다. 즉, 3셀의 경우에 12.6V * 0.8 = 10.08V이므로 10.0V 이상에서만 사용한다.

• 배터리가 부풀어 오르면 폐기한다.

⑶ 배터리 보관

• 완충되거나 과 방전 상태로 보관하지 않는다.

• 90%(3.7 ‒ 3.8V) 상태로 보관한다. 즉 3셀의 경우에 12.6V*0.9 = 11.3V로 보관한다.

• 습기가 있거나 저온이거나 고온에서 보관하지 않는다.

• 배터리 보관 팩이나 탄약통(철재로 만든 통)에 넣어서 보관한다.

⑷ 배터리 폐기

• 완전히 방전시킨 후 폐기한다. 전구를 연결하거나 무거운 모터를 돌려서 방전시킨다.

• 소금물(이온수)에 담가 1-2일 후 폐기한다.

• 폐기하기 전에 0V 인지 검사한다.

• 단자에 절연 테이프를 붙이고 폐 건전지함에 버린다. 방전이 되어도 시간이 지나면 화학 변화로 인하여 전압이 올라올 수가 있기 때문이다.

드론을 날리기 위해서 배터리를 사용하다보면 배터리 숫자가 크게 늘어난다. 많은 배터리를 함께 들고 다니는 것은 폭탄을 들고 다니는 것처럼 위험할 수 있다. 리튬계열 배터리들은 폭발 사고가 많이 있었기 때문에 항공 운송에도 제약을 받는다. 리튬계열 배터리를 운반하려면 충격을 예방하는 포장을 해야 하고, 운반하는 도중에 충격을 주거나 떨어뜨리는 일이 없어야 한다.

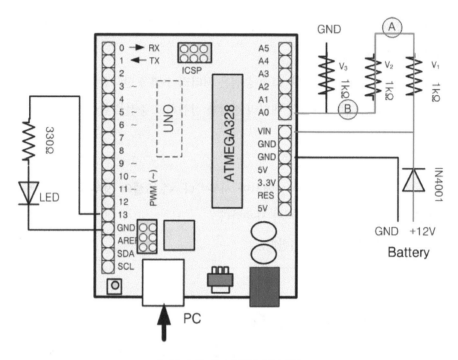

[그림 4.4] 배터리 전압 검사 회로

4.2.4 배터리 전압 측정

드론으로 비행하면서 가장 조심해야 하는 일 중의 하나가 배터리 잔량을 점검하는 일이다. 배터리 잔량이 어느 수준 이하로 떨어지면 LED에 경고등을 켜주면 도움이 될 것이다. [그림 4.4]는 배터리 전압을 검사하는 회로이다. 드론에 사용되는 배터리는 보통 3S 11.1V로서 최대로 12.6V이다. 따라서 12V 전압을 강하하는 저항을 두 개 연결하고 중간에서 4V가 나오도록 회로를 만든다. 그 이유는 아두이노 전압이 5V이므로 5V를 넘으면 안되므로 4V가 들어오면 최대 전압이 걸린다고 간주하는 것이다.

12V 전압에서 4V를 얻으려면 12V의 1/3을 얻는 것이므로 저항을 직렬로 $1k\Omega$, $1k\Omega$, $1k\Omega$의 3 개로 나눈다. 전체 저항의 합계가 $3k\Omega$이므로 $V = IR$에서 전체 전류는 $I = V/R = 12V/3K = 4A$가 된다. 각 저항에 걸리는 전압은 $V = IR$에서 $V_1 = I*R_1 = 4A * 1k\Omega = 4V$가

되고, $V_2 = I*R_2 = 4A * 1k\Omega = 4V$가 되고, $V_3 = I*R_3 = 4A * 1k\Omega = 4V$가 된다. 따라서 [그림 4,4]에서 A의 전압은 12V − 4V = 8V가 되고 B의 전압은 12V − 4V − 4V = 4V가 된다. IN4001은 역전류를 방지하기 위한 정류 다이오드이다.

아두이노의 A0 핀에 5V가 걸리면 최대로 1024가 입력되는 것이므로 4V가 걸리면 1024*(4/5) = 819.2가 입력되어야 한다. [그림 4.5]에서 전압이 75% 이하로 떨어지면 13번 핀에 걸린 LED에 불을 켜고 75%보다 높으면 불을 끄도록 하였다. [그림 4.6]에서 A0 핀에 295가 걸리면 전압은 36%이고 830이 걸리면 101%가 된다. A0에 295의 낮은 값이 걸리면 LED에 불이 들어오지만 전압을 충분히 높게 걸어주어 830이 걸리면 LED의 불이 꺼지는 것을 볼 수 있다.

```
float A0_Input, MAX_Voltage = 819.2, CHECK_Level;

void setup() {
  Serial.begin(9600);
  pinMode(13, OUTPUT);
}

void loop() {
  A0_Input = analogRead(A0);
  CHECK_Level = A0_Input*100/MAX_Voltage;        // 입력 전압을 %로 변환
  Serial.print("A0 : ");          Serial.print(A0_Input);
  Serial.print(",  Voltage : ");  Serial.print(CHECK_Level);
  Serial.println("%");
  if (CHECK_Level < 75.0) {                      //check 75% voltage level
    digitalWrite(13, HIGH);
    delay(100); }
  else {
    digitalWrite(13, LOW);
    delay(100);
  }
}
```

[그림 4.5] 배터리 전압 검사 프로그램

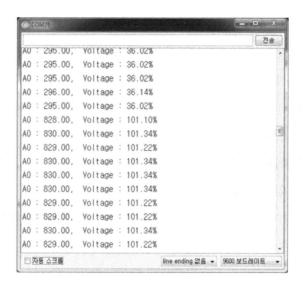

[그림 4.6] 배터리 전압 검사 결과

모터

변속기가 전력(12V)을 가장 먼저 소비하는 부품이라면 모터는 전력을 마지막으로 소비하는 부품이다. 모터는 전기 에너지를 변환하여 물리적인 회전력으로 바꾸어 소비하기 때문에 드론에서 가장 많이 에너지를 소비한다. 모터는 프로펠러를 돌리기 때문에 같은 용량의 모터라도 프로펠러가 커지면 더 많은 전력을 소비하게 된다. 따라서 모터와 프로펠러의 관계는 모터가 프로펠러에 종속적이다.

4.3.1 모터의 전력

모터가 소비하는 전력은 전기 에너지를 기계 에너지로 바꾸는 것이기 때문에 드론이 소비하는 대부분의 전력이다. [그림 4.7]과 같이 이 모터가 소비하는 에너지는 20~30A의 변속기가 제공하는 전력이다. 소비 전력이 20A에서 30A까지 차이가 나는 것은 모터에 어떤 프로펠러를 사용하느냐에 따라서 소비 전력이 달라지기 때문이다. [그림 4.7]에서 프로펠러 크기가 1045인 경우에는 8045보다 훨씬 크기 때문에 3S 11.1V 배터리를 사용하라고 추천하고 있다. 즉 프로펠러가 크기 때문에 3S 11.1V로 천천히 돌려도 충분한 양력을 얻을 수 있다. 8045 프로펠러는 날개 길이가 짧기 때문에 빠른 속도로 회전해야 양력을 얻을 수 있으므로 4S 14.8V의 배터리를 사용할 것을 추천한다. 3S 배터리를 사용하면 11.1V*20A = 222W를 소비하지만 4S 배터리를 사용하면 14.8V*20A = 296W의 전력을 소비한다. 따라서 프로펠러의 크기가 크면 프로펠러가 천천히 회전하면서 전력을 천천히 소비한다. 프로펠러의 크기가 작으면 빨리 회전하면서 전력을 빨리 소비한다.

Multi Rotor Motor MT2213-935KV

Specification:
- Diameter: 27.9mm
- Length: 39.7mm
- Weight: 55g
- KV: 935
- 3S(Lipo): 1045 Prop
- 4S(Lipo): 8045 Prop
- ESC Recommended: 20A-30A
- MAX Thrust: 860G

| 22 | 13 | - | 935 | KV |

[그림 4.7] BLDC 모터 규격

[표 4.2] 드론 크기와 모터, 변속기 그리고 프로펠러와의 관계

드론 크기	모터 규격	변속기 용량	프로펠러 규격	드론 무게
250급	2204 2300ky	12A	5030	400g
360급	2212 1500kv	18A	8045	600g
450급	2212 1000kv	20A	8045	800g
550급	2213 930kv	25A	1045	1200g

　　모터를 선정하는 것은 드론의 크기와 무게에 관계가 있다. 드론이 커지면 무겁기 때문에 더 많은 양력을 얻기 위하여 더 큰 모터를 사용해야 한다. [표 4.2]는 모터와 다른 변수들과의 관계를 보여준다. 드론의 크기가 250급에서 550급으로 커질수록 모터 속도는 2300kv에서 930kv로 점점 느려진다. 그 이유는 프로펠러가 커지기 때문에 천천히 회전해도 충분한 양력을 얻을 수 있기 때문이다. 더불어서 변속기 용량은 12A에서 25A로 커지는 것은 드론이 커질수록 더 많은 전력을 소비하기 때문이다. 드론이 커질수록 프로펠러의 크기가 커지는 대신 모터 회전 속도는 느려진다. 반대로 드론이 작아질수록 프로펠러크기는 작아지고 모터 회전 속도는 빨라진다.

Motor	Grayson-Welgard 2212/13: 1000Kv: 50g: 12A (150W) max 4.11.07, PH 25A ESC							
Prop	Volts	Amps	Watts	RPM	Pitch Speed (mph)	Thrust (g)	Thrust (oz)	g/W
8x4 GWS HD								
Motor 27°C: Set on PS: 7v	7.0	3.35	23	6630	25.1	226	7.96	9.83
8v	7.9	4.10	32	7410	28.1	287	10.11	8.97
9v	8.9	4.85	43	8220	31.1	347	12.22	8.07
10v	9.9	5.65	56	8940	33.9	420	14.79	7.50
77mAh, 32°C: 11v	10.9	6.50	71	9660	36.6	495	17.43	6.97
9x5 GWS HD								
Motor 25°C: Set on PS: 7v	6.9	5.50	38	6000	28.4	348	12.25	9.16
8v	7.9	6.70	53	6660	31.5	436	15.35	8.23
9v	8.9	7.85	70	7290	34.5	526	18.52	7.51
10v	9.9	9.25	92	7920	37.5	627	22.08	6.82
130mAh, 38°C: 11v	10.9	10.45	113	8430	39.9	715	25.18	6.33
10x5 APCE								
Motor 31°C: Set on PS: 7v	6.9	7.00	48	5610	26.6	406	14.30	8.46
8v	7.9	8.45	66	6120	29.0	505	17.78	7.65
9v	8.9	9.90	87	6690	31.7	604	21.27	6.94
10v	9.9	11.45	112	7170	33.9	702	24.72	6.27
214mAh, 53°C: 11v	10.9	13.00	141	7650	36.2	802	28.24	5.69
10x6 GWS HD								
Motor 22°C: Set on PS: 7v	6.9	7.20	50	5610	31.9	424	14.93	8.48
8v	7.9	8.70	69	6180	35.1	526	18.52	7.62
9v	8.9	10.10	89	6690	38.0	617	21.73	6.93
10v	9.9	11.70	115	7200	40.9	722	25.42	6.28
156mAh, 43°C: 11v	10.9	13.25	144	7680	43.6	817	28.77	5.67

[그림 4.8] 특정 모터의 프로펠러와 전력과 추력의 관계

4.3.2 모터 선택

드론을 설계하는 순서는 기체의 규격을 먼저 선정하고, 기체 규격에 맞는 모터를 선정한다. 기체의 규격을 선정하면 완성된 드론의 무게를 예상할 수 있기 때문에 그 무게를 날릴 수 있는 양력을 얻기 적합한 모터의 규격을 선정할 수 있다. 선정한 기체의 스펙을 보면 기체를 생산한 회사에서 추천하는 모터의 규격이 있다. 예를 들어 어떤 250급 기체를 선정하면 2204 모터를 추천하거나, 450급 기체를 선정하면 2212 모터를 추천하거나, 550급 기체를 선정하면 2213 모터를 추천하기도 한다. 드론을 설계할 때 모터를 선택하는 순서는 전체 소요 전력을 먼저 계산하고 거기에 적합한 전력을 소비하는 모터를 선택한다.

우리가 특정한 450급 쿼드콥터를 제작한다고 가정한다면 드론의 무게를 설정할 수 있다. 드론의 무게를 1kg으로 가정하면 안전 설계를 위하여 무게의 두 배를 추정하여 1kg *

2 = 2kg의 드론을 가정한다. 무게 2kg의 드론을 4개의 모터로 들어 올리려면 모터 한 개당 2,000g/4 = 500g의 추력이 요구된다. 우리는 시장에서 추력(thurst)이 500g 이상 되는 모터를 찾을 수 있다. 어떤 경우에는 특정한 450급 기체를 제작한 회사에서 모터의 규격을 추천하기도 한다. 예를 들어 어떤 기체를 제작한 회사에서 2212 모터를 추천했다고 가정한다. 시장에서 2212급 모터를 찾아보면 1000kv 규격을 제시하는 제품이 많이 나와 있다.

[그림 4.8]은 2212 모터에 적합한 프로펠러와 관련된 자료들이다. 프로펠러는 10X5 APCE를 살펴본다. 배터리는 맨 아래 줄에 있는 3S 11V의 리튬이온-폴리머 배터리를 사용한다고 가정한다. 여기에 소요되는 전압 Volts는 10.9이고 전류 Amps는 13.00으로 나와 있다. 소요 전력은 10.9 * 13 = 141Watts이고 추력 Thrust(g)는 802g이다. Thrust가 802g이라는 것은 모터 한 개가 11V에 13.00A를 쓰고 141W를 소비한다면 802g을 들어 올릴 수 있다는 의미이다. 간단하게 계산하면 쿼드콥터이므로 모터 4개를 곱하면 802g * 4 = 3,208g 즉 3.2kg을 들어 올릴 수 있다는 의미이다.

> **예제 4.1** [그림 4.8]에서 첫 번째 프로펠러인 8X4 GWS HD 프로펠러를 사용했을 때의 추력을 계산하시오.

풀이

배터리는 아래 줄에 있는 3S 11.1V의 리튬이온-폴리머 배터리를 사용한다고 가정한다. 여기에 소요되는 전압 Volts는 10.9이고 전류 Amps는 6.5이다. 소요 전력은 10.9 * 6.5 = 70.85Watts이고 추력 Thrust(g)는 495g이다. Thrust가 495g이라는 것은 모터 한 개가 11V에 6.5A를 쓰고 70.85W를 소비한다면 495g을 들어 올릴 수 있다는 의미이다. 쿼드콥터이므로 모터 4개를 곱하면 495g * 4 = 1,980g이므로 약 2kg을 들어 올릴 수 있다.

4.4 변속기

배터리가 동력 공급원이라면 변속기는 배터리의 전력을 가장 먼저 소비하는 부품이다. 변속기가 배터리의 12V 전압을 받아서 5V로 감압한 전기를 공급해주어야 비행제어기 보드와 수신기와 센서에 전원이 공급되어 드론이 비로소 비행제어 프로그램을 구동할 수 있다.

4.4.1 변속기 전압

변속기가 소비하는 전력은 비행제어기와 수신기 등에 5V를 지원하기 위하여 전압을 감압하는 에너지와 모터를 돌리기 위하여 직류를 3상 교류로 변환하는데 소요되는 에너지이다. [그림 4.9]는 BEC 형 변속기와 규격이다. 이 변속기는 리튬-이온 배터리나 리튬이온-폴리머 배터리에서 2-3S(7.4 ~ 11.1V)의 전기를 입력하여, 12A의 전류를 사용하며(최대 14A), BEC에서 5V 2A 전류를 생성한다. 생성하는 전류의 주파수는 30 ~ 499Hz이다. 신호선에 달려있는 동그란 물체는 변속기에서 방출되는 노이즈를 감소시키는 노이즈 방지 필터이다.

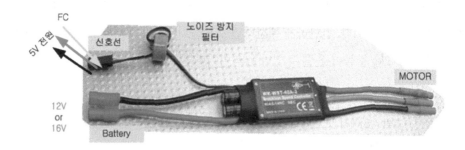

ESC 규격
Input voltage: 7.4V ~ 11.1V (Lixx 2-3S).
Drive current: 12A (Max:14A/10S)
BEC output: 5V 2A
Compatible signal frequency: 499Hz-30Hz

[그림 4.9] BEC 형 변속기 규격

변속기는 센서와 비행제어기에 5V 전압을 공급하기 위하여 고전압을 저전압으로 바꾸는 변압기 역할을 수행한다. 이 때 적용하는 변압 기술은 다음과 같이 리니어(linear) 기법과 스위치 기법으로 구분된다.

(1) 리니어 기법

변속기에서 필요한 전압을 사용하고 남은 전압은 버리는 방법이다. 버리는 방법은 불필요한 전압을 발열로 소모시키는 것이다. 발열은 배터리 효율을 저하시키지만 변속기 가격이 저렴하다. 멀티콥터가 사용하는 기준은 3S 11.1V 배터리이므로 여기에 적합한 모터와 변속기와 프로펠러를 선정하는 것이다.

⑵ 스위치 기법

전원 공급을 빠르게 스위칭하여 불필요한 전압은 버리고 필요한 전압을 얻는 방법이다. 발열도 없고 배터리 효율도 떨어지지 않지만 스위칭 과정에서 노이즈가 발생하는 문제점이 있다. 노이즈를 줄이기 위하여 [그림 4.9]에서 보는 바와 같이 둥그런 모양의 노이즈 필터를 사용하기도 한다.

4.4.2 변속기와 모터의 관계

변속기는 모터가 회전하는데 필요한 전기 에너지를 공급하기 때문에 변속기의 선택은 모터의 선택과 직결되어 있다. 모터가 소비하는 전력을 충분하게 공급하지 못하면 변속기는 과열되어 화재가 날 수도 있다. 모터는 프로펠러가 회전하는데 필요한 회전력을 제공하기 때문에 모터의 선택은 프로펠러와 직결되어 있다. 따라서 변속기와 모터와 프로펠러의 선택은 서로 깊은 관계가 있고 이들에게 필요한 에너지를 배터리가 충분하게 공급해주어야 한다.

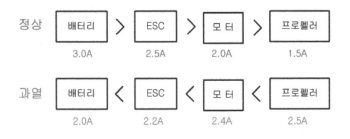

[그림 4.10] 전력 크기 선택 관계

[그림 4.10]은 배터리와 변속기, 모터 그리고 프로펠러와의 전력 크기 선택 관계를 보여준다. 최종적으로 에너지를 소비하는 곳은 프로펠러이므로 프로펠러가 필요한 에너지보다 모터는 더 많은 에너지를 공급해야 하고, 모터가 소모하는 에너지보다 더 많은 에너지를 변속기가 공급해야 하고, 배터리는 변속기가 소모하는 에너지보다 더 많은 에너지를 공급해야 한다. 만약 둘째 줄의 그림처럼 오른쪽의 부품들이 왼쪽의 부품들보다 더 많은 에너지를 소비하게 되면 왼쪽 부품은 과열하게 되고 지나치면 화재가 발생할 수 있다.

4.4.3 변속기 선택

4.3.2절에서 모터의 규격을 2212 1,000kv라고 선택하였다면 여기에 맞는 변속기를 선택해야 한다. [그림 4.8]의 10X5 APC 프로펠러에서 배터리가 11.1V 행을 보면 13A를 소비하는 변속기를 찾아야 한다. 많은 프로펠러들 중에서 [그림 4.11]의 Hobbywing FLYFUN ESC (중급)을 찾아본다. 검토할 중요한 부분은 Continuous Current, BEC Mode, Battery(Cell) 등이다. Continuous Current는 변속기가 지원할 수 있는 전류이다. 앞에서 선정한 모터는 13A를 소비하므로 13A 이상인 변속기를 구매해야 한다. BEC Mode는 Linear, Switch 방식 차이를 말한다. Battery Cells 부분은 Hobbywing FLYFUN ESC를 기준으로 설명한다.

						Fentium Series				
Class	Model	Cont. Current	Burst Current (>10s)	BEC Mode	BEC Output (Note1)	Battery Cell		User Programm-able	Weight	Size L*W*H
						Lipo	NiMH NiCd			
6A	FLYFUN-6A	6A	8A	Linear	5V/0.8A	2	5-6	Available	5.5g	32*12*4.5
10A	FLYFUN-10A	10A	12A	Linear	5V/1A	2-4	5-12	Available	9.5g	38*18*6
12A	FLYFUN-12A	12A	15A	Linear	5V/2A	2-4	5-12	Available	10g	38*18*7
18A	FLYFUN-18A	18A	22A	Linear	5V/2A	2-4	5-12	Available	21g	55*25*6
25A	FLYFUN-25A	25A	35A	Linear	5V/2A	2-4	5-12	Available	24g	55*25*9
30A	FLYFUN-30A	30A	40A	Linear	5V/2A	2-4	5-12	Available	26g	55*25*9
40A	FLYFUN-40A	40A	55A	Switch	5V/3A	2-6	5-18	Available	39g	60*24*15
	FLYFUN-40A-OPTO	40A	55A	N/A	N/A	2-6	5-18	Available	35g	60*28*12

[그림 4.11] Hobbywing FLYFUN ESC (중급)

여기서 선택한 모터는 12A 전류를 소모하므로 변속기는 12A 이상으로 전류 용량이 커야 안전하다. 따라서 선택할 수 있는 변속기는 18A, 25A, 30A 등이 될 수 있으나 모터 용량의 50%를 초과 지원하면 충분할 것이므로 18A 변속기를 선택한다. 3S 11.1V 배터리를 사용할 것이고 이 변속기는 2-4S를 지원하므로 전력 면에서 합당하다. User Programmable은 제작사에서 휠웨어(firmware)를 공급한다는 의미이다. 이 변속기의 무게는 18A가 21g이므로 모터 무게와 함께 드론의 중량 계산을 할 수 있다.

4.5 프로펠러

항공기의 핵심은 날개와 프로펠러다. 날개와 프로펠러만 있으면 별도의 동력이 없어도 인력만으로도 비행기를 날릴 수 있다. 이미 손과 발의 힘만으로 자전거와 같은 페달을 돌려서 프로펠러 비행기를 비행한 사람[2]들이 있다. 프로펠러는 물리적인 에너지만 전달 받으면 비행기를 앞으로 나가게 하는 핵심적인 항공기 부품이다. 스크류의 효율이 선박의 효율을 결정하듯이 비행기에서는 프로펠러의 효율이 중요하다.

4.5.1 프로펠러의 소비 전력

프로펠러는 전기 장치는 아니지만 전기 에너지를 마지막으로 소비하는 부품이다. 전력 사용의 특징은 전력을 공급하는 만큼 소비하는 것이 아니고 소비하는 만큼 공급한다는 점이다. 따라서 프로펠러가 에너지를 많이 소비하면 모터와 변속기와 배터리는 따라서 많은 전력을 공급해 주어야 한다. 큰 프로펠러를 달고 비행을 하면 전력 소비가 많아지지만 반대로 작은 프로펠러를 달고 비행하면 전력 소비가 적어진다. 전력의 소비량은 프로펠러가 결정하므로 어떤 프로펠러를 설치하느냐가 전력 소비량을 결정한다. 모든 기자재가 동일한 경우에 여러 가지 프로펠러를 교대로 설치하고 시험해보면 전력 소모량과 비행거리가 확연히 달라진다.

프로펠러를 선정하기 위해서는 모터 스펙에 관한 자료를 보면 된다. [그림 4.8]은 모터와 프로펠러와의 관계를 잘 보여주고 있다. 프로펠러를 선정하는 기준은 3S 11.1V 배터리를 사용한다는 것으로 여기에 적합한 모터와 변속기와 함께 프로펠러를 선정한다. [그림 4.8]에는 프로펠러 크기가 8x4, 9x4, 10x5, 10x6 등 4가지가 있다. 이들 프로펠러의 추력(thurst)은 각각 495g, 715g, 802g, 817g 등이다. 이 그림의 마지막 열은 g/W로서 1와트 당 추력을 보여주는데 각각 6.97, 6.33, 5.69, 5.67g/W이므로 프로펠러가 커질수록 전력 효율이 낮아진다. 따라서 큰 프로펠러와 작은 프로펠러의 효용성을 감안하여 설계자가 선택해야 한다.

---

2   Bryan Allen: 미국인. 1977.08.23에 비행기의 자전거 페달을 밟아서 2시간 49분 만에 영국 해협을 건너는데 성공.

맨 위에 기재된 명세를 보면, 이들 프로펠러를 위하여 선정한 스펙은 모터의 크기는 2212/13이고, 회전수가 1,000kv이며, 무게가 50g이고, 전류가 12A이다. 이 모터에 다양한 종류의 프로펠러를 설치할 수 있으나 각각의 부담은 역시 다양하다는 것을 볼 수 있다.

4.6 전력 설계

실습으로 만드는 드론은 기본적으로 3S 11.1V 배터리를 사용하므로 이 규격에 맞는 기체와 모터와 변속기 등을 선정하고 소요되는 전력을 설계한다. 설계 과정에서 드론이 무거워지면 4S 14.8V 배터리를 사용할 수도 있다.

4.6.1 소요 전력 추산

드론의 소요 전력을 추산하기 위해서는 드론의 용도와 크기와 무게 등을 미리 설정하고 시작한다. 이들 조건에 따라서 소요 전력이 크게 달라지기 때문이다.

(1) 크기 추산

드론의 용도가 결정되면 기체 크기를 결정할 수 있다. 촬영이 목적이라면 짐벌과 카메라 등을 실을 수 있어야 하고 사용할 카메라가 소형 중형 대형에 따라서 드론의 크기가 결정된다. 카메라가 취미용으로 소형이라면 550급(대각선으로 있는 두 모터의 거리가 550mm)으로 가능하지만 전문가용 카메라를 싣기 위해서는 850급 이상이 되어야 한다. 레이싱이 목적이라면 빠르게 날기 위하여 크기가 250급으로 좁혀진다. 멀티콥터의 크기는 기본적으로 기체(frame)를 기준으로 초소형, 소형, 중형, 대형 등으로 구분한다. 초소형은 150급으로 손바닥 크기 이하에 해당하고 소형은 250급 정도이고 중형은 550급 정도이고 대형은 850급 이상으로 구분하지만 확실하게 정의된 기준이 있는 것은 아니다. 초소형은 무게를 줄이기 위하여 코어리스 모터(coreless motor)를 사용하고 소형 이상은 모두 브러시리스 모터를 사용한다. 드론을 제작하기 위해서는 먼저 드론의 용도를 결정하고, 용도에 따라서 드론의 크기가 결정된다. 화물의 무게가 중요한지 아니면 비행 속도가 중요한지 아니면 비행 중에 촬영하는 것이 중요한지에 따라서 크기가 결정된다. 드론의 크기는 무게와 함께 소요 전력을 결정하는 주요 요소이다.

(2) 무게 추산

드론의 용도와 기체 크기를 설정했다면 무게를 추정한다. 무게 추정은 드론에 사용할 모든 기자재들을 열거하고 무게를 합산하는 것이다. [그림 4.12]는 특정 쿼드콥터 기체의 형태와 명세를 기술한 것이다. 여기서 보면 기체 무게가 480g이다. 기체가 선정된 다음에는 기체에 올릴 기자재들을 상세하게 선정하고 무게를 다시 계산한다. 기자재를 선정하는 방법은 앞에서와 마찬가지로 기체 공급사에서 추천하는 모터의 규격을 검색하고 연결되는 변속기 등 여러 기자재들을 찾아서 규격과 무게를 계산하고 합산한다.

Specifications:

- Wheelbase: 500mm
- Motor suggest: 2212 KV980; 2216 KV880 KV900; 3108 900KV (not include)
- Prop suggest: 1045/1047/1147/1238 (not include)
- Battery suggest: 3S-4S 2200mAh-5200mAh (not include)
- weight ···480g

[그림 4.12] 쿼드콥터 S500 Frame kit

[표 4.3]은 특정 250급 쿼드콥터의 무게를 추산한 테이블이다. 이 드론의 무게는 약 590g으로 안전을 감안하여 실제 무게의 두 배를 계산하여 1,200g의 무게로 드론을 설계한다. 1,200g의 드론을 4개의 모터로 비행하려면 1,200g/4 = 300g이므로 추력(thrust)이 300g 이상 되는 모터를 선정한다. [그림 4.8]에서 보면 첫 번째 8x4 GWS HD가 300g이 넘

으므로 2212 1,000kv 모터로 충분하다. 이 모터의 무게는 50g이다. 여기에 맞는 변속기는 [그림 4.8]에서 6.5A의 약 세 배가 되는 18A 변속기를 선택하면 무게는 21g이다. 비행제어기는 아두이노 Mega2560을 사용하므로 30g이 된다. 이와 같은 방식으로 구체적인 제품의 정확한 무게를 계산한다. [표 4.3]은 250급 쿼드콥터의 개략적인 무게를 예상하여 약 594g 정도라고 가정한 것이고, 실제로 594g에 해당하는 드론에 필요한 기자재들을 정확하게 선택하고 다시 무게를 계산한다.

[표 4.3] 특정 250급 쿼드콥터의 무게 추산

번호	부품	무게 g	수량	소계 g	비 고
1	프레임	140	1	140	QAV250
2	배터리	120	1	120	3S 11.1v 1500mHa
3	모터	27	4	108	2204 2300kv
4	변속기	21	4	84	18A
5	비행제어기	30	1	30	Mega2560
6	수신기	30	1	30	Rx701
7	센서	20	2	40	MPU−6050
8	프로펠러	8	4	32	5030 APC
9	기타	2	5	10	케이블 타이
	합계			594	

(3) 전력 추산

드론 전력 추산은 대략적인 경험칙에 의한 것과 정확하게 계산하는 두 가지 방법이 있다.

첫째, 대략적 경험칙으로 추산하는 방법은 드론 무게 100g당 소요되는 전력이 약 40-50W 소요된다고 가정하는 방식이다. 따라서 드론 무게가 약 800g이므로 드론 전체에서 소요되는 전력은 800g/100g*40W = 320W가 소요된다고 가정한다. 쿼드콥터는 4개의 모터가 동작하므로 모터 당 80W의 전력이 소모된다. 3S 12V 배터리를 사용하면 한 시간에 320W/12V = 26.67A를 소비한다. 배터리 용량이 3S 12V 2.2A라면 2.2A/26.67A = 0.082 시간이므로 이 드론은 약 4.95분 동안 비행할 수 있다.

둘째, 모터가 가장 많이 전력을 소비하지만 변속기, 비행제어기, 수신기, 센서 등도 모두 전력을 소모하므로 전기를 소모하는 모든 기자재들의 전기 사용량을 제조사 자료로 확인하여 Watt로 계산한다. [표 4.1]과 [표 4.3]에 각 부품들의 무게를 합산한 자료를 참조한다.

4.6.2 드론 설계 도구

멀티콥터를 설계하는 도구들은 많이 있으나 대부분 전체를 설계하는 것이 아니고 부분적인 기능만 설계할 수 있다. eCalc[3]는 상세하게 드론을 설계하는 컴퓨터 솔루션 도구를 제공하고 있다. [그림 4.13]은 eCalc 도구의 메인 화면이다. eCalc에서 요구하는 모든 매개변수들을 입력하면 이들 자료를 처리한 설계안을 제공해준다.

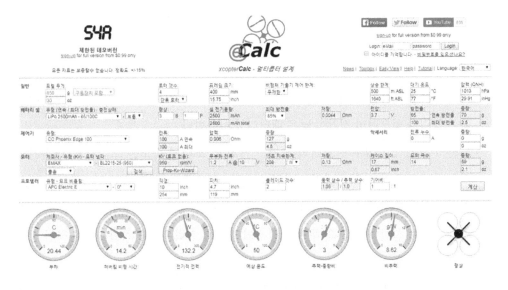

[그림 4.13] 멀티콥터 설계 도구 eCalc

요약

- 배터리 용량이 부족하면 드론이 추락할 수 있고 많이 방전되면 화재가 날 수 있다.
- 리튬이온-폴리머 배터리는 기준 전압이 3.7V지만 2.8V에서 4.2V 범위에서 사용해야 한다. 이 범위를 벗어나면 부풀어서 사용하지 못하거나 충전이 되지 않는다. 안전을 위하여 3S 배터리는 10V 이상에서만 배터리를 사용한다.

---

3   https://www.ecalc.ch/xcoptercalc.php

- 배터리 장기 보관 시에는 최고 12.6V 전압의 80% 약 10V로 유지하는 것이 안전하다. 배터리가 부풀어 오르면 더 이상 사용하지 않고 폐기한다.
- 드론의 전력 회로에는 역전류가 흘러서 사고가 나지 않도록 안전 회로를 설치하는 것이 바람직하다.
- 배터리를 폐기할 때는 완전 방전시킨 후에 소금물에 하루 이상 담근 다음에 단자에 테이프를 붙여서 버린다.
- 배터리 전압을 검사하려면 12V의 전압을 저항을 이용하여 4V로 내리고 A0 핀에 입력한다. 5V 기준으로 A0 포트의 값이 1024이므로 4V일 때는 819가 되므로 이 비율을 이용하여 전압을 검사한다.
- 작은 프로펠러로 큰 양력을 얻으려면 전압이 높은 배터리를 사용하고, 큰 프로펠러로 작은 양력을 얻으려면 전압이 낮은 배터리를 사용한다.
- 드론의 크기가 커질수록 모터의 크기는 커지고, 모터의 속도는 느려지고, 변속기의 전류 용량도 커지고, 프로펠러도 커진다.
- 소요 전력을 추산하는 순서는 먼저 드론의 용도를 설정하고 거기에 맞는 드론의 크기와 무게를 추산한다. 드론의 무게가 결정되면 소요 전력은 경험칙이나 이론적인 방법으로 추산한다.
- 경험칙으로 전력을 추산하는 방법은 무게 100g 당 40W의 전력이 소비된다고 추정하는 것이다.
- 이론적으로 전력을 추산하는 방업은 드론의 모든 기자재의 무게를 합산한 다음에 안전을 위하여 2배를 곱한다. 계산된 무게를 4로 나눈 값을 모터의 추력으로 간주하고 그 추력을 지원하는 모터를 선택한다. 변속기와 배터리는 모터를 지원할 수 있도록 더 큰 용량으로 선택한다.
- 드론의 전력을 추산하는 컴퓨터 도구를 사용한다. 예를 들어 eCalc와 같은 설계 도구를 사용한다.

연습문제

1. 아래 그림의 회로는 무엇을 위한 회로인가?

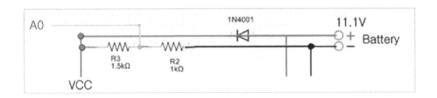

2. 리튬이온—폴리머 배터리는 기본 전압이 3.7V 이므로 3S 배터리는 이들 전압의 3배이므로 8.4V에서 12.6V 범위 안에 있어야 한다. 그러나 안전을 위하여 최소 (　　　　)V 이하로 내려가서는 안 된다. 즉 배터리 완충시에 비해 (　　　　)% 이상에서만 사용해야 한다. (　　) 안에 알맞은 전압과 퍼센티지를 채우시오.

3. 배터리의 보관은 한 셀당 약 (　　　　)V에서, 즉, 3셀인 경우 약 (　　　　)V에서 보관한다. (　　　　) 안에 알맞은 전압을 채우시오.

4. [그림 4.5]에서 첫 번째 프로펠러인 8X4 GWS HD 프로펠러를 사용했을 때의 추력을 계산하시오.

5. 드론의 구동장치에는 모터, 프로펠어, ESC, 그리고 배터리가 있다. 이들간에 전력의 크기를 어떤 배열로 선택해야 부품의 과열을 막을 수 있는가? 큰 전력공급부터 작은 전력 순으로 기술하시오.

6. 우리가 만약 드론 제작을 위해서 12A를 소비하는 모터를 선택했다면 변속기는 이보다 전류용량이 커야 안전한가? 아니면 적어야 안전한가?

7. 우리가 무거운 짐을 나르기 위한 드론을 설계하고 만약 배터리의 소비전류를 동일하게 가정한 다면, 작은 프로펠러를 빠른속도로 회전하는 것이 유리한가 아니면 큰 프로펠러를 저속으로 회전하는 것이 유리한가? 판단의 근거는 무엇인가?

8. 이론적으로 전력을 추산하는 방업은 드론의 모든 기자재의 무게를 합산한 다음에 안전을 위하여 (   )배를 곱한다. 계산된 무게를 4로 나눈 값을 모터의 추력으로 간주하고 그 추력을 지원하는 모터를 선택한다. 변속기와 배터리는 모터를 지원할 수 있도록 더 큰 용량으로 선택한다. 괄호에 알맞은 숫자를 채우시오.

9. Li-Po 배터리가 방전되어 사용할 수 없게 되었다. 어떤 처리를 하고 폐기해야 하는지 설명하시오.

10. Li-Po 배터리를 장기간 보관할 때와 자주 사용할 때 어떻게 전압을 유지해야 하는지 설명하시오.

11. 동일한 조건에서 드론을 오래 날리려면 프로펠러의 크기가 작은 것이 좋은지 큰 것이 좋은지 설명하시오.

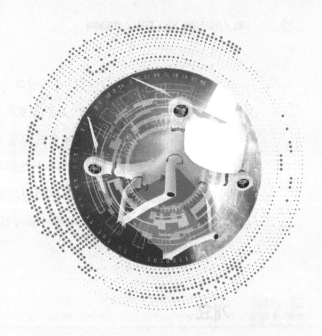

CHAPTER **5**

드론의 신호 계통

드론은 무선으로 움직이기 때문에 지상과 공중에서 이루어지는 신호 처리가 드론 비행의 생명이다. 조종기에서 시작된 조종 신호는 수신기를 거쳐서 비행제어기에서 비행 제어 절차를 처리하고 변속기를 거쳐 모터 구동 회로를 움직인다. 드론을 구성하고 있는 주요 부품들은 모두 신호를 처리하거나 신호를 전달하는 장치로 구성된다. 지상과 공중에서 무선과 유선으로 신호를 처리하는 과정은 드론 비행의 핵심 작업이다. 신호 전달이나 신호 처리가 효과적일수록 드론 비행이 효과적이다.

5.1   개요

조종기에서 발신된 조종 신호는 무선으로 드론에 도달하지만 드론 안에서는 모두 유선으로 전달된다. 드론 안에서 신호를 처리하는 과정은 유선이지만 지상제어국(ground control station)으로 보내는 신호는 다시 무선으로 전달된다.

5.1.1 신호 계통

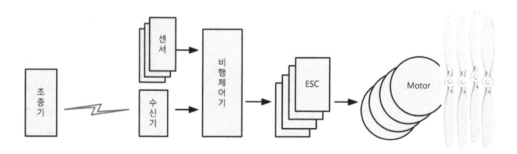

[그림 5.1] 쿼드콥터의 신호 계통도

조종기 스틱과 스위치들이 움직이면서 만들어진 조정 신호들이 조종기 통신장치에서 발신된 후에 몇 단계를 거쳐서 비행제어기에 전달된다. 여기에 센서들이 보낸 신호들이 비행제어기에서 조종기가 보낸 신호들과 함께 자동제어 프로그램이 처리되어야 각 모터들을 정확하게 구동할 수 있다. [그림 5.1]은 조종기와 센서들이 보낸 신호가 비행제어기와 변속기와 모터를 거쳐서 프로펠러를 돌리는 과정이다.

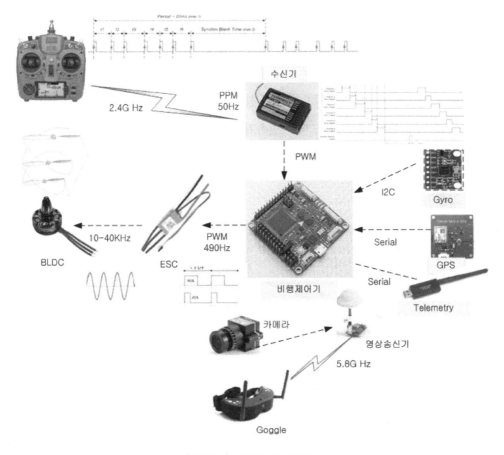

[그림 5.2] 드론의 신호 흐름도

5.1.2 신호 흐름

조종사가 조종기 스틱들과 스위치들을 움직이면 아날로그 신호들이 발생되고 조종기의 처리기에 의하여 PPM(Pulse Position Modulation) 신호로 조합된다. 스틱과 스위치에서 만들어진 신호들은 각각 하나의 채널로 신호를 2ms(밀리 초) 단위로 전달하지만 조종기 통신장치는 이들을 20ms 크기의 패킷으로 묶어서 [그림 5.2]와 같이 2.4GHz의 반송파[1]에 실어서 발신한다. 드론의 수신기는 조종기가 발신한 신호들을 받아서 반송파를 제거하고 다시 채널별로 분리한 다음에 2.0ms 단위의 PWM(Pulse Width Modulation) 신호를

---

1 반송파(carrier wave): 무선 통신에서 정보를 실어 나르는 사인(sine)파로서 고주파 전류이다. 무선으로 음성을 보낼 때 일정한 진폭과 주파수의 고주파에 음성 신호를 실어서 보낸다. 수신기에서는 수신된 전파에서 반송파를 제거하면 음성을 얻는다.

비행제어기에 전송한다. 비행제어기는 수신기가 보내준 신호들과 함께 센서들이 보내준 신호들을 이용하여 비행을 위한 자동제어 프로그램을 실행한다. 비행 자동제어 프로그램의 결과로 만들어진 모터를 돌릴 수 있는 PWM 신호를 만들어 490Hz ~ 980Hz로 변속기로 보낸다. 변속기는 비행제어기가 보내준 신호대로 배터리에서 보내준 전압을 3상 교류로 만들어서 모터로 전송한다. 모터는 변속기가 보내준 신호대로 모터 구동 회로를 움직여서 프로펠러를 회전시킨다.

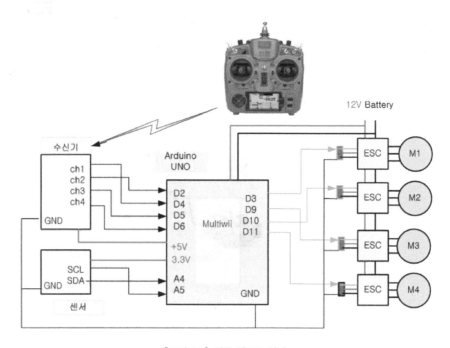

[그림 5.3] 신호 회로도 실례

[그림 5.2]와 같이 신호를 발생하는 장치들은 특정 주파수를 가지고 있으며 각 단계마다 다른 신호로 바뀌어 전달될 수 있기 때문에 각 단계마다 주파수가 변화할 수 있다. 또한 각 단계에서 사용하는 통신 수단도 달라진다. 조종기는 2.4GHz의 반송파에 스틱들의 신호를 실어서 드론 수신기에 보낸다. 드론 수신기는 수신한 신호에서 2.4GHz의 반송파를 제거하고 채널 별로 2.0ms의 PWM 신호를 만들어서 비행제어기에 보낸다.

자이로와 가속도 센서들은 센서에서 얻은 SCL(직렬 클릭 조절 통신을 위한 포트)과 SDA(직렬 데이터 통신을 위한 포트) 신호들을 I2C[2] 통신을 이용하여 비행제어기로 송신한다. GPS 수신기는 GPS 위성에서 수신한 정보를 직렬통신을 이용하여 비행제어기로 보낸다. 텔레메트리(telemetry) 송신기는 비행제어기로부터 직렬통신으로 GPS 신호를 받아서 지상제어국(ground control station)에 송신한다. 카메라에서 촬영한 영상은 영상 송신기에서 5.8GHz의 반송파에 실어서 고글(goggle) 수신기로 송신한다.

[그림 5.3]은 신호의 흐름을 지원하기 위하여 만들어진 회로도이다. 4장에서 소개한 [그림 4.1]이 12V 전력을 중심으로 작성된 회로도라면 [그림 5.3]은 5V 신호를 중심으로 작성된 회로도이다. 조종기에서 수신기로, 수신기와 센서들에서 비행제어기로, 비행제어기에서 변속기로, 변속기에서 모터로 연결되는 신호 중심의 회로이다.

5.2 조종기

조종기가 귀하던 시절에는 모형 비행기 날개 끝에 길게 강철선을 연결하여 멀리 서서 큰 원을 그리며 비행기를 날렸다. 강철선 끝에 달린 손잡이에 스로틀과 승강타를 조절하는 연결 고리가 있었다. 비행기는 스로틀과 승강타를 당기면 위로 올라가고 다시 승강타를 밀면 아래로 내려오면서 상승과 하강 비행을 반복하였다. 휘발유 엔진을 사용했기에 엔진 소리가 매우 시끄러웠다. 학교 운동장 가운데서 모형 비행기를 날리면 학교가 온통 비행기 엔진 소음에 시달렸다. 당시 모형 비행기는 강철선으로 제어 신호를 전달한 것이다. 그러나 전기적인 장치는 없었으므로 물리적으로 조종면을 움직여서 비행기를 조종하였다.

5.2.1 조종기 구조

조종기(transmitter)는 지상에서 무선으로 드론의 조종 장치들을 조작하여 드론을 비행하게 하는 무선 통신 장비다. 조종기는 조종기 스틱들과 스위치들의 움직임을 무선 신호로 만들고 드론으로 송신하여 드론의 비행제어기가 이 신호대로 비행하도록 제어한다. 조종기에서 신호를 만드는 장치들은 스틱, 스위치, POT, 트림 등의 조종 장치가 있다. 조종기의 구성품들이 수행하는 기능들을 아래와 같이 살펴본다.

---

2   I2C(Inter-Integrated Circuit):: 마이크로프로세서와 주변장치 사이의 통신을 위한 규약. TWI(Two Wire Interface)와 같은 의미로 SDA와 SCL의 2 가닥의 선으로 통신. Philips에서 개발됨.

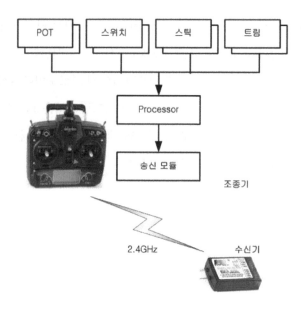

[그림 5.4] 조종기 구조

■ 스틱(stick)

조종기 스틱은 2개가 좌우에 하나씩 있고 Mode1에서 왼쪽 스틱은 승강타(elevator)와 방향타(rudder)를 맡고 오른쪽 스틱은 스로틀(throttle)과 보조날개(aileron)를 나누어 맡는 다. Mode2에서는 스로틀이 왼쪽에 배치되므로 방향타가 오른쪽 스틱으로 배치된다. 승강타와 스로틀은 위와 아래로 움직이고, 방향타와 보조날개는 왼쪽과 오른쪽으로 움직인 다. 스틱의 아래쪽과 왼쪽은 최소값 $1,000\mu s$를 의미하고, 스틱의 위쪽과 오른쪽은 최대값 $2,000\mu s$를 의미한다.

■ 스위치(switch)

다른 조작 장치들과 달리 연속적인 아날로그 값을 만들지 않고 On/Off 또는 Low/Mid/High 같이 1, 0 또는 0, 1, 2로 사전에 설정된 값만 조작할 수 있는 장치이다. 예를 들어, LED 등불을 켜거나 끄거나 또는 카메라로 사진을 찍거나 또는 모터를 구동하거나 정지시킬 수 있는 등의 사전에 정의된 기능들을 조작한다.

■ 폿(POT)

스위치로 분류되고 인식되지만 모습은 라디오 볼륨과 같이 동그란 손잡이로 만들어졌 다. 손잡이를 돌려서 연속적인 값을 설정할 수 있는 다이얼 모양의 스위치이다. 조종기의 특정한 스위치 값을 연속적으로 설정하는데 편리하다. 예를 들어, 카메라용 짐벌을 상하 또는 좌우로 천천히 움직이는데 편리한 장치이다.

■ 트림(trim)

스틱의 기본적인 값들은 메모리에 저장되는데 트림은 이 값들을 미세하게 조종하고 싶을 때 조금씩 수정하는 장치이다. 예를 들어, 호버링을 하는데 드론이 오른쪽으로 기우는 경향이 있으면 보조날개 트림을 왼쪽으로 조금 밀어서 오른쪽으로 기울지 않도록 조절할 수 있다. 또는 드론의 방향이 오른쪽으로 향하는 느낌이 있으면 방향타 트림을 왼쪽으로 약간 밀어서 드론이 똑바로 직진하도록 조절할 수 있다.

■ 처리기(processor)

조종기의 조작 장치들이 움직일 때 나오는 아날로그 값들을 드론에서 처리할 수 있는 형식의 PPM 자료 형식으로 만들어서 송신 모듈로 보낸다. 이밖에도 스틱의 값들을 선형 값에서 지수(exponential) 값으로 바꾸어주는 기능도 있다. 이 기능은 비행 기술과 스타일에 관한 사항이므로 여기서는 언급하지 않는다.

■ 송신 모듈

스틱과 스위치들의 신호는 채널별로 각각 2.0ms 크기인데 20ms 단위로 묶어서 2.4MHz의 반송파를 이용하여 송신한다. 조종기 송신모듈에 수신모듈을 장착하여 드론에서 보내는 신호를 받아서 조종기에서 사용하기도 한다. 예를 들어, 드론에 있는 배터리의 잔량을 측정하여 조종기에 보내면 조종기 화면에 보여준다.

[그림 5.4]에서 상단에 있는 폿, 스위치, 스틱, 트림은 물리적인 기계 장치이므로 조종사의 손가락에 의하여 움직인다. 여기서 만들어진 아날로그 신호들은 프로세서에서 각각의 채널별로 수집된 다음에 하나의 묶음으로 통합되어 송신 모듈로 보낸다. 송신 모듈은 2.4GHz의 반송파에 이 신호를 실어서 드론 수신기로 전송한다.

5.2.2 조종기 신호처리

(1) 듀티 사이클

PWM(Pulse Width Modulation)은 조종기 스틱의 움직임을 전달하는 여러 가지 형식의 신호 중의 하나로 펄스의 폭을 변조하는 방식이다. PWM은 전원을 ON/OFF하는 시간과 주기를 조절하여 모터를 구동하는 전압의 크기를 얻는다. PWM을 설명하기 위하여 주파수(frequency), 제어주기(period), 듀티 사이클(duty cycle) 등의 개념이 사용된다.

주파수는 1초 동안 신호가 진동하는 횟수이다. 한국에서 사용하는 전기의 주파수가 60 사이클이라는 말은 1초 동안 전기 펄스 신호가 60번 반복된다는 의미이다. 제어주기는 펄스 시작에서 다음 펄스의 시작까지 걸리는 시간이다. 주파수가 60Hz라면 제어주기는 1/60 = 0.0166초이다. 즉 0.0166초마다 새로운 펄스가 시작된다는 의미이다. 제어주기는 전원을 ON/OF하는데 걸리는 시간이므로 제어 주파수와는 다음 수식과 같이 역수의 관계가 있다.

$$f = \frac{1}{P} \left(f : 주파수, P : 제어주기 \right)$$

듀티 사이클은 전체 주기에서 전원이 ON되는 시간 비율이다. [그림 5.5]에서 전압이 5V가 공급되고 듀티 사이클이 10%인 PWM 신호를 생성하면 출력 전압은 0.5V이다. 듀티 사이클이 50%이고 배터리 전압이 12V라면 6.0V가 출력된다.

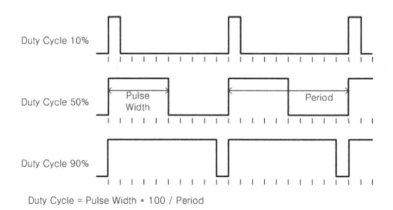

[그림 5.5] 듀티 사이클과 펄스폭의 관계

(2) 조종기의 신호 변조

조종기가 무선으로 드론을 조종하기 위해서는 조종기 스틱들의 움직임이 정확하게 무선으로 드론에 전달되어야 한다. 스틱의 움직임을 어떤 신호로 만들어서 보내면 모터들이 스틱의 움직임과 1:1로 정확하게 돌아갈까? 스틱이 최저 위치에 있으면 모터가 최저속도로 돌아가고 최고 위치에 놓으면 최고 속도로 돌아가야 한다. 조종기는 스틱의 물리적인 움직임을 최소 1,000μs(마이크로 초)에서 최대 2,000μs로 표현한 신호를 만든다. 수신기는 1,000μs를 최저 속도로 간주하고 2,000μs는 최고 속도로 간주하고 이 신호를 비행제어기를 통하여 모터에 전달한다.

1,000μs에서 2,000μs에 해당하는 펄스 신호(pulse signal)를 표현하는 방법은 여러 가지가 있다. 즉, 스틱의 움직임을 1,000에서 2,000 사이로 표현하는 것은 펄스의 위치로 표현할 수도 있고 펄스의 시간 길이로 표현할 수도 있고 펄스를 임의의 코드로 변환하여 표현할 수도 있다. 신호를 펄스 위치나 펄스폭으로 표현하는 것은 아날로그 방식이고 임의의 코드로 표현하는 것은 디지털 방식이다. 스틱의 움직임을 전기 신호로 바꾸는 과정에서 신호를 다른 형식으로 바꾸는 것을 변조(modulation)라고 한다.

조종 신호 변조에서 아날로그 형식의 대표적인 방식이 PPM과 PWM이고 디지털 방식의 대표적인 것이 PCM(Pulse Code Modulation)이다. 다음은 드론에서 주로 사용하는 펄스 변조 방식이다.

① PPM(Pulse Position Modulation)

PPM이란 조종기의 스틱들이 움직이면서 만들어내는 조종 신호의 크기를 위치로 표시하는 방식이다. 스틱을 조금 움직이면 시작 위치에서 조금 떨어진 거리에 펄스 하나를 만들고 크게 움직이면 멀리 떨어진 곳에 펄스를 만드는 방식이다. 비행기나 드론을 제어할 때 조종기에서 대부분 PPM 방식을 사용한다.

② PWM(Pulse Width Modulation)

PWM이란 조종 신호의 크기를 펄스의 폭으로 표현하는 방식이다. 전체 크기가 2ms(밀리 초)이고 처음부터 1ms(밀리 초)는 시작을 알리는 것이고 나머지 1ms로 최소값과 최대값을 표현한다. 스틱을 중간까지 움직이면 5V가 1.5ms까지 유지되다가 0V로 떨어지고, 스틱을 최대로 움직이면 시작부터 끝까지 5V가 계속 유지된다. 조종기가 보내온 PPM 신호를 드론의 수신기가 받으면 채널별로 PWM 신호로 분리하여 비행제어기에 제공한다.

③ PCM(Pulse Code Modulation)

PCM이란 조종기 스틱들이 움직이면서 만들어내는 신호를 2진수 코드로 표시하는 방식이다. 이 방식은 복잡한 절차를 거치지만 코드화하기 때문에 해독이 어렵다. 따라서 다른 전파의 간섭을 덜 받기 때문에 민감하게 작동하는 헬리콥터 등에서 주로 사용한다.

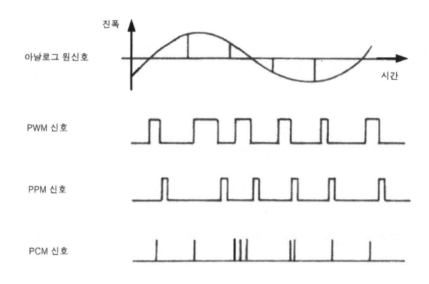

[그림 5.6] 펄스 변조 방식

조종기 스틱을 움직이면 [그림 5.6]의 원신호와같이 아날로그 신호가 사인 곡선(sine curve)의 형태로 발생한다. 이 신호를 비행제어기에서 사용하기 쉽도록 PPM, PWM, PCM 등의 방식으로 변환한다. PWM은 아날로그 신호의 평균적인 전압의 크기를 펄스의 폭으로 표현한다. 처음 0.5ms동안 5V이고 나머지 0.5ms 동안 0V였다면 평균으로 2.5V를 표현한 것이다. PPM은 펄스의 위치로 전압의 크기를 표현하는 것으로 스틱이 움직인 길이가 길수록 시작 위치에서 멀리 떨어져서 펄스가 표현된다. PCM은 아날로그로 작성된 스틱 신호를 2진수로 코드화하여 스틱이 움직인 시간(거리)을 표현한다.

PPM 신호는 조종기 송신모듈에서 20ms 주기로 송신된다. 첫 번째 펄스가 첫 번 채널로 오는 데이터의 시작점이 되고, 두 번째 펄스가 첫 번째 채널 값의 끝나는 시점인 동시에 두 번째 채널의 데이터의 시작점이 된다.

5.3   수신기

수신기는 조종기가 보내는 신호를 인식하는 통신장치이다. 조종기는 스틱이 기본적으로 4가지 정보를 발생하기 때문에 4개 이상의 채널을 갖고 있다. 수신기는 조종기가 보내는 신호를 인식해야하므로 채널의 수도 조종기와 같아야 한다. 조종기와 수신기는 항상 짝으로 동작하기 때문에 기술 명세가 같아야 하므로 같은 회사의 같은 모델을 사용한다.

5.3.1 수신기 구조

수신기가 하는 일은 조종기가 보내준 PPM 신호를 접수하여 채널별로 분리하고 PWM 신호로 변환하는 장치이다. 조종기는 스틱의 정보를 AM 또는 FM 또는 2.4GHz의 반송파 (carrier wave)에 실어서 보낸다. 수신기는 반송파를 제거하고 순수한 정보 신호만으로 분리하고 다시 채널별로 분리한다. 기본적으로 스로틀, 보조날개, 승강타, 방향타 등 4개의 채널은 필수적이므로 4개 채널 이상의 조종기와 수신기가 필요하다. 스위치를 사용하려면 더 많은 채널을 가진 조종기가 필요하다. 조종기가 보낸 정보는 PPM이기 때문에 다시 PWM 신호로 변환하여 제공한다. [그림 5.7]의 수신기는 조종기가 PPM 형식의 신호를 보내는 것으로 가정하였고, 4개 채널만 있는 것으로 가정하였으므로 PWM 슬롯도 4개로 표현하였다. 20ms 단위로 만든 패키지의 PPM 신호를 채널별로 분리하기 위하여 동기화 공백을 인식하고 분리하는 동기화 공백 디코더가 필요하다. 수신기에 사용되는 전원은 대부분 +5V이다.

[그림 5.7]은 조종기의 PPM 신호를 받아서 PWM 신호를 분리해내는 수신기의 내부 구조이다. 수신기는 AM 또는 FM 또는 2.4GHz의 전자파를 받아서 반송파를 분리하고 펄스의 위치를 표현하는 PPM 패키지에서 각각의 채널별로 PWM 신호를 생산해서 슬롯으로 출력한다. 동기화 공백 디코더는 20ms PPM 패키지 안에 포함되어 있는 여러 채널들의 신호를 공백을 기준으로 채널 단위로 분리하는 장치이다. 수신기의 전원은 변속기의 BEC 전원이나 비행제어기 5V 전원에서 받는다.

5.3.2 수신기 신호처리

수신기가 접수하는 신호는 여러 개의 채널에서 나오는 신호들을 하나의 패키지로 묶어

서 온 것이다. 시간 단위로 보면 2ms 단위의 채널별 정보를 10개 묶을 수 있는 20ms 단위
의 패키지가 도착한다. [그림 5.8]에서 보면 조종기가 보내는 신호는 2.4GHz 반송파에 실
어서 PPM 방식으로 50Hz로 보내는 것이므로 20ms 주기로 최대 10개까지의 채널 신호를
묶어서 보낸다. 그림에서 수신기는 6개의 채널별로 나누어 PWM 형식의 신호로 분리하
여 비행제어기에 보낸다.

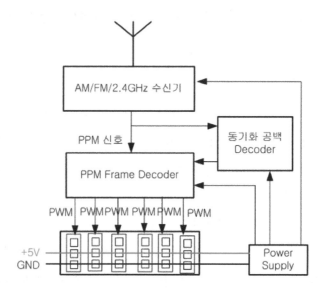

[그림 5.7] 5채널 수신기의 구조

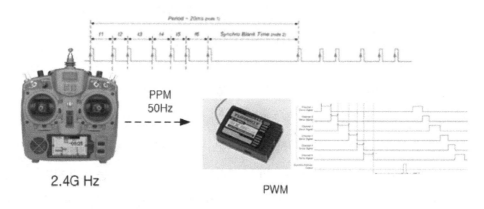

[그림 5.8]수신기의 신호 분리

[그림 5.9]의 상단은 조종기가 송신한 PPM 신호이다. PPM 신호는 20ms 단위로 묶여서
가기 때문에 수신기의 PPM Frame Decoder가 이들을 채널별로 [그림 5.9]의 하단과 같이
6개로 분리한다.

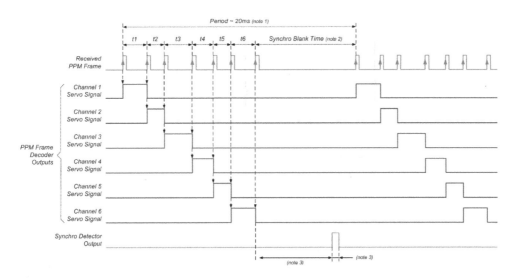

[그림 5.9] 수신기가 접수하는 PPM 패키지와 채널별로 분리한 PWM 신호[3]

[그림 5.10]은 조종기 스틱의 움직임을 한 개의 PWM 신호로 구분하여 1ms, 1.5ms, 2.0ms 등의 시간별로 구분하여 표현한 그림이다. 1.0ms까지는 최소값이고 1.0부터 2.0ms 까지는 최소값부터 최대값까지 표현한 그림이다.

[그림 5.11]은 수신기의 스로틀 핀에서 검출되는 신호의 오실로스코프 화면이다. 오실 로스코프의 프로브(probe)를 수신기의 스로틀 핀에 물리고 조종기 스로틀 스틱을 최소에 서 최대로 올리면 [그림 5.12]와 같이 오실로스코프 화면에서 펄스의 폭이 두 배로 늘어나 는 것을 볼 수 있다. 이와 같은 방법으로 수신기의 보조날개 핀, 승강타 핀, 방향타 핀에 프 로브를 연결하고 모니터를 보면 스틱을 최소에서 최대로 올리면 펄스의 폭이 두 배로 증 가하는 것을 볼 수 있다. 펄스의 전압이 5V로 지속되는 시간이 1.0ms에서 2.0ms로 증가하 기 때문이다.

3 http://miscircuitos.com/how-to-read-rc-radio-signals-with-arduino-using-ppm-signal-tutorials/

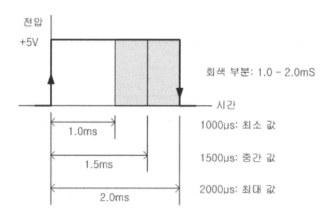

[그림 5.10] PWM 신호의 의미

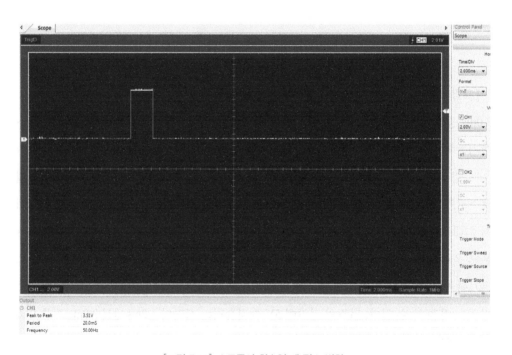

[그림 5.11] 스로틀이 최소일 때 펄스 변화

　　[그림 5.12]의 좌측 하단을 보면 Frequency가 50.00Hz이고 Period가 20.0ms이다. 50Hz 단위로 신호가 오는 것은 1초에 50개의 신호가 오는 것이므로 1,000ms/50Hz = 20.0ms/Hz 이기 때문이다. 즉 20.0ms마다 스로틀 핀으로 조종기 스로틀 신호가 오는 것이다.

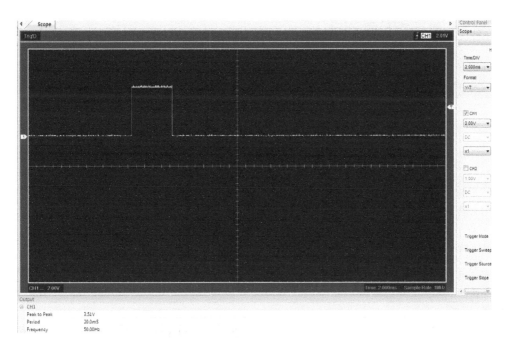

[그림 5.12] 스로틀이 최대일 때 펄스 변화

5.4   센서

드론에서 사용하는 센서들은 매우 다양하다. 드론의 관성측정장치(IMU)에 사용되는 자이로, 가속도계 이외에 방향을 측정하는 지자기 센서, 높이를 측정할 수 있는 기압센서, 온도계, 습도계, 초음파 센서, 적외선 센서, GPS 수신기 등이 사용된다. 이들 센서들은 자신이 측정한 정보들을 비행제어기에 전송한다. 비행제어기는 이들 센서가 보낸 정보들을 이용하여 드론의 자세를 제어하고 목적지를 향하여 경로를 따라 비행할 수 있는 비행 정보를 생산하여 변속기들에게 전송한다.

5.4.1 센서별 신호 전달

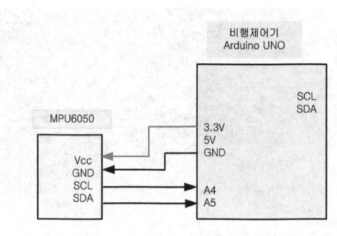

[그림 5.13] 자이로와 가속도 센서의 신호 전달

　　자이로와 가속도계 같은 관성측정장치들은 I2C(Inter-Integrated Circuit)를 이용하여 아두이노의 비행제어기에 신호를 전달한다. [그림 5.13]은 MPU-6050을 아두이노 UNO 비행제어기에 연결한 회로이다. 이들 센서들의 전압은 대부분 +5V이거나 +3.3V이며 접지도 필수적으로 연결해야 한다. 아두이노 Mega2560에도 SDA, SCL, 전원과 접지를 동일하게 사용할 수 있다. 자이로와 가속도계와 지자기계 등이 개별적으로 분리되어 있기도 하고 관성측정장치들만 통합되어 있기도 하고 비행제어기에 통합되어 있기도 한다. 하지만 이들 센서들의 이름과 모델명은 별도로 기재되어 있다.

　　[그림 5.14]는 MPU-6050의 SCL 핀의 자료를 오실로스코프 화면으로 출력한 것이다. SCL은 clock 신호이기 때문에 규칙적인 펄스가 모니터에 표시된다. [그림 5.15]의 SDA 핀의 신호는 자이로와 가속도 신호의 변화를 시시각각으로 측정하여 전송하기 때문에 펄스의 변화가 다양하게 보인다. SCL과 SDA 자료는 모두 제어주기(period)가 수 마이크로초이고, 주파수(frequency)는 수 백 KHz이다. [그림 5.14]의 하단에 Frequency가 400.0KHz인 것은 Multiwii 프로그램의 config.h 파일에서 시계의 처리 속도를 '#define I2C_SPEED 400000L'라고 설정했기 때문이다. Period가 2.50μs인 것은 1초/400000 = 0.0000025초이기 때문이다. [그림 5.15]의 하단에 Frequency가 133.3KHz인 것은 자료 생성주기이기 때문이며 Period가 7.50μs인 것은 1초/133300 = 0.0000075초이기 때문이다.

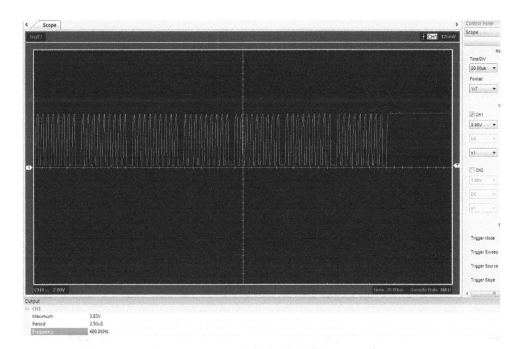

[그림 5.14] MPU—6050의 SCL 출력 신호

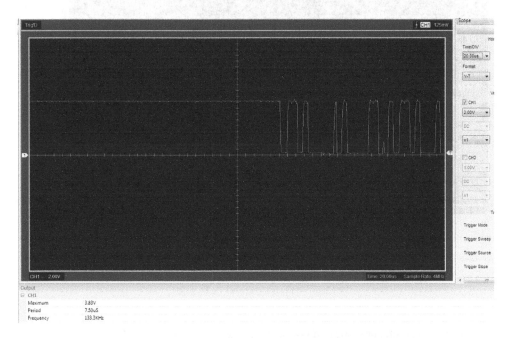

[그림 5.15] MPU—6050의 SDA 출력 신호

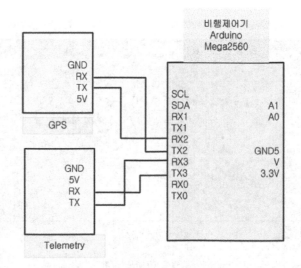

[그림 5.16] GPS 수신기와 telemetry의 신호 전달

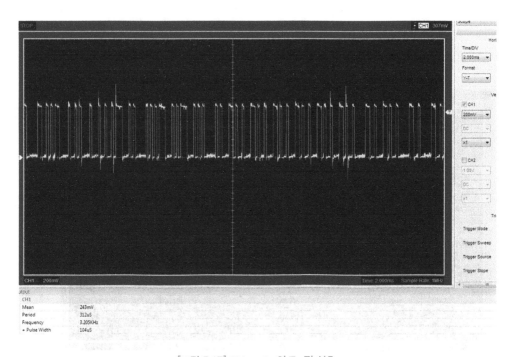

[그림 5.17] Telemetry의 Tx 핀 신호

GPS 수신기와 텔레메트리는 아두이노의 하드웨어 시리얼 통신을 사용하므로 각각 Tx
와 Rx 핀을 사용한다. [그림 5.16]은 GPS 수신기와 텔레메트리를 아두이노 보드와 연결
하는 회로이다. [그림 5.17]은 텔레메트리의 Tx 핀 신호이다. Frequency가 3,205KHz로 매
우 높기 때문에 펄스의 폭도 $104\mu s$로 짧다.

[그림 5.18] 카메라 영상 송신기와 수신기

[그림 5.18]은 카메라가 영상을 촬영하면 이미지 자료가 영상 송신기로 전송되고 영상 송신기는 5.8GHz의 반송파에 이미지 자료를 실어서 영상 수신기로 송신한다. 영상 수신기는 약 40개의 채널을 돌려가면서 수신 상태를 점검하여 가장 감도가 좋은 채널을 이용하여 영상을 반송파에서 분리한 다음에 고글이나 모니터에 출력한다.

5.5　비행제어기

조종기와 자이로, 가속도 센서, GPS 수신기, 초음파 센서 등에서 오는 모든 신호들은 비행기를 조종하기 위하여 비행제어기로 집중되어 비행 정보를 생산하고 프로펠러를 돌리기 위하여 변속기로 출력된다. 이외에도 텔레메트리와 짐벌(gimbal), LED 등을 제어하기 위하여 비행제어기는 다양한 신호들을 처리한다.

5.5.1 비행제어기 신호 처리

[그림 5.19]와 같이 모든 입력 장치들의 신호는 비행제어기로 모이고 비행제어 소프트웨어는 이들 신호를 받아서 조종기가 원하는 대로 비행하기 위하여 신호들을 처리하고 각 변속기들에게 모터 회전 명령을 보낸다. 이 때 비행제어기에서 보내는 명령은 PWM 신호로서 모터의 회전 속도를 결정하며 신호의 주파수는 핀에 따라서 490Hz, 980Hz로 구

분된다. 즉 490Hz라면 2ms 정도이고 980ms라면 1ms 정도의 속도이다. 참고로 Multiwii 비행제어기의 처리주기는 버전에 따라 다르지만 약 2,800μs이다.

변속기와 모터의 성능이 아무리 좋아도 변속기와 비행제어기의 통신 속도가 느리면 명령 전달이 늦어져서 모터가 제 성능을 다 발휘할 수 없다. 아두이노 UNO와 메가2560의 처리기는 8비트 크기에 처리속도가 16MHz로 너무 늦기 때문에 새로 나온 비행제어기들은 32비트에 100MHz 이상으로 처리능력을 키우고 있다. 또한 비행제어기의 동작 속도에 동기화하여 신호를 전달한다. 예를 들어 Oneshot125[4]는 2,660Hz(250μs)의 속도를 가지고 있으며 레이싱 드론에 사용하는 F4 비행제어기의 Multishot은 2 - 25μs의 빠른 처리주기 신호를 사용하고 있다.

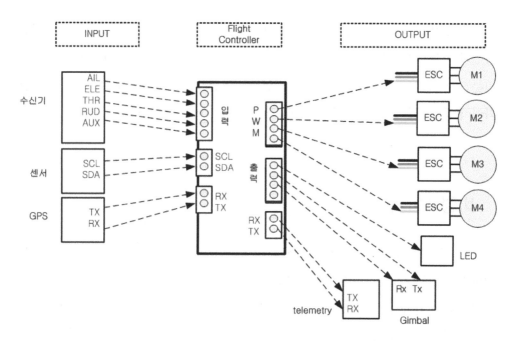

[그림 5.19] 비행제어기 신호 흐름

[그림 5.20]은 비행제어기에서 변속기로 출력되는 PWM 신호다. 오실로스코프에 표시된 펄스의 처리주기[5]는 2.06ms이고 주파수는 485Hz이다. 만약 비행제어기에서 신호를

4　Oneshot125: 미니 쿼드콥터용 고속 변속기 프로토콜. 비행제어기와 변속기 사이의 통신 프로토콜.

5　제어주기(period): 펄스의 라이징 시간에서 다음 펄스의 라이징 시간까지의 길이. 제어주기는 주파수에 반비례한다. T = 1/f.

처리하여 발신하는 시간이 느려진다면 펄스 시간은 2.0ms를 넘을 것이고 비행제어기는 새로 처리한 PWM을 출력하지 못하고 이전에 만든 PWM을 보낼 것이므로 모터 실행에 차질을 빚을 것이다. 따라서 비행제어기가 500Hz 보다 더 빠른 속도로 실행되어야 PWM 을 2ms 단위로 PWM을 변속기로 보낼 수 있다. 그래서 처리 속도가 빠른 비행제어기들이 출현하였다.

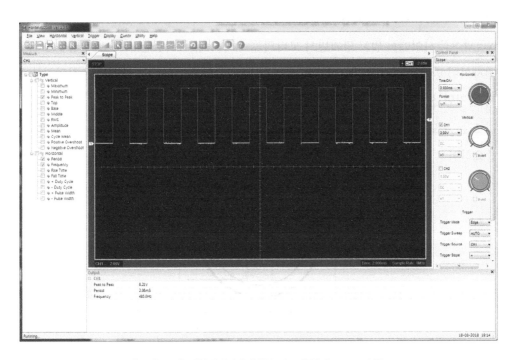

[그림 5.20] 비행제어기에서 변속기로 출력되는 PWM 신호

5.6　모터와 변속기

　드론에서 프로펠러를 돌리는 모터들은 주로 BLDC 모터이며 카메라 앵글을 돌리는 등의 부수적인 작업을 위하여 서보 모터(servo motor)를 사용한다. 이 모터들은 비행제어기 PWM 핀에서 생성하는 PWM 신호로 제어된다. BLDC 모터의 속도를 제어하기 위하여 반도체를 이용하여 3상 교류를 생성하는 변속기가 사용된다.

5.6.1 BLDC 모터 회로

BLDC 모터는 변속기로부터 3상 교류를 입력 받아서 모터의 중심축을 회전시킨다. [그림 5.21]과 같이 인러너모터(inrunner motor)의 경우에는 중심축에 영구자석이 붙어있고 축을 둘러싸고 있는 원통 안에 전자석을 구성하는 3개의 철심을 둘러싸고 있는 권선이 설치되어 있다. 변속기에서 3상 교류가 방향을 바꾸면서 입력되면 U, V, W로 구분되는 전자석의 극성이 N과 S극을 반복적으로 바뀐다. 전자석이 고정되어 있으므로 영구자석이 N극과 S극 사이에서 밀고 당기면서 모터의 중심축과 같이 회전한다. 따라서 영구자석과 전자석이 만나는 시점이 중요하므로 모터가 회전할 때마다 위치를 알려주는 집적회로에서 디지털 신호를 출력하여 동기화를 조정하도록 지원한다. 따라서 모터의 성능은 모터가 도는 속도에 맞추어 변속기에서 교류 전압의 방향을 바꾸면서 보내주는 제어 기능이 중요하다.

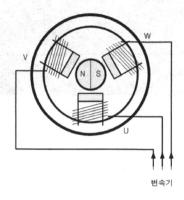

[그림 5.21] BLDC 모터의 권선 회로

5.6.2 변속기 회로

변속기에는 6개의 트랜지스터가 있어서 전원 공급 선로를 열기도 하고 닫기도 한다. [그림 5.22]에서 트랜지스터 Tr1과 Tr6가 열리면 전압은 U에서 W로 흐른다. 이어서 Tr2와 Tr6가 열리면 전압은 V에서 W로 흐른다. 다시 Tr2와 Tr4가 열리면 전압은 V에서 W로 흐른다. 결과적으로 직류 전류가 교류 전류로 바뀌어 출력되는 것이다. 이렇게 전류의 방향이 바뀔 때마다 모터의 전자석 극성이 N극에서 S극으로 S극에서 N극으로 바뀌면서 모터의 회전자가 회전을 하게 된다. 이와 같은 기능은 직류를 교류로 바꾸는 것으로서 이미 인버터(inverter)라는 전기 장치에서 구현되고 있다.

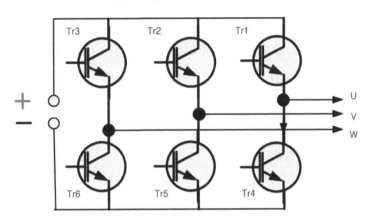

[그림 5.22] 변속기의 스위칭 회로

5.6.3 변속기와 모터의 신호 흐름

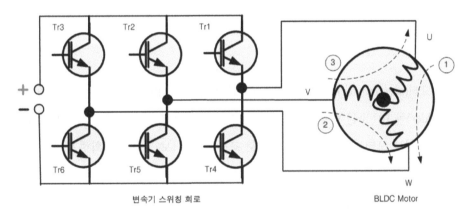

[그림 5.23] 변속기와 BLDC 모터 회로

[그림 5.23]은 변속기에서 직류를 6개의 트랜지스터를 이용하여 3상 교류로 변환하는 스위칭 회로와 BLDC 모터의 권선 회로를 연결한 것이다. 모터 권선은 3상 스타 결선이고 회전자는 중심축의 영구자석이고 고정자(stator)는 영구자석 바깥의 전자석들이다. 모터가 빨리 돌고 천천히 돌고 하는 것은 비행제어기에서 보내주는 PWM 신호의 길이와 비례한다.

[표 5.1]은 [그림 5.23]의 변속기에서 입력 전압이 스위칭 되면서 교류를 만들어내는 과정을 보여준다. +전압은 Tr1, Tr2, Tr3에서 교대로 열리고 접지선은 Tr4, Tr5, Tr6에서 교

대로 열리면서 전류의 방향을 바꿔준다. 전류의 방향이 바뀌면서 전자석의 극성이 N극과 S극으로 바뀌므로 모터의 회전자가 고정자를 밀어내고 당기면서 모터의 중심축이 회전하는 것이다. 변속기는 비행제어기에서 490Hz로 PWM 신호를 받아서 스위칭 회로를 거치면서 모터에 10kHz - 40kHz로 빠르게 신호를 전달한다.

[표 5.1] 변속기 트랜지스터 스위칭 순서

구분	+전압			− 접지			권선 극		
순서	Tr1	Tr2	Tr3	Tr4	Tr5	Tr6	U	V	W
1	Y					Y	N		S
2		Y				Y		N	S
3		Y		Y			S	N	
4			Y	Y			S		N
5			Y		Y			S	N
6	Y				Y		N	S	

5.6.4 Servo 모터

서보 모터(servo motor)는 명령에 의하여 회전 각도가 제어되는 모터이다. 비행기의 방향타(rudder)를 10° 오른쪽이나 왼쪽으로 돌리고 싶으면 조종기 스틱을 그 정도로 움직이는 만큼만 서보 모터가 움직여서 방향타를 조작한다. 서보 모터가 정확하게 속도와 위치를 제어할 수 있는 것은 서보 모터의 시작 위치와 움직인 위치를 검출할 수 있는 검출 기능이 있고 이들을 제어할 수 있는 구동 제어부가 있기 때문이다. 서보 모터를 말할 때 단순하게 모터만을 이야기 하지 않고 항상 구동 제어부를 포함하기 때문에 서보 시스템이라고 부른다.

[그림 5.24] 서보 모터

[그림 5.24]에서 왼쪽 모터와 오른쪽 모터의 축에는 비행기 조종면의 힌지를 움직일 수 있는 지렛대가 설치된 모습이다. 이들 서보 모터의 동력은 5V이고 입력 전선에는 접지, 5V 전원, 신호선의 3개로 구성된다. 모터 상자 안에는 모터의 위치를 파악하고 제어할 수 있는 회로가 내장되어 있다.

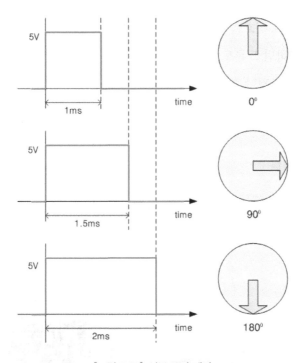

[그림 5.25] 서보 모터 제어

서보 모터는 PWM 신호에 의하여 구동된다. [그림 5.25]와 같이 처음부터 1ms 동안은 모터가 움직이지 않고 2ms가 되면 표준 모터의 경우에 180°를 회전한다. 따라서 1.5ms 동안에는 90°만큼 회전한다. 물론 표준이 아닌 서보 모터들은 120°만 회전하기도 하고 360°를 회전하기도 한다.

5.7   신호 검사

드론 조립을 완료하였을 때 즉시 시험 비행을 하는 것은 매우 위험하다. 조립된 부품들이 제 기능을 정상적으로 동작하는지 확인을 하지 않고 비행을 하면 예기치 않은 사고를 당할 수 있기 때문이다. 드론의 각 부분들이 정상적으로 동작하는 것을 확인하기 위해서는 각 회로의 단계별로 신호를 검사하는 것이 우선이다.

정상적으로 동작하던 드론도 사용하다보면 언제나 고장이 발생할 수 있다. 드론에 이상이 생겨서 수리를 하거나 성능 개선을 하려면 단계적으로 여러 가지 검사를 하게 된다. 그 중에서 신호를 검사하는데 우선적으로 필요한 장비와 기능들을 살펴본다.

5.7.1 검사 장비

드론에 이상이 발생했을 때 사용할 수 있는 검사 장비는 멀티미터부터 오슬로스코프까지 다양하다. 여기서는 기본적인 장비만을 살펴보기로 한다.

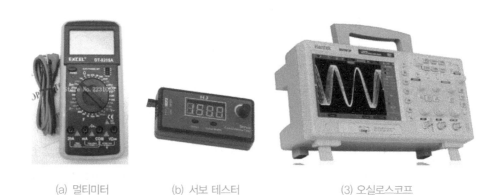

(a) 멀티미터   (b) 서보 테스터   (3) 오실로스코프

[그림 5.26] 신호 검사 장비

(1) 멀티미터 Multimeter

멀티미터는 전압을 측정하는 교류 전압계와 직류 전압계, 저항을 측정하는 저항계, 전류를 측정하는 교류 전류계와 직류 전류계 등 여러 가지 측정기들을 하나로 통합시킨 것이므로 멀티미터라고 부른다. [그림 5.26](a)는 도체의 저항, 두 점 사이의 전압 및 전류의 세기 그리고 전기 용량 등 전기 회로의 특성을 측정하는 휴대용 멀티미터이다. 배터리, 모

터, 변속기, 전원 공급기 등의 전선 단락이나 기본적인 전기적 결점을 찾을 수 있다. 전선의 단락이나 기본적인 문제가 없으면 각 단계별로 전압의 크기와 전류의 크기를 측정하여 문제점을 확인할 수 있다.

(2) 서보 테스터 Servo Tester

[그림 5.26](b)는 서보 모터, BLDC 모터 등을 구동할 수 있는 PWM 신호를 발생하여 모터의 성능을 확인할 수 있는 장치이다. 볼륨을 이용하여 800밀리 초에 2,000밀리 초 사이의 펄스를 생성할 수 있는 펄스 생성기이다. 모터가 회전하지 않을 때 변속기가 문제인지 모터가 문제인지를 확인하는 가장 빠른 수단이다. 사용 중인 모터와 변속기의 고장 여부를 확인할 수 있고, 비행장에서 즉시 변속기 초기화를 시킬 수 있으므로 유용한 장치이다.

(3) 오실로스코프 Oscilloscope

[그림 5.26](c)는 시간에 따른 입력 전압의 변화를 그래프로 화면에 출력하는 장치이다. 전기 진동이나 펄스처럼 시간적 변화가 빠른 신호를 관측하는데 편리한 계측기이다. 수신기부터 모터까지 각 단계별로 정확한 신호가 잡히는지 확인할 수 있는 가장 좋은 수단이다. 조종기에서 정확한 신호가 오는지, 센서에서 적절한 신호가 오는지, 비행제어기에서 변속기로 적정한 신호가 나오는지를 확인할 수 있으므로 고장 발견과 수리에 필수적인 장비이다.

드론을 조립하고 시험하기 위해서는 이들 세 가지 검사 장비는 필수적으로 필요하다. 잘 작동하던 드론도 이상이 생기면 전원부터 각 신호선들의 단선 여부나 전압을 점검해 보아야 한다. 드론을 잘 만드는 일보다 드론의 문제점을 찾아내는 일이 더 어렵고 중요한 일이다.

5.8   통신

드론이란 지상에서 조종사가 공중의 항공기를 무선 통신으로 조종하는 것이다. 예전에는 모형 비행기를 RC(Radio Control)라고 부를 만큼 무선 통신은 드론의 핵심 요소이다. 드론이 사용되는 통신 분야는 드론과 조종기 사이의 무선 통신과 드론 내부에서 비행제어기와 주변기기 사이의 유선 통신으로 구분된다. 드론의 모든 부품들은 전기적으로 통신하기 때문에 유선 통신도 무선만큼 중요하다.

5.8.1 드론과 지상제어국 사이의 무선 통신

지상제어국(ground control station) 조종기와 드론과의 통신은 무선 통신이며 드론의 무선 통신에 사용되는 통신 기술은 전파 통신, Bluetooth, Wifi, 적외선 등이 있다. 이들 중에서 드론에서 주로 사용되는 전파 통신의 내용을 종류별로 살펴본다.

(1) 드론과 조종기와의 통신

① 전파 통신

전파 통신(RF, Radio Frequency)이란 전파[6]의 주파수를 이용하는 통신 방법으로 AM, FM 그리고 고주파 2.4GHz, 5.8GHz 등을 사용한다. AM과 FM은 전파 충돌 가능성이 있으며 사용하는 주파수 용량에도 한계가 있다. 2000년대 후반부터는 조종기 통신에 2.4GHz 고주파를 주로 사용하고 있다.

② Bluetooth

10미터 내외의 근거리 통신을 위한 무선 통신 기술이다. 휴대폰을 조종기로 이용하는 완구용 드론 등의 작은 드론에 사용된다.

---

6   전파 radio wave: 전기력선과 자기력선으로 이루어지는 유동 에너지 파장이 0.1mm 이상인 전자기파로서 주파수가 3,000GHz 이하의 전자기파이다. 1864년 영국의 J. C. 맥스웰이 수학적 이론으로 예언하였으며 1888년 독일의 헤르츠가 전기불꽃 실험으로 전파의 존재를 입증했다.

③ Wifi

인터넷을 이용하는 무선 통신 기술로서 이미지와 동영상과 같은 대용량의 자료 전송에 적합하다. Wifi가 제공되려면 Access Point가 설치되어야 한다. Internet이 제공되지 않는 야외에서는 사용하기 어렵다.

④ 기타

적외선(IR, Infrared Ray) 통신, LTE 통신, 인공위성 통신과 같은 다양한 무선 통신 기술이 사용된다. 적외선 통신의 단점은 거리가 짧고 송신부와 수신부가 마주 보고 있어야 하지만 보안에 강하다. TV 리모콘이 적외선 통신의 대표적인 응용 분야이다.

(2) 전파 통신의 종류

전파 통신은 3,000 GHz 이하 주파수의 전자파를 사용하여 정보를 주거나 받는 무선 통신 방식이다. 무선 주파수를 이용하기 때문에 무선 주파수(RF, Radio Frequency) 통신이라고도 하며 광대역이 넓고 부가 서비스 연동이 가능한 장점이 있다.

① 진폭 변조(AM, Amplitude Modulation)

- 27MHz : 진폭 변조 방식. 전송하고 싶은 신호를 일정한 주파수의 고주파에 실어서 보낼 때 보내려는 신호를 고주파의 진폭에 반영하는 방식이다. 거리가 멀면 신호 정확도가 저하된다. 같은 주파수 사용 시에 혼신이 발생한다.

② 주파수 변조(FM, Frequency Modulation)

- 40MHz : 주파수 변조 방식. 14개 주파수 사용 가능. 전송하고 싶은 신호를 일정한 주파수의 고주파에 실어서 보낼 때 보내려는 신호를 고주파의 주파수에 반영하는 방식이다. 같은 주파수 사용 시에 혼신이 발생한다.
- 70MHz : 주파수 변조 방식. 19개 주파수 사용 가능. 같은 주파수 사용 시에 혼신이 발생한다.

③ 고주파 채널 방식

- 2.4GHz : 안테나가 짧아짐(조종기 10cm, 수신기 3cm). 고주파로서 반응 속도가 빠르

고 수신거리가 길고 방향성이 없어서 수신기가 보이지 않아도 잘 연결된다. 주파수 호핑(frequency hopping) 방식을 사용하므로 여러 개의 조종기를 동시에 사용해도 충돌을 회피할 수 있다.

• 5.8GHz : 안테나가 2.4GHz보다 더 짧아진다. 2.4GHz를 조종기가 사용하고 있으므로 5.8GHz는 주로 영상 송신기에서 사용한다.

과거에는 FM을 주로 사용했으나 이제는 거의 모두 고주파 2.4GHz와 5.8GHz를 사용하고 있다. 고주파를 사용하면서 충돌을 걱정하지 않고 비행할 수 있게 되었다. 예전과 같은 긴 안테나를 보기 어려워졌다.

5.8.2 드론 비행제어기 안에서의 통신

여기서 사용하는 비행제어기는 주로 아두이노 보드이다. 아두이노 내부에서의 통신은 크게 마이크로프로세서와 주변장치와의 통신과 직렬통신으로 구분할 수 있다.

(1) 마이크로프로세서와 주변장치 사이의 통신

마이크로프로세서는 처리 속도가 빠르고 아두이노 보드의 주변 장치들은 상대적으로 속도가 느리기 때문에 이에 적합한 통신 규약이 적용된다.

① ICSP(In Circuit Serial Programming)

ICSP는 MCU(Micro Control Unit)에 직접 프로그래밍이 가능한 통신 포트이다. 펌웨어 프로그래밍을 하거나 디버깅하기 위하여 사용한다. [그림 5.25]의 우측 중간에 ICSP가 표시되어 있다. 6개의 핀으로 연결된다. 아두이노 보드의 프로세서에 있는 제어 프로그램을 갱신할 때 필요하다.

② SPI(Serial Peripheral Interface)

마이크로프로세서(MCU, micro control unit)와 주변장치 간의 시리얼 통신을 하기 위한 규약이다. 주변장치와 clock을 통하여 동기화하는 동기식 통신 방식이다.

③ I2C(Inter-Integrated Circuit)

MCU와 저속 주변장치 사이의 통신을 위한 규약이다. TWI(Two Wire Interface), eye-squired-see, Inter IC Control, 통신 방식과 같은 의미로 두 줄의 신호선으로 통신한다. 자이로, 가속도 센서 등의 통신에 사용되며 [그림 5.25]의 우측 하단과 좌측 상단에 SDA와 SCL이 표시된 핀을 사용한다.

이들 통신 중에서는 주로 자이로와 가속도 센서 그리고 지자기 센서를 사용하기 위하여 I2C 통신을 사용한다. 나머지들은 시스템을 개선하는 차원에서 사용하고 있다.

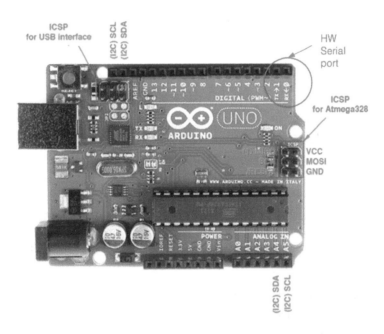

[그림 5.25] 아두이노 UNO의 직렬 포트, I2C 포트, ICSP포트

(2) 아두이노 직렬통신

아두이노 UNO R3 보드는 시리얼 포트를 1개 지원하고 Mega2560은 하드웨어 시리얼 포트를 4개 지원한다.

① HW serial 통신

아두이노 UNO는 D0, D1 포트가 하드웨어 시리얼 통신에 사용된다. ATmega328p

MCU는 1개의 UART를 가지고 있고, UART에서 사용하는 포트는 UNO에서 Rx Tx가 각각 D0, D1에 연결되어 있다. 아두이노 Mega2560에는 Tx0 Rx0, Tx1 Rx1, Tx2 Rx2, Tx3 Rx3 등 4개의 직렬통신 포트를 지원한다.

② SW serial 통신

소프트웨어 시리얼 통신은 하드웨어에서 지원하는 UART나 USART 포트를 사용하지 않고 일반적인 디지털 포트를 이용하여 시리얼 통신을 한다. 따라서 하드웨어 시리얼 통신보다 속도가 느린 단점이 있다. 아두이노 UNO에는 하드웨어 직렬 포트가 D0 D1 하나밖에 없기 때문에 더 많은 직렬 통신이 필요할 때 소프트웨어 직렬 포트를 사용한다. [그림 5.25]의 상단에 있는 디지털 포트 2번부터 13번까지 어느 것이나 소프트웨어 직렬 포트로 사용할 수 있다.

```
#include <SoftwareSerial.h>
SoftwareSerial Soft_serial(4, 3);        //RX, TX  포트 지정

void setup() {
  Serial.begin(115200);                  //하드웨어 직렬 통신 속도
  Soft_serial.begin(9600);               //소프트웨어 직렬 통신 속도
}

void loop() {
  for (unsigned long start = millis(); millis() - start < 1000;) {
    while (Soft_serial.available()) {    // 소프트웨어 직렬 포트 사용
      char c = Soft_serial.read();       // 소프트웨어 직렬 포트 입력
      Serial.write(c);                   // 하드웨어 직렬 포트로 출력
    }
  }
}
```

[그림 5.26] 소프트웨어 직렬 통신 프로그램

아두이노 프로그래밍을 실행하는 과정에서 메시지를 확인하고자 할 때 주로 시리얼 모니터를 사용한다. 하드웨어 직렬 포트가 부족한 경우에는 소프트웨어 직렬 포트를 사용한다. [그림 5.26]은 소프트웨어 직렬 통신의 프로그램의 사례이다. D3 핀을 Tx 포트로 사

용하고 D4 핀을 Rx 포트로 사용하는 프로그램이다.

(3) 직렬 통신과 병렬 통신

[그림 5.27]은 직렬 통신과 병렬 통신의 차이점을 보여주는 그림이다. 직렬 통신에서 송신측과 수신측 사이에 한 개의 선로만 연결되어 있으므로 한 바이트를 전송하려면 8개의 비트를 순서대로 전송한다. 병렬 통신에서는 송신측과 수신측 사이에 8개의 전선이 연결되어 있으므로 한 번에 8개의 비트를 전송할 수 있으므로 상대적으로 빠르다.

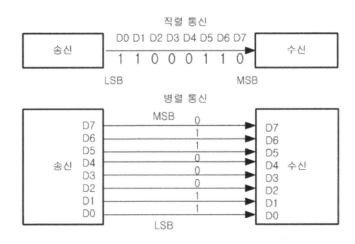

[그림 5.27] 직렬 통신과 병렬 통신

아두이노를 비롯한 비행제어기들은 대부분 메인 프로세서와 센서들을 서로 다른 보드에 설치하고 있으므로 서로 자료를 주고받기 위하여 별도의 통신 방식 지원한다. 통신은 무선 통신과 유선 통신으로 구분되고 유선 통신은 직렬 통신과 병렬 통신으로 구분된다. 직렬 통신 방법과 병렬 통신 방법의 장·단점은 [표 5.2]와 같다.

직렬 통신의 대표적인 것인 USB(Universal Serial Bus)이다. USB는 자료 전송 속도가 최대 5Gbps로 고속 전송이 가능하다. 아두이노는 대용량 전송 자료가 없으므로 USB대신 UART, I2C, SPI 등의 저속 통신 기술을 이용한다. 아두이노는 UART 통신 신호를 생성하므로 다시 USB 신호로 바꾸어서 컴퓨터와 통신할 수 있다. 컴퓨터에서 아두이노 IDE로 작성한 C 프로그램을 USB를 통하여 아두이노 보드에 UART로 변환하여 보낸다.

직렬(serial) 통신과 병렬(parallel) 통신의 특징은 장점과 단점이 상반되기 때문에 속도가 중요한 시스템에서는 병렬 통신을 사용하고 통신 거리가 중요한 시스템에서는 직렬 통신을 사용한다. 직렬 통신의 원조는 1960년에 도입된 RS-232로서 PC와 모뎀, 프린터 등의 주변장치를 연결하는데 많이 사용하였으나 이제는 주변 장치용으로는 USB로 통신 용도로는 이더넷(ethernet)으로 대체되고 있다.

[표 5.2] 직렬 통신과 병렬 통신

구 분	직렬 통신	병렬 통신
장 점	• 통신 거리가 길다 • 구현이 쉽다 • 통신 포트 수가 적다 • 가격이 저렴하다	• 통신 속도가 빠르다
단 점	• 통신 속도가 느리다	• 통신 거리가 짧다 • 포트 수가 많다 • 가격이 비싸다

요약

• 드론은 고속 회전 모터를 무선 신호로 제어하기 때문에 무선 신호 처리가 중요하다.

• 드론의 비행제어기는 한 사이클이 수십 마이크로초로 실행되는 고속처리이므로 유선 신호 처리도 매우 중요하다.

• 비행제어기는 장치들로부터 다양한 신호를 입력 받아 고속으로 처리하고 구동장치들에게 전달해야 하는 고속 신호 처리 컴퓨터이다.

• 조종기는 스틱들과 스위치의 움직임을 펄스 신호로 묶어서 2.4 GHz 또는 5.8GHz의 반송파에 실어서 수신기에 전송한다.

• 수신기는 조종기에서 보낸 패키지로 구성된 조종 신호들을 분리하고 2밀리 초 단위의 PWM 신호로 변환한 다음에 비행제어기로 전송한다.

- 관성측정장치들은 측정한 자료를 16비트의 정수로 변환하여 비행제어기에 전송한다.
- 비행제어기는 입수된 신호를 이용하여 조종사가 원하는 대로 비행할 수 있는 모터 구동 신호를 만들어서 변속기로 전송한다.
- 변속기는 비행제어기가 보내준 모터 구동 신호에 맞추어 배터리의 12V 직류 전압을 3상 교류로 변환하여 모터로 수십 KHz 단위로 전송한다.
- 드론에 사용되는 BLDC 모터는 수십 KHz의 전력 신호를 받아서 프로펠러를 회전시킨다. 따라서 1분 당 수만 번의 회전이 발생한다.
- 자이로와 가속도계는 I2C 통신 방식으로 SCL과 SDA 신호를 비행제어로 전송한다.
- GPS 수신기와 텔레메트리는 아두이노의 하드웨어 직렬 통신 방식으로 비행제어기와 정보를 교환한다.
- 조종기는 스틱이 물리적으로 움직인 거리를 1밀리 초에서 2밀리 초의 단위로 변환하여 전기 신호를 만든다. 조종기가 만드는 스틱 이동 신호는 PPM, PWM, PCM 등의 형식으로 변환되어 수신기로 전송된다.
- PPM 신호는 스틱이 이동한 거리를 시작 시점에서 얼마나 떨어져 있느냐를 펄스가 시작점에서 떨어진 위치로 표현한다.
- PWM 신호는 스틱이 이동한 거리를 시작 시점에서 얼마나 떨어져 있느냐를 펄스의 폭으로 표현한다.
- PCM 신호는 스틱이 이동한 거리를 시작 시점에서 얼마나 떨어져 있느냐를 2진수의 코드로 변환하여 표현한다. 신호가 암호와 같이 바뀌므로 보안에 강하다.

연습문제

1. 드론에서 조정신호 변조 방식으로 PCM 방식이 있다. 드론의 어디에서 이 방식이 주로 사용되는가? 이 방식은 어떤 장점이 있는가?

2. 수신기는 조종기가 보내준 (   ) 신호를 접수하여 채널별로 분리하고 (   ) 신호로 변환하는 일을 행한다. 여기서 괄호에 들어갈 신호 변조 방식을 적으시오.

3. 드론에서 사용되는 센서들로는 어떤 것들이 있는가? 운행에 꼭 필요한 센서들을 위주로 나열하고, 그 사용 목적을 설명하시오.

4. 일반 모터에 비해 서보 모터의 특징은 무엇인가?

5. MCU와 저속 주변장치 사이의 통신을 위한 규약의 이름은 무엇인가?

6. 아두이노 UNO 보드에서는 빠른 직렬 통신을 위해서는 소프트웨어 직렬 통신보다는 하드웨어 직렬 통신 포트를 이용한다. 그럼에도 불구하고 소프트웨어 직렬 통신을 이용하는 이유는 무엇인가?

7. 직렬 통신 방법과 병렬 통신 방법의 장, 단점을 비교 설명하시오.

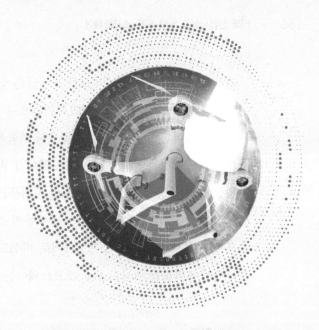

CHAPTER **6**

드론의 SW 계통

컴퓨터가 출현하기 이전의 모든 기계들은 소프트웨어 없이 사용되었다. 자동차와 비행기도 엔진과 조종 장치 등의 하드웨어만으로 제작되었다. 전자 기술의 발전으로 인하여 점차 전자제어 장치들이 기계의 중요한 역할을 수행하게 되었다. 지금은 비행기의 주요 장치들을 제어하는 비행제어 소프트웨어가 비행기의 핵심 장비로 발전하고 있다. 자율주행 기술의 등장으로 소프트웨어 의존 비율은 점점 증가하고 있다. 휴대폰의 핵심 기술이 반도체 등의 하드웨어에서 운영체제 등의 소프트웨어로 바뀌었듯이 항공기의 핵심 기술도 엔진에서 비행제어 소프트웨어로 바뀌고 있다. 휴대폰의 하드웨어 부품들을 모두 외부에서 조달하는 회사도 주요 소프트웨어는 자체에서 만들고 있다.

> **참고**   엔진 제작과 비행기 제작
>
> 비행기를 만드는데 필요한 엔진과 제어장치 등의 모든 하드웨어는 국제 시장에서 얼마든지 구입할 수 있다. 그러나 모든 하드웨어가 준비되어도 비행기의 비행제어 소프트웨어를 만들거나 구입하는 것은 매우 어려운 일이다. 비행기를 설계하고 비행제어 소프트웨어를 만들 능력이 있어야 비행기 제작 회사가 될 수 있다. 세계 시장에서 비행기 제트 엔진을 만들 수 있는 회사는 롤스로이스, GE, P&W 등 3개 회사뿐이다. 비행기를 만드는 회사들은 엔진은 못 만들지만 비행기를 설계하고 비행제어 소프트웨어를 만들 수 있기 때문에 비행기 제작 회사가 될 수 있다. 엔진 제작 회사는 엔진은 만들어도 비행기를 설계하거나 비행제어 소프트웨어를 못 만들기 때문에 비행기 제작 회사가 될 수 없다.

6.1   개요

비행기가 처음 개발되던 1900년 초에는 컴퓨터도 없고 소프트웨어도 없었다. 따라서 비행기 조종 장치들은 하드웨어만으로 연결되어 동작되었다. 엔진, 조종면, 연결 장치 등 모든 조종 관련 장치들이 강철선으로 연결되어 조종사의 팔 힘으로 조종되었다. 제2차 세계대전 이후에 전자기술이 발전하면서 고급 전자장치들이 항공기에 적극적으로 도입되었고 이들 전자장치들의 성능이 항공기 성능을 좌우하였다. 항공기 전자장비에 관한 기술이 발전하여 항공 전자공학(avionics)[1]이라는 전문분야가 출현하였다.

---

1   Avionics: 항공기에 장착하는 전자 장비의 설계, 제작, 설치, 통제 등과 관련된 내용을 다루는 학문.

컴퓨터가 보급되고 항공 전자공학이 발전하면서 소프트웨어가 항공기 제작의 중요한 부문으로 성장하였다. 멀티콥터의 출현은 소프트웨어 없이는 비행할 수 없을 정도로 소프트웨어의 중요성이 부각되었다. 소프트웨어의 성능이 항공기의 성능을 좌우하고 있다. 관련 보도[2]에 의하면 항공기의 소프트웨어 비용이 전체 비용의 40%를 차지하기도 한다.

[그림 6.1]은 1903년에 라이트 형제가 최초로 비행을 했던 비행기이다. 이 비행기는 복엽기로서 날개 위에 4기통 엔진을 달고 라이트 형제가 타고 손과 엉덩이로 조종면들을 움직여서 비행을 했다. 여기에는 아무런 전기 장치도 없이 엔진과 조종면을 움직이는 철사 줄만으로 비행기를 제어했다. 제어 장치가 부실했던 비행기는 제1차 세계대전에서 정찰과 연락용으로 적지 않은 활약을 하면서 발전되었다. 비행기에 각종 전기 제어장치들이 도입된 것은 제2차 세계대전 때이다. 6.25 전쟁 때 사용된 F-86 제트 전투기는 유압식 제어장치로 기동성을 향상하여 비행 성능이 더 우수했던 Mig-15기와 전투를 벌였다.

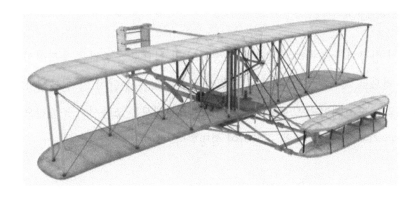

[그림 6.1] 라이트 형제의 플라이어호

[그림 6.2]는 무선으로 조종하는 모형(RC, radio control) 비행기이다. 조종사가 조종기 스틱을 움직이면 수신기가 스로틀(throttle), 보조날개(aileron), 승강타(elevator), 방향타(rudder) 등의 채널별로 조종 신호를 수신하여 조종면을 움직이는 서보 모터들을 직접 조작하였다. 이 비행기들은 소프트웨어가 전혀 없어도 비행이 가능하다. 모형 비행기에 소프트웨어가 있으면 비행에 도움이 되겠지만 꼭 필요한 것은 아니었다. 그러나 멀티콥터는 여러 개의 모터를 개별적으로 구동하는 소프트웨어 없이는 전혀 비행할 수 없게 되었다.

2　The Science Times: https://www.sciencetimes.co.kr/?news

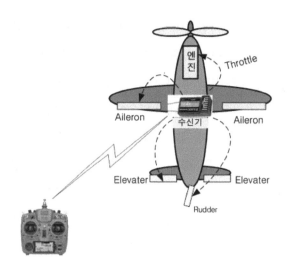

[그림 6.2] 비행제어 소프트웨어가 없는 모형 비행기

6.1.1 비행제어 역사

조종사가 항공기를 조종하는 방법은 조종사의 팔 힘으로 조종간을 움직여서 조종면을
조작하는 것으로 시작하였다. 이후에 조종간을 움직이는 수단이 팔 힘에서 유압장치와
서보 모터와 소프트웨어 등으로 바뀌었다. [그림 6.3]에서는 조종사가 조종간으로 승강타
를 조종하는 기능을 시대적으로 구분하여 설명한다.

⑴ 강선제어(Hard by wire) 방식

항공기 초창기에는 조종간과 조종면을 강선(강철로 만든 철사)으로 연결하였다. 조종
간에서 승강타와 방향타 등의 조종면 경첩(hinge)까지 강선으로 연결하여 조종사가 팔 힘
으로 조종간을 움직였다. 하드웨어를 강선으로 움직였다고 해서 강선제어(hard by wire)
방식이라고 한다. 비행제어에 사용되는 부품은 가는 강선과 도르래, 경첩 등으로 무게가
가볍고 구조가 간단하다. 이 방식은 조종사의 물리적인 팔 힘으로 움직이기 때문에 소형
비행기에 적합하다.

⑵ 유압기제어(Hydraulic by wire) 방식

항공기의 크기와 무게가 커지고 속도가 빨라지면서 조종사의 팔 힘으로 장치들을 조작
하기 힘들게 되었다. 무거운 항공기의 조종간을 움직이기 위해서 유압식 장치들을 도입

하였다. 조종간에서 강선이 유압기에 연결되고 유압기에서 강선이 조종면의 경첩에 연결되었다. 그러나 유압기는 그 자체로도 무게가 무겁기 때문에 소형 비행기에는 사용하지 못하고 큰 비행기에만 사용할 수 있었다.

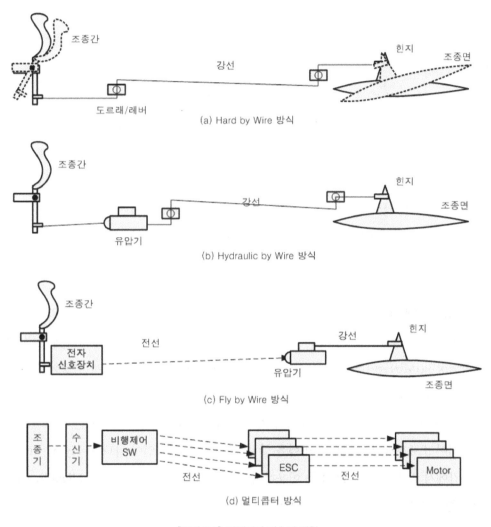

[그림 6.3] 비행제어 기술의 변천

(3) 전기신호제어(Fly by wire) 방식

Fly by wire에서 wire는 조종간에서 조종면까지 연결하여 조종하는 강선이 아니고 전선을 의미하는 것으로 조종간을 움직일 때 발생하는 전기신호를 이용하여 유압기 또는 조종면을 제어하는 것이다. 항공 전자공학의 발전으로 전자 제어장치가 비행제어에 도입되었다. 조종간을 움직이면 전자 제어장치에서 조종 신호를 만들고 이 신호로 유압 밸브를 조절하는 기술을 적용하였다. 유압식 장치들은 무겁지만 안정성의 이유로 인하여 계속 사용되었다. 유압기 대신에 서보 모터를 이용하여 조종면을 제어하는 기술도 이용되고 있다. 전기신호제어 방식을 처음 도입한 것은 F16 전투기였고 민간 항공기에서는 보잉 777이었다.

⑷ 멀티콥터 방식

멀티콥터는 기존 항공기들과 달리 여러 모터들의 속도를 개별적으로 조절하여 비행하는 것이므로 제어해야 할 조종면들이 아예 존재하지 않는다. 따라서 조종면을 움직일 강선이나 유압기 같은 물리적인 장치들이 전혀 필요 없다. 수신기에서 받은 조종 신호를 비행제어기(FC, Flight Controller)에서 각 모터들의 속도를 계산하여 변속기에 전달함으로써 조종면 없이도 드론을 자유자재로 조종할 수 있게 되었다. 따라서 강선과 유압기와 조종면이 사라진 대신 비행제어기 소프트웨어가 중요한 장비로 등장하였다.

항공기의 속도가 빨라지고 크기가 커지면서 비행 제어장치들을 점차 자동화하게 되었다. 항공기 비행제어 장치에 비행 속도를 입력하면 엔진이 그 속도를 유지할 수 있도록 엔진 제어장치가 가동된다. 항공기가 외란의 영향을 받더라도 자이로와 가속도계 등의 관성항법장치(IMU)들이 균형을 유지해준다. 항공기가 목적지로 정확하게 비행하기 위하여 GPS의 지리좌표 지원도 받는다. 복잡해지는 비행제어를 위하여 컴퓨터가 사용되고 컴퓨터를 움직이는 소프트웨어 비중이 점차 증가하게 되었다. 현재 운행되는 항공기들은 비행제어 소프트웨어가 없으면 비행을 할 수 없다고 해도 과언이 아니다. Fly by wire는 조종간에서 발생하는 전기신호를 이용하여 조종면들을 제어하는 것이고, Flight by wire는 비행제어 전체를 컴퓨터 소프트웨어로 제어하는 것이다.

6.1.2 소프트웨어 드론

항공 기계공업이 20세기 초부터 오랫동안 발전해왔기 때문에 항공기를 구성하는 하드웨어 부품들은 매우 견고하고 신뢰도가 높고 안전도를 확신하게 되었다. 전 세계적으로 항공기를 구성하는 하드웨어의 많은 부분이 시장에서 자유롭게 판매되고 있다. 문제는 많은 부품과 제어 장치들을 비행제어 소프트웨어로 통합하는 기술이 비행기 성능의 핵심이라는 점이다. 동일한 엔진과 부품을 사용하더라도 적용하는 비행제어 소프트웨어에 따라서 항공기의 성능이 크게 달라진다. [그림 6.4]는 현대 항공기의 하드웨어와 소프트웨어의 관계를 보여주고 있다.

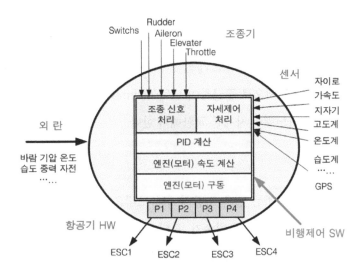

[그림 6.4] 항공기의 하드웨어와 소프트웨어

산업사회가 고도화될수록 하드웨어 비용은 저렴해지고 소프트웨어 비용은 크게 올라간다. 하드웨어는 규격화되어 기계적으로 대량생산이 가능하지만 소프트웨어는 코드화되어서 대량생산이 어렵고 자동화하기 힘들기 때문이다. 소프트웨어 작업에는 인건비 비중이 높아서 가격이 상대적으로 점점 높아지고 있다.

6.2   비행제어 SW

현대 항공기의 핵심은 엔진과 전자장비에 있으며 엔진과 전자장비는 비행제어(FC, Flight Control) 소프트웨어가 제어한다. 비행제어 소프트웨어는 많이 존재하지만 대부분 공개되지 않고 있다. 비행제어 소프트웨어가 공개되지 않는 이유는 군사용은 군사 비밀에 해당하고 민간용은 영업 비밀에 해당하기 때문이다. 그러나 좋은 오픈 소스들이 있어서 일반인들에게 도움을 주고 있다. 오픈 소스 비행제어 소프트웨어를 통하여 비행제어 소프트웨어를 이해하고 독자적인 소프트웨어를 개발할 수 있다.

6.2.1 비행제어 소프트웨어

과거에는 수많은 비행기 부품들을 하드웨어적으로 연결하여 비행기를 제작하였지만 지금은 수많은 부품들을 소프트웨어로 제어하고 있다. 하드웨어로 제어하는 것보다는 소프트웨어로 제어하는 것이 훨씬 경제적으로 저렴하고 기술적으로 유연하게 제어할 수 있다. 하드웨어로 만든 제어기(controller)들은 정밀한 부품들이 많이 들어가서 가격이 고가이고 고장 나기 쉬우며 상위 버전으로 개선하기 힘들다. 전자장비에 들어가는 제어기를 소프트웨어로 만들면 인터넷으로 공급하여 펌웨어(firmware)를 개선(upgrade)할 수 있으나 하드웨어로 만들면 하드웨어 자체를 교환해야 한다.

(1) 비행제어기 역할

비행제어 소프트웨어가 하는 일은 조종기에서 보내온 조종 신호와 각종 센서에서 온 신호를 입력 받아서 비행기 자체의 변속기, 모터, 기체, 배터리 등의 많은 자료를 토대로 가장 적절하게 하드웨어를 구동할 수 있는 출력 정보를 생성하는 일이다. 비행에서 중요한 것은 수많은 비행 정보 입력에서 하드웨어 구동을 위한 출력 정보를 매핑 시키는 프로그램과 데이터베이스이다.

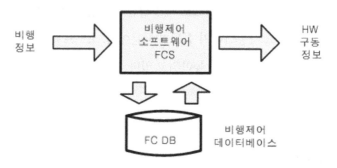

[그림 6.5] 비행제어 소프트웨어 처리

[그림 6.5]와 같이 기체 특성에 맞추어 비행 조건을 입력하면 가장 적절한 출력 정보들을 사상(mapping)시킬 수 있는 데이터베이스와 이들을 연결시켜줄 수 있는 비행제어 소프트웨어가 있어야 한다. 비행제어 소프트웨어가 있다하더라도 비행제어 데이터베이스를 만들려면 수많은 실험을 통하여 자료를 축적해야 한다. 이 데이터베이스를 정교하게 구축하지 못하면 비행기는 위기 상황에 적절하게 대처하기 어렵고, 심하면 사고를 당할

수 있다. 새로운 비행기를 만들려면 거기에 맞는 적합한 비행제어 소프트웨어와 새 항공기에 적합한 비행제어 데이터베이스를 만들어야 하는데 수많은 시행착오를 거쳐야 하므로 적지 않은 인력과 비용과 시간이 소요되는 것이 문제다.

(2) 비행제어기 요구 사양

사용자가 요구하는 비행제어기의 기능은 드론의 용도와 비행 스타일에 따라서 다양하지만 여러 주장을 종합하여 정리하면 다음과 같다.

① 셀프 레벨링 self leveling

드론 스스로 수평 정지 비행을 할 수 있는 능력이다. 조종사가 조종기를 손에서 놓아도 드론이 날고 있던 자리에서 그대로 정지 비행한다. 옆이나 위에서 밀면 원래 있던 자리로 되돌아가는 기능이다.

② 방향 모드 orientation mode

드론의 자세가 어느 방향을 향하고 있더라도 조종기에서 앞으로 가라면 앞으로 가고 옆으로 가라고 하면 옆으로 가는 기능이다. 전방 무시(Headless) 모드라고도 한다.

③ 고도 유지 altitude hold

드론이 지면에서 일정한 높이를 유지하며 정지 비행을 할 수 있는 기능이다. 비행하고 있는 드론에게 조종기의 해당 스위치를 켜면 그 고도에서 정지 비행한다.

④ 위치 유지 position hold

지도를 보고 지리좌표로 위치를 지정해주면 드론이 특정한 위치에서 머물러 있을 수 있는 기능이다. 드론의 지리 좌표를 인식하는 능력이 필요하다.

⑤ 원위치 돌아가기 RTH(Return to Home)

드론이 비행 중에 특정한 위치로 이동하게 하는 기능이다. 비행 중에 필요하면 즉시 출발했던 위치(home)로 되돌아가는 기능이다. 드론이 비행 영역을 벗어나거나 보이지 않을 때 유용하다.

⑥ 경로 비행 waypoint

비행 전에 지도를 보고 여러 개의 지리 좌표를 경로로 입력해두면 드론이 이들 좌표들을 따라서 순서대로 비행하는 기능이다.

⑦ GPS 지원

GPS 위성이 보내주는 신호를 받아서 비행에 활용할 수 있는 기능이다. GPS 기능이 있어야 원위치 돌아가기(RTH)와 경로(waypoint) 비행이 가능하다.

이밖에도 비행기에 주어진 주요 임무를 수행하기 위한 기능들이 추가된다. 예를 들어, 정찰 업무를 수행하는 비행기라면 촬영과 영상 전송 업무가 추가될 것이다.

6.2.2 비행제어 소프트웨어 역사

게임회사 닌텐도[3]는 2005년에 Wii[4]라고 하는 유명한 비디오 게임을 출시하여 선풍적인 인기를 끌었다. Wii의 특징은 Wii 리모컨에 광학 센서와 가속도계를 사용하였는데 후에 자이로를 추가하여 운동하는 게임의 유연성과 역동성을 제공하였다. Wii에 자이로와 가속도계를 추가했던 소프트웨어 개발자가 여기에 사용된 센서와 8비트의 ATmega328 p[5]를 이용하여 작은 비행제어기를 개발하였다. 이 비행제어기를 사용하려면 아두이노 보드에 별도로 자이로와 가속도계를 부착해야 했다. 이 비행제어기가 발전하여 최초의 오픈 소스[6] 비행제어 소프트웨어인 Multiwii로 성장하였다. Multiwii는 자이로와 가속도계는 물론이고 지자기계도 하나의 보드에 연결하고 다양한 센서들을 포함할 수 있도록 하드웨어가 확장되었다. 또한 이들을 지원하도록 소프트웨어도 대폭 확장하였으므로 Multiwii는 널리 사용되었다.

---

3   Nintendo(任天堂): 1889년에 설립된 일본의 게임기 제조업체. 마이크로소프트, 소니, 세가와 경쟁하는 세계 주요 게임기 회사.

4   Wii 게임기: 닌텐도(任天堂)가 2005년 개발. 손에 컨트롤러를 쥐고 팔과 손을 움직여서 테니스, 야구 등의 각종 운동 경기를 즐기는 체험형 게임기.

5   ATmega328p: ATmel(현재는 MicroChip) 회사가 만든 AVR 제품군에 속하는 마이크로프로세서. ATmega328p는 32K 메모리를 사용하며, 처리 단위가 8 비트이고, p는 피코 파워 용이라는 의미이다.

6   pen source: 소프트웨어가 어떻게 만들어졌는지 알 수 있도록 소스코드를 공개한 것을 말한다. 일정한 허가 범위를 지키면 누구나 사용할 수 있고 누구나 자유롭게 갱신하고 배포할 수 있다.

Multiwii는 많은 사람들의 호응을 얻었으나 여러 센서들을 연결해야 하는 불편함이 있었다. 어떤 개발자들이 가속도계, 자이로, 지자기계, 기압계 등과 같은 센서들을 Naze32, CRIUS 등과 같은 보드에 하나로 통합하여 편리하게 만들었다. 그러나 비행제어기 소프트웨어의 성능이 점차 강화되면서 처리 속도에 문제가 발생한다. 8비트 ATmega328p로는 처리 속도에 한계가 있어서 다양한 기능과 센서들을 수용하기 어렵고 신속하게 처리하기도 어렵다. 어떤 개발자가 Multiwii 소스 코드를 STM32[7] 처리기에 올리고 이름을 BaseFlight라고 발표하였다.

BaseFlight는 STM32에서 잘 동작하지만 Naze32[8] 보드에서만 동작하였으며 Multiwii를 수정하는 과정에서 코드가 복잡하고 조직화되지 못하였다. Multiwii 커뮤니티에서 논란이 일었고 다시 코드를 수정하여 다른 제조업체의 보드에서도 잘 수행되도록 이식성 문제를 해결하고 다른 부분도 보완하여 CleanFlight를 발표하였다. CleanFlight는 FPV 레이싱 드론 부문에서 많은 호응을 얻었다. 한편 CleanFlight에서 자이로 동기화 문제를 개선하여 BetaFlight가 출현하였고 레이싱 드론의 강자가 되었다. 여기에 전용 비행제어기를 만들고 유료 체제로 바꾼 RaceFlight가 출현하였고, 여기에 완성도를 향상하고 자유로운 비행 스타일을 지원하는 KiSS가 출현하였다. Flyduino의 KiSS는 작은 크기의 드론에 적합한 것으로 하드웨어와 소프트웨어가 모두 한 회사에서 제작된 것이다. BetaFlight에서 GPS를 활용하고 자동 비행 능력을 추가하여 iNavpls가 출현하였다.

Multiwii는 이상과 같이 비행제어 소프트웨어 발전에 많은 영향을 주었으며 다양한 FC 가족들을(family) 양산하였다. 오픈 소스 비행제어 소프트웨어의 대표적인 것은 [그림 6.6]과 같이 Multiwii, Arducopter, OpenPilot 등이 있고, 제3계열로 KK2, Paparazzi, CrazyFile 등이 있다. 이들 중에서 가장 쉽게 얻을 수 있고, 이해하기 쉽고, 활용하기 쉬운 것이 Multiwii였다.

(1) Multiwii

Multiwii는 확장된 Wii Motion Plus[9]와 8비트 아두이노 pro 미니 계열(ATmega328p) 보

---

7   STM32: 32비트 ARM 프로세서를 사용하는 칩. 4가지 종류의 F1, F2, F3, F7 처리기가 있다. F 번호가 클수록 처리 속도가 빠르다.
8   Naze32: 72MHz에서 작동하는 32 비트 STM32 프로세서를 기반으로 한 소형 비행제어기.
9   Wii Motion Plus: 닌텐도의 게임기 Wii 리모컨에 부착된 자이로 기능.

드를 사용하는 비행제어 소프트웨어다. 아두이노 처리 속도(16MHz)에 한계가 있으나 [그림 6.7]과 같이 많은 가족들을 양산하였다. 성능이 좋은 비행제어 소프트웨어가 많이 나와서 지금은 사용자가 많지 않으나 Multiwii는 8 비트임에도 불구하고 계속 사용되고 있다. 특징은 다양하고 많은 종류의 센서와 하드웨어 장치들을 연결할 수 있다는 점이다.

(2) Arducopter

Arducopter는 모든 기능이 갖추어진 비행제어 소프트웨어로서 이 코드를 사용하는 비행제어기는 3DRobotics사의 APM과 Pixhawk이다. 지상 차량과 잠수함, 고정익 항공기, 멀티콥터 등을 모두 지원하므로 다양성이 우수하다.

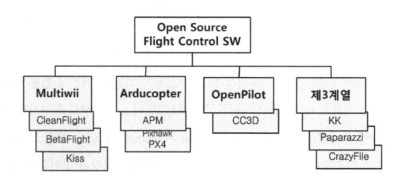

[그림 6.6] 주요 오픈 소스 비행제어 SW

① ArduPilot APM

ArduPilot APM은 GPS 및 자율 비행 (RTH 및 기타 기능 포함)을 지원하는 초보 비행제어기다. 원격 측정 및 비행 기록도 지원한다. 지자기계와 기압계 등 중요한 센서들을 포함한다. 3DR Pixhawk 이전 제품으로는 최고의 비행제어기였다. 문제는 Pixhawk 이후에는 거의 지원하지 않고 있다. 처리기가 아두이노 Mega2560 8 비트 16MHz이므로 비행 성능에 제한이 있으며 PID 튜닝이 오래 걸릴 수 있다.

② Pixhawk

STM32 180MHz 처리기의 NuttX OS[10]에서 실행되는 PX4는 Pixhawk의 오픈 소스 비

---

10 NuttX OS: ARM에서 실행되는 소형 실시간 운영체제(RTOS, Real Time Operating System).

행제어 소프트웨어이다. Pixhawk은 자동 비행(AutoPilot)을 수행하는 최고 비행제어기 중 하나이다. 모든 종류의 센서를 지원하며 원격 측정 기능을 제공한다. 통합 멀티-스레드 (multi-thread)를 지원하며 32 비트이므로 처리 속도에 여유가 있다. 소프트웨어 설치가 용이하고 차량, 선박, 고정익, 멀티콥터 등을 지원하며 백업 시스템이 있다. 기존 APM 사용자들은 같은 계열이므로 쉽게 사용할 수 있다. Pixhawk의 미니 버전으로 PixFalcon, PixMini 등이 있다.

DJI의 NAZA, Woogong과 같은 비행제어 소프트웨어는 인기가 높지만 소스 코드가 공개되지 않아서 어떤 방법으로든 수정할 수가 없다. 따라서 DJI가 코드를 개정하지 않으면 확장성이나 추가 기능은 있을 수가 없다.

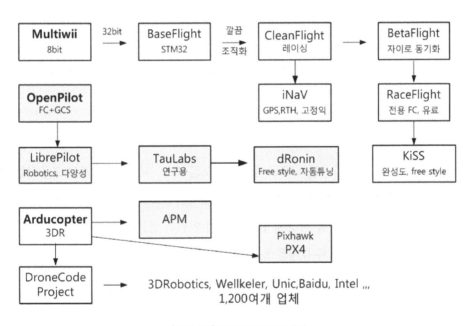

[그림 6.7] 비행제어 SW 발전사

(3) OpenPilot

2009년에 설립된 OpenPilot는 고정익 항공기와 멀티콥터를 모두 지원한다. 소스 코드는 드론용과 지상제어국(GCS, Ground Control Station)용의 두 가지로 구성하고 비행하는 드론을 관측하고 제어한다. 최초로 32비트 STM32 보드를 사용하였으며 자이로, 가속도계, 지자기계 등을 포함한다. OpenPilot에서 다양한 하드웨어를 포함하도록 확장시킨

LibrePilot이 출현하였고, 쉽게 설정하도록 개선하고 취미용을 떠나서 연구용으로 발전시
킨 Taulabs가 출현하였고, 자유로운 스타일의 비행을 지원하고 자동으로 튜닝까지 지원
하는 dRonin이 출현하였다. OpenPilot 제품인 CC3D는 처리 속도가 72MHz인 F1급의 대
표적인 OpenPilot 비행제어기이다. OpenPilot은 Naze32 출현에 큰 영향을 주었다.

(4) 제3계열

제3 계열은 Multiwii나 Arducopter처럼 광범위하게 영향을 주지는 못하였지만 꾸준하
게 영향력을 유지하고 있는 비행제어 소프트웨어들이다.

① KK2

KK2 보드는 고급 기능들이 제공되지 않아서 성능이 좋지 않을 수 있다. 그러나 설치가
쉽고 거의 모든 비행 구성 (quadcopter, hexacopter, octocopter, tricopter, fixed wing 등)을
지원하는 장점이 있다. KK2의 특징은 온 보드 스크린(on board screen)이 있어서 컴퓨터
를 사용하지 않고도 비행 현장에서도 보드에서 PID 등 각종 변수들을 재설정하고 시험할
수 있다.

② Paparazzi

Paparazzi는 GPLv2[11] 라이센스 프로젝트로서 오픈 소스 차량을 제작하고 조종하는 데
필요한 소프트웨어와 하드웨어를 모두 결합한 비행제어 소프트웨어이다. 주요 특징은 자
율 비행이며, 운전자가 장비를 현장에 쉽게 가져와 일련의 경로비행(waypoint)을 통해 비
행을 프로그래밍 할 수 있도록 휴대용으로 설계되었다.

③ CrazyFile

Crazyfile는 27그램의 무게와 손바닥 크기의 멀티콥터를 지원하는 초소형 비행제어 소
프트웨어이다. 펌웨어는 C++로 작성되었으며 FreeRTOS[12]를 기반으로 한다. 스마트폰을
조종기로 이용하고 블루투스 통신으로 드론을 조종한다.

---

11 GPLv2(General Public License version 2): 자유 소프트웨어 재단에서 만든 자유 소프트웨어 라이
    선스. 대표적으로 리눅스 커널이 이용하는 사용 허가이다. GPL은 가장 널리 알려진 강한 카피레프
    트 사용 허가이다.
12 FreeRTOS: 35 개의 마이크로 컨트롤러 플랫폼으로 이식된 임베디드 장치용 실시간 운영 체제 커널.

6.3　Multiwii

비행제어 프로그램을 처음 시작하는 사람들에게 Multiwii가 가장 쉽게 접근하고 사용할 수 있는 프로그램이다. 드론 조립이 끝났으면 비행제어 프로그램을 설치하고 튜닝하고 비행을 해야 한다. Multiwii의 기본 구조와 개념을 이해하는 것은 많은 비행제어 프로그램들을 이해할 수 있는 단초가 된다. PC의 아두이노 IDE에서 Multiwii 프로그램을 설정하고 아두이노에 업로드하는 방법과 프로그램 구조를 소개한다.

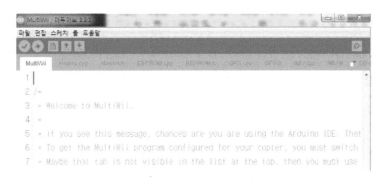

[그림 6.8] Multiwii 초기 스케치 화면

6.3.1 Multiwii 내려받기와 기본 구조

Multiwii를 사용하기 위해서는 PC에 아두이노 환경을 구축하고 Multiwii를 설치해야 한다. 아두이노를 내려받기 위해서는 아두이노 사이트(https://www.arduino.cc/)에 들어가서 Software 탭의 Download 버튼을 눌러서 아두이노 스케치 IDE를 내려 받는다. Multiwii를 내려받기 위해서는 Multiwii 사이트(https://code.google.com/archive/p/multiwii/)에 들어가서 Download 표시 아래에 있는 많은 버전들 중에서 원하는 것을 내려 받을 수 있다. Multiwii_2.4가 가장 최신 버전이므로 이것을 내려 받는다. 내려받은 압축 파일을 풀면 Multiwii_2.4 디렉토리 안에 Multiwii 폴더와 MultiwiiConf 폴더가 보인다. Multiwii 폴더는 PC에 올려서 사용할 비행제어 프로그램이고 MultiwiiConf 폴더는 비행제어 프로그램의 실행 상태를 그림으로 보여주는 그래픽 도구이다.

Multiwii 폴더에 들어가면 27개의 파일이 있으며 그 중에서 Multiwii.ino 파일을 클릭하면 [그림 6.8]처럼 Multiwii 프로그램이 실행된다. 초기 스케치 화면의 멀티탭에는 주요 프로그램들과 헤더 파일들이 표시된다. Multiwii의 주요 프로그램들과 헤더 파일의 구조는 [그림 6.9]와 같다. 이 그림을 보면 비행제어 프로그램의 주요 기능을 대체적으로 파악할 수 있다.

Multiwii 주요 .cpp 프로그램들의 기능을 다음과 같이 간단하게 설명한다.

① ALARM

쿼드콥터에 이상이 발생했을 때 부저 등을 이용하여 경고음을 발생하는 기능을 담당하는 코드이다. 배터리 저전압이나 GPS 신호를 잃었을 때 경고음을 울리게 된다.

② EEPROM

MultiwiiConf GUI에서 설정한 값 (P, D, I factor 등)을 EEPROM에 저장했다가 사용하는 기능을 담당하는 코드이다. 아두이노 보드에 있는 EEPROM 메모리를 이용한다. 아두이노 UNO의 경우에 1k bytes 크기이므로 중요한 정보만 수록한다.

③ GPS

파일 이름 그대로 GPS 수신기 데이터를 가져와 위치, 속도 등을 계산하는 기능을 담당하는 코드이다.

④ IMU

기체의 비행 자세와 균형을 맞추고 비행 제어를 담당하는 코드이다. PID 제어 부분이 여기에 있다. Multiwii의 핵심코드라고 말할 수 있다.

⑤ LCD

LCD에 정보를 표시하는 기능을 담당하는 코드이다. I2C 방식의 LCD를 지원한다. 비행제어 프로그램이 파악할 수 있는 중요한 정보를 확인할 수 있다.

⑥ Multiwii

Multiwii를 구성하고 있는 여러 기능들을 호출하여 실행하는 코드이다. Multiwii의 OS와 같은 중심 코드라고 말할 수 있다.

⑦ OUTPUT

모터 속도를 제어하는 코드이다. 모터를 제어하는 PWM 출력 핀을 바꾸려면 이 코드를 변경해야 한다.

⑧ PROTOCOL

Multiwii와 MultiwiiConf GUI 사이의 통신을 담당하는 코드이다. Multiwii와 MultiwiiConf는 같은 포트를 사용한다.

⑨ RX

RC 수신기 입력을 처리하는 코드이다. 블루투스 수신기를 사용하려면 이 코드를 변경해야 한다.

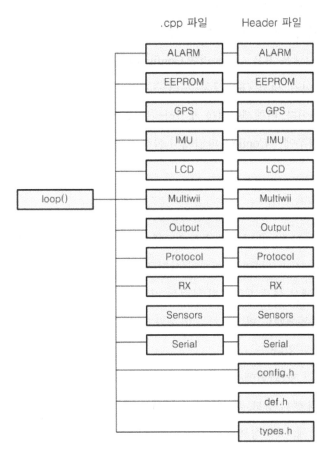

[그림 6.9] Multiwii 주요 프로그램과 헤더 파일

⑩ SENSORS

가속도 센서, 자이로 센서 등으로 부터 자료를 가져와 Yaw, Roll, Pitch 등을 계산하는 기능을 담당하는 코드이다.

⑪ SERIAL

MCU 보드의 시리얼 포트를 이용해서 시리얼 통신을 담당하는 코드이다.

⑫ Config.h

Multiwii 프로그램의 기본적인 환경을 설정하는 코드이다. 보통은 config.h 파일의 설정 값들을 만들고자 하는 멀티콥터에 맞게 설정하면 나머지 코드의 기능들은 알아서 연결된다.

Multiwii 프로그램을 개선하여 자신이 원하는 기능을 반영하기 위해서는 앞에 있는 이들 .cpp 프로그램들을 충분히 읽고, 이해하고, 수정해야 한다.

Multiwii 프로그램을 처음 사용하려면 Config.h 파일을 수정해야 한다. 드론의 형태, 사용하려는 비행제어기, 센서, GPS 장치, 모터 초기화 작업 등을 모두 Config.h 파일에서 결정해야 하기 때문이다. 비행제어기를 개선하려면 .cpp 파일들을 수정해야 하지만 단순하게 비행만 하는 경우에는 Config.h 파일에서 설정 값들만 변경하면 된다.

6.3.2 MultiwiiConf

MultiwiiConf는 Multiwii 비행제어 프로그램이 제어하고 있는 드론의 상태를 그림으로 알기 쉽게 보여주고 필요하면 비행제어 설정을 수정해주는 기능을 제공하는 도구이다. 다른 비행제어기에서 쉽게 제공하지 못하는 기능이므로 초보자들에게는 매우 유용하다. 물론 드론 경험자들에게도 편리하기는 마찬가지이다. MultiwiiConf는 다음과 같이 두 개의 화면을 제공하고 있다.

[그림 6.10](a)의 제1화면에서는 PC와 연결되는 포트 정보, PID 정보, 가속도계, 자이로, 지자기계 등의 센서 정보, 각 센서가 측정하고 있는 정보의 변화, 드론의 형태, 조종기 정보, 비행기의 자세, GPS 정보 등을 보여주고 있다. 이들 중에서 PID 정보는 이 화면으로 갱신할 수 있다. 이들 정보는 아두이노 보드의 EEPROM에 저장되므로 다시 로드하여 사용할 수 있다. 가속도계와 지자기계 센서를 초기화할 수 있는 버튼들이 있다.

조종기와 수신기를 드론에 연결하면 제1화면 오른쪽 상단에 조종기 스틱의 값들이 표시된다. 조종기 방향타 스틱과 스로틀 스틱을 밀어서 모터를 구동하면(arming) 4개 모터의 회전수가 올라가는 것을 그림으로 보여준다.

[그림 6.10](b)의 제2화면은 제1화면에서 못 보여주는 정보들을 추가적으로 보여준다. 예를 들어, Config.h에서 설정하는 MINTHROTTLE, MAXTHROTTLE, MINCOMMAND 등을 보여주고 재설정할 수 있다.

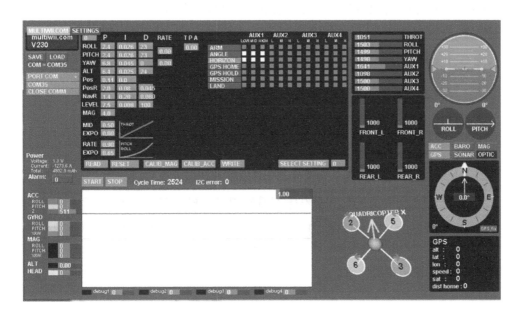

(a) MultiwiiConf 제1화면

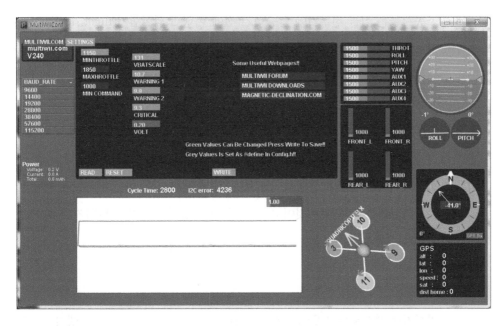

(b) MultiwiiConf 제2화면

[그림 6.10] MultiwiiConf의 두 화면

6.4 모의실험 SW

모의실험(simulation)은 가상적인 환경에서 실제와 유사하게 수행하는 실험이다. 처음 시도하는 과제를 수행하거나 실제로 실험을 하면 많은 비용과 시간과 위험이 예상되는 경우에 모의실험을 수행한다. 큰 건축물을 짓기 전에 모델하우스를 수십 분의 일로 축소하여 짓거나 화학공장을 건설하기 전에 작은 규모의 생산시설을 만들어서 실험하는 것도 일종의 모의실험이다. 더 넓은 의미에서는 $y = ax^2 + bx + c$ 과 같은 방정식도 실제를 반영하는 가상적인 수식이므로 모의실험에 속한다.

컴퓨터 보급 이전에는 물리적이거나 화학적인 모의실험을 수행했으나 컴퓨터 이후에는 소프트웨어를 이용하여 컴퓨터에서 소프트웨어 모의실험을 먼저 수행하고 나중에 하드웨어 모의실험을 수행한다. 자동차를 설계할 때 컴퓨터 소프트웨어로 충돌 시험을 하고 통과되면 다시 인간과 유사한 강도의 인형을 만들어서 물리적으로 충돌 시험을 하는 것과 같다.

6.4.1 모의실험

전투기 조종사들은 실물 전투기에 탑승하기 전에 비행 모의실험기(flight simulator)에 탑승하여 여러 가지 전투 환경에서 시험 비행과 전투 비행을 훈련한다. 비행 모의실험기 시험을 통과해야 비로소 실물 전투기에 탑승하여 훈련을 받는다. 전투는 생명을 좌우하고, 장비 가격이 고가이기 때문에 전투에 관련된 전투기, 헬리콥터, 전차 등의 전투 장비들은 실물과 유사한 모의 실험기에서 훈련을 받는다. 모의 실험기에서 훈련받은 사람들이 전투에 투입되어야 생존 확률이 증가한다고 한다.

컴퓨터 소프트웨어를 이용한 모의실험도 두 가지 형태가 있다. 하나는 새로운 제품 개발과정에서 모의실험을 수행하는 것이고, 다른 하나는 장비 사용을 숙달하기 위하여 반복적으로 훈련하는 모의실험이다.

(1) 개발을 위한 모의실험

새로운 비행기를 제작하는 경우에는 설계를 완료한 다음에 실물 크기의 비행기를 제작하기 전에 수십 분의 일 크기의 비행기를 제작한다. 축소 제작된 비행기로 시험 비행을 수행한다. 시험 비행에서 나타나는 문제점들을 취합하고 다시 문제점들을 해결한 다음에 설계를 수정하여 제작하고 다시 시험 비행하기를 반복한다. 이 과정에서 모든 예상 문제들이 해결되면 실물 크기의 비행기를 제작하고 다시 시험 비행을 계속한다.

에어버스 회사는 A380 여객기를 개발하는 과정에서도 수십 분의 일 크기의 모형 비행기를 제작하여 시험 비행하면서 다양한 실험을 수행하였다. 실험 과정에서 많은 설계 변경이 있었다. 아울러 모의 실험기를 만들어 가면서 시험 비행 조종사들을 훈련 시켰다. 시험 비행사들은 모의실험기가 완성되어 모의실험 훈련이 완료된 다음에 실물 A380를 타고 실제로 시험 비행을 수행하였다.

(2) 비행을 위한 모의실험

드론을 조종하려는 사람들은 원하는 드론을 조종하는 시뮬레이션 프로그램을 이용하여 모의 비행 훈련을 수행한다. 시중에서 판매하고 있는 Reflex, Phoenix, FMS, Real Flight 등의 모의실험 프로그램을 구입하고 원하는 비행기 모델을 선정하여 프로그램이 안내하는 대로 비행 훈련을 할 수 있다. 시뮬레이션 프로그램으로 연습하지 않고 직접 비행기로 연습하면 드론을 추락시켜서 비용 손실이 생길 뿐만 아니라 비행 자체를 포기할 정도로 기분까지 나빠진다. 드론 비행이 목적이 아니고 제작만 하려는 사람도 시뮬레이션 연습이 필요하다. 제작과정에서 드론의 비행 성능을 확인하려면 최소한의 정지 비행 (hovering)과 시험 비행을 할 수 있어야 하기 때문이다.

6.4.2 비행을 위한 모의실험 제품

비행을 목적으로 하는 모의실험 제품들은 많이 있으나 이들 중에서 가격이 저렴하고 다양한 비행기들을 체험할 수 있는 제품 중의 하나로 예를 들어, Phoenix가 있다. Phoenix 조종기를 구입하면 동봉된 CD에 Phoenix 설치 프로그램이 들어있다. 이것을 컴퓨터에 설치하고 조종기에 연결된 USB를 연결하고 프로그램을 실행하면 [그림 6.11]과 같은 화면이 모니터에 출력된다.

조종기를 Phoenix에 연결하고 처음 사용하는 경우에는 조종기를 모의실험 소프트웨어와 연결하는 초기화 작업을 수행해야 한다. 메인 메뉴의 좌측 상단에 "Setup new transmitter"를 누르고 지시대로 절차를 따르면 조종기가 프로그램에 연결된다. 만약 조종했을 때 연결이 미흡하면 Model 메뉴에서 Edit를 눌러서 필요한 부분만 수정하면 된다. 다른 시뮬레이션 프로그램들도 설치하고 초기화하는 절차는 내용상 유사하다. Model 메뉴에서 Change를 누르면 비행기 종류를 원하는 것으로 선택할 수 있다. 비행장을 바꾸고 싶으면 Flying site 메뉴에서 비행장을 확인하고 선택하면 된다. Training 메뉴에서는 호버링만 연습할 수도 있고, 착륙만 연습할 수도 있다. 메뉴에 있는 종류대로 다양한 연습을 수행할 수 있다.

[그림 6.11] Phoenix 초기 화면

6.4.3 비행 연습

Reflex, Real Flight, FMS 등은 크게 보면 거의 비슷한 환경에서 비슷한 종류의 비행기들을 선택하여 다양한 비행 과정을 훈련할 수 있다. 비행을 훈련하는 과정과 절차는 다음과 같다.

(1) 정지 비행: 호버링

고정익 비행기는 계속 전진하기 때문에 정비 비행(hovering)을 할 수 없으나 헬리콥터와 멀티콥터에서는 정지 비행이 매우 중요한 기능이다. 정지 비행은 드론이 공중에서 전,

후, 상, 하, 좌, 우 어느 방향으로도 움직이지 않고 떠있는 비행 상태이다. 지면 효과를 방지하기 위하여 지상에서 약 2미터 정도의 높이에서 드론을 고정시킨다. 이것이 가능하도록 눈과 손가락을 기민하게 익혀야 한다.

드론의 뒷면을 보면서 정지 비행하는 것이 후면 호버링이다. 후면 호버링은 드론의 앞 방향과 조종사의 앞 방향이 같으므로 가장 쉬운 호버링이다. 후면 호버링에 자신이 붙으면 좌 또는 우로 90° 돌려서 측면 호버링을 연습한다. 후면 호버링과 왼쪽 및 오른쪽 측면 호버링에 자신이 붙으면 정면 호버링을 연습한다. 정면 호버링이란 드론의 정면을 내 눈으로 보면서 정지 비행하는 것이므로 드론의 앞 방향과 조종사의 앞 방향은 정반대이다.

(2) 직선 비행

후면, 왼쪽 측면, 오른쪽 측면, 정면 호버링 등 모든 호버링에 자신이 붙으면 호버링한 상태에서 드론을 앞으로 10미터 전진했다가 다시 원위치로 오게 하는 이동 비행을 연습한다. 돌아올 때 후면으로 돌아올 수도 있고 정면으로 돌아올 수도 있다. [그림 6.12]는 직선 비행을 위한 순서이다. 처음에는 후면 호버링을 하다가 전진했다가 후면으로 돌아온다. 다음에는 후면으로 갔다가 돌아올 때는 드론을 180° 돌려서 정면을 보면서 돌아오게 한다. 다음에는 왼쪽 측면 호버링을 하다가 앞으로 전진했다가 180° 돌아서 오른쪽으로 비행하다가 다시 180° 돌아서 원위치로 와서 정지 호버링을 한다. 다음에는 오른쪽 호버링을 하다가 오른쪽으로 전진하다가 180° 돌아서 전진하다가 다시 180° 돌아서 원위치에 와서 정지한다.

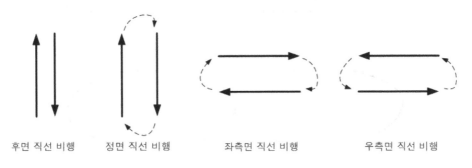

| 후면 직선 비행 | 정면 직선 비행 | 좌측면 직선 비행 | 우측면 직선 비행 |

[그림 6.12] 직선 비행 연습

일직선 비행이 잘 되면 삼각형을 그리는 삼각 비행을 연습한다. 삼각 비행이 잘되면 사각형을 그리는 사각비행을 연습한다.

(3) 곡선 비행

직선 비행에 자신이 붙으면 조종사 자신의 주위를 타원을 그리면서 도는 곡선 비행을 연습한다. 그 다음에는 [그림 6.13]과 같이 두 개의 타원을 연결하는 8자 비행을 연습한다.

(4) 배면 비행

드론의 위아래를 뒤집어서 비행하는 연습이다. 처음에는 왼쪽과 오른쪽으로 비행하다 가 숙달되면 배면으로 8자 비행을 연습한다.

(5) 곡예 비행

호버링에서 시작해서 배면 비행까지 자신이 붙으면 곡예비행을 연습할 수 있다. 곡예 비행은 공중에서 비행기를 위아래로 한 바퀴 돌리는 루프(loop) 비행과 수직으로 올라가 서 수직으로 내려오는 스톨 턴(stall turn) 비행 등이 있다.

중요한 것은 시뮬레이션 비행에 자신이 붙어야 실제 드론을 가지고 비행장에 가서 연 습했던 비행을 해야 한다는 점이다. 시뮬레이션으로 연습하지 않았던 비행 연습을 시도 하면 사고가 나기 쉽다.

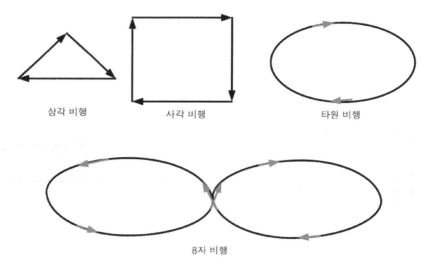

[그림 6.13] 비행 연습을 위한 순서

📖 **참고**   전투기의 역사

전쟁터에서 처음에 비행기를 사용한 목적은 주로 정찰과 연락이었으나 적군 비행기의 정찰과 연락을 막기 위하여 노력하는 과정에서 전투기로 발전하였다. 전투기란 공격을 목적으로 사용되는 군용기이다. 제트기가 출현한 것은 제2차 세계대전이었으나 전투기 역할을 본격적으로 수행하기 시작한 것은 제2차 세계대전 이후이다. 따라서 전투기의 역사는 제2차 세계대전 후 제트기부터 시작된다.

■ 제1세대 전투기

제1세대 전투기의 특징은 제트 엔진과 기관총이다. 제2차 세계대전 이후부터 한국전쟁과 1950년대 중반까지이다. 제트 엔진에 기관총으로 무장을 하고 육안으로 공중전을 벌였다. 한국전쟁에서 공중전을 치른 소련의 MIG-15와 미국의 F-86이 대표적이다. 속도가 아직은 초음속에 이르지 못했다.

■ 제2세대 전투기

제2세대 전투기의 특징은 초음속과 레이더 사격통제장치와 단거리 공대공 미사일이다. 1950년대 중반부터 1960년대 초에 등장한 전투기이다. 터보제트 엔진을 장착하며 마하 1.2에서 2.2에 이르는 초음속이며 거리 측정용 레이더가 있는 전천후 전투기이다. 대표적으로 Mig-19, Mig-21, F-104, F-105, F-106, Mirage-III 등이 있다. 1960년대에 베트남 전쟁과 인도-파키스탄 전쟁에 사용되었다.

■ 제3세대 전투기

제3세대 전투기의 특징은 관성항법장치이다. 1960년대 초부터 1970년대 초에 등장한 초기의 다목적 초음속(음속의 2배 이상) 전투기이다. 레이더 유도 방식의 미사일을 탑재하여 시계 밖 교전 능력을 갖춘다. 공중급유기를 이용한 장거리 비행이 가능하다. F-4, F-5, Mig-23, Mig-25, Su-15, Su-21, F-111, Mirage-F1 등이 대표적이다. 1960년대 후반에서 1970년대 중반 베트남 전쟁에 사용되었다.

■ 제4세대 전투기

제4세대 전투기의 특징은 위성항법장치이다. 1970년대 초반부터 1990년대까지이다. 완전한 시계 밖 교전 능력과 전천후 다목적 성능을 갖추었다. 레이더로 지상의 모습을 조종석 화면으로 볼 수 있다. Fly-by-Wire 시스템 장착. 대표적으로 F-14, F-15, F-16, F-18, Mig-29, Mig-31, Su-27, Mirage2000 등이 있다. 컴퓨터가 제어하고 중거리 미사일 공격이 가능하고, AESA[13] 레이더로 여러 목표를 동시에 타격 가능하다. 이들 가운데 미국 F-18E/F, 프랑스 Rafale, 유럽의 Eurofighter 등을 4.5세대로 호칭한다.

■ 제5세대 전투기

제5세대 전투기의 특징은 스텔스 기능과 통합된 항공 전자장비이다. 2000년 이후의 전투기들이다. 추력 방향 제어 기술로 저속에서도 급선회가 가능한 기동성이 있다. 미국의 F-22와 F-35, 러시아의 PAK FA, 중국의 J-XX 등이 있다. 그러나 진정한 의미의 제5세대 전투기는 F-22와 F-35뿐이다.

---

13 AESA(Active Electronically Scanned Array): 레이시온사가 개발한 능동 전자주사식 위상배열 레이더이다. 기계식과 달리 송신부와 수신부가 통합 모듈 형태로 전반부에 고정되어 있다. 고성능으로 회전하지 않아도 되며 다른 레이더 전파를 추적하는 능력이 뛰어나고 역탐지가 되지 않는다. 고고도 요격미사일 THAAD의 레이다도 AESA 레이더의 일종이다.

> ★☆ **참고**   전투기의 역사
>
> ■ 제6세대 전투기: 차세대 전투기
> 스텔스 능력을 포함해 고성능 레이더, 센서 통합능력, 고효율 소형엔진, 인공지능과 무인기 원격제어능력 등이
> 다. 실체가 정확하게 밝혀진 것은 아니지만 미국은 2030년 중국은 2035년 실전 배치를 목표로 추진 중이다.
> 전투기 1대가 여러 대의 무인 전투기들을 앞세우고 전투할 수도 있고, 무인 전투기 편대가 전투할 수도 있다.

요약

- 초창기 항공기는 조종사가 팔 힘으로 조종간을 움직이고 조종간에서 강선으로 연결된 조종면을 움직여서 항공기를 조종하였다. 항공기가 커지자 팔 힘이 부족하여 유압기를 도입하였고, 항공 전자장비들이 도입되어 조종사를 도와주었고 이제는 비행제어기 소프트웨어가 항공기를 제어하고 있다.

- 모형 비행기는 조종 신호를 수신기가 받아서 직접 조종면의 서보 모터를 구동하였으므로 비행제어 소프트웨어가 없었다.

- 멀티콥터는 비행제어 소프트웨어가 없으면 조종할 수 없다. 그 이유는 조종기 스틱으로 모든 모터들을 개별적으로 조종할 수 없기 때문이다. 멀티콥터에는 조종면들이 없으므로 모터들의 속도를 개별적으로 조절해야 하기 때문이다.

- 비행제어 소프트웨어는 조종 장치들을 제어하여 비행기를 운전하는 프로그램이다.

- 비행제어 소프트웨어가 하는 일은 조종기와 센서들에서 오는 입력 신호와 엔진(모터)들을 구동하는 출력 신호를 매핑하는 일이다.

- 항공기의 핵심 기술은 엔진에서 엔진을 조종하는 비행제어 소프트웨어로 옮겨가고 있다.

- 비행제어 소프트웨어는 군용과 민수용으로 구분되지만 대부분 오픈 소스가 아니다.

- 대표적인 오픈 소스 비행제어 소프트웨어는 Multiwii, Arducopter, OpenPilot 그리고 제3계열 제품들이다. 제3계열 제품들은 KK2, Paparazzi, CrazyFile 등이 있다.

- Multiwii는 오픈 소스 비행제어 소프트웨어로서 사용자들이 쉽게 접근하고 사용할 수 있다. 특히 MultiwiiConf라고 하는 그래픽 도구를 통하여 드론의 상태를 확인하고 비행제어기 설정 값들을 수정할 수도 있는 도구이다.
- 모의실험 프로그램은 컴퓨터 공간에서 가상적으로 수행하는 모의실험과 물리적으로 작은 규모의 실물을 만들어서 수행하는 모의실험이 있다.
- 모의실험 프로그램은 항공기 제작을 위한 모의실험과 비행 숙달을 익히는 모의실험이 있다.
- 비행기 모의실험 프로그램으로 충분히 비행을 숙달한 다음에 실물 비행기를 조종해야 한다.
- 드론 비행에서 우선적으로 중요한 것은 호버링(정지 비행)이다. 후면 호버링을 먼저 연습하고 정면 호버링을 연습한다. 호버링이 잘 되면 이동하는 비행을 연습한다.

연습문제

1. 비행 자세 제어를 사람이 직접 하지 않고 컴퓨터와 소프트웨어가 대신해 주는 가장 큰 이유는 무엇이라고 생각하는가? 멀티콥터를 예를 들어 설명하시오.

2. 우리가 Multiwiii와 같은 오픈 소스 비행제어 소프트웨어를 사용하는 이유는 무엇인가?

3. 호버링이란 무엇인가? 자동 호버링 기능이 없는 멀티콥터에서 자동 호버링을 하기 위해서는 드론에 어떠한 센서 또는 장치 및 소프트웨어 들이 필요할지 생각해서 이를 나열하고 이유를 설명하시오.

4. 드론을 비행할 때 호버링이 왜 중요한지 설명하시오.

5. 멀티콥터가 출현하면서 드론이 널리 보급되기 시작하였다. 갑자기 드론이 활성화된 이유는 무엇인가?

6. 드론을 제작하는데 가장 핵심적인 기술을 3가지만 중요한 순서대로 기술하시오.

7. 드론에서 모의실험 프로그램의 필요성을 설명하시오.

8. 비행제어 소프트웨어의 최신 경향을 설명하시오.

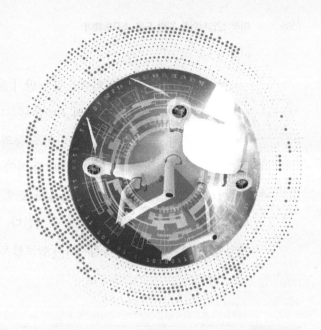

C H A P T E R **7**

관성측정장치(IMU)

관성(inertia)이란 물체가 외부의 힘을 받지 않을 때 자신의 운동 상태를 지속하려는 성질이다. 모든 물체는 관성의 법칙[1]의 지배를 받는다. 관성측정장치(IMU, Inertial Measurement Unit)는 물체의 속도, 방향, 중력, 가속도 등의 관성을 측정하는 장치이다. 관성측정장치는 드론이 이동하거나 회전할 때 상태를 파악하거나 자세를 회복할 때 필요하다. 관성측정장치란 자이로, 가속도계, 지자기계, 고도계, 온도계 등의 센서(sensor)로서 이들을 이용하여 속도, 방향, 기울기, 고도 등을 측정한다. 관성측정장치를 이용하면 항공기의 자세를 제어할 수 있고 항공기가 목적지까지 항로를 탐색하면서 비행하는 것이 가능하다.

7.1   개요

센서는 대상의 상태를 물리적 또는 화학적 에너지로 감지하고 에너지의 량을 정보화하여 전기 신호로 전달하는 장치이다. 즉, 온도, 속도, 압력 같은 물리적인 정보나 농도, 점도, 성분 등의 화학적 정보를 감지하고 전기적인 신호로 바꿔주는 장치이다. 드론이 안전하게 비행하기 위해서는 외부 상태와 자신의 상태 변화를 실시간으로 확인하고 조치해야 하므로 다양한 센서들이 필요하다.

7.1.1 관성측정장치(IMU)

관성측정장치는 이동하는 물체의 속도와 방향, 중력, 가속도 등을 측정하는 장치이다. 관성을 측정하면 기체가 얼마나 기울어졌는지 알 수 있어서 자세제어에 큰 도움이 되고, 선박이나 항공기가 어느 방향으로 얼마나 가고 있는지 알 수 있으므로 위치 파악에 도움이 된다. 선박과 항공기는 자동차와 달리 3차원의 공간을 운항하기 때문에 수평을 유지하는 것이 중요하다. 기체가 기울어지면 추락하기 전에 빨리 수평으로 돌아와야 한다. 수평으로 돌아오기 위해서는 관성을 이용하여 자세와 위치를 측정하고 파악해야 한다.

---

1 관성의 법칙(law of inertia): 뉴턴의 운동 제1법칙. 외부의 힘이 작용하지 않으면 물체는 자신의 운동 상태를 계속 유지하려고 한다.

비행기의 관성측정장치 용도는 다음과 같이 자세제어(attitude control)와 항법(navigation) 두 가지이다.

① 자세 제어는 기체의 수평과 균형을 유지하는 것이다.
② 항법은 출발지에서 목적지까지 운항을 유도하는 것이다.

자세제어는 자이로와 가속도계를 이용하여 항공기가 x, y, z 축으로 얼마나 기울어졌는 지를 파악하고 원하는 자세를 유지하는 것이다. 비행기는 조종사가 방향타와 승강타 등의 조종면을 움직여서 자세를 제어하기 때문에 수평과 균형을 유지하는 것이 어렵지 않다. 조종사가 조종간이나 조종기 스틱을 천천히 부드럽게 움직일 정도로 여유가 있다. 그러나 멀티콥터는 여러 개의 모터들을 매 순간마다 속도를 조절하여 수평을 유지하기 때문에 사람의 손으로 신속하게 제어할 수 없으므로 수동 자세제어가 매우 어렵다. 따라서 멀티콥터는 컴퓨터를 이용한 자동적인 자세제어가 필요하다.

항법이란 선박이나 항공기가 이동한 거리와 방향을 계산하여 현재 위치를 파악하고 목적지까지 항로를 운항하는 방법을 말한다. 가속도계와 자이로 같은 관성측정장치를 이용하여 항로를 운항하는 것이 관성항법(inertial navigation)이다. 대상물의 지리적인 위치를 위도와 경도로 측정하고 알려주는 것은 측위 시스템(positioning system)이다. 측위 시스템은 항법과 밀접한 관계가 있으며 위치기반 서비스(LBS, location based service)를 사용하는 긴급 재난이나 경제 활동에 중요한 역할을 한다. 그러나 관성을 측정하는 장치에 오류가 있기 때문에 정확한 비행을 위하여 인공위성을 이용한 위성항법(GPS, global positioning system)을 같이 사용하고 있다.

비행기 관성측정장치의 기능과 특징을 정리하면 다음과 같다.

① 항공기의 종 방향, 횡 방향, 높이 방향의 가속도를 측정한다.
② 항공기의 피치, 롤, 요 각속도를 측정한다.
③ 항공기의 속도와 자세 각도를 산출한다.
④ 항법을 지원한다.
⑤ 센서를 기반으로 한다.

위성항법과 전파항법의 특징은 비행기 외부 정보에 의존하여 비행하는 것이므로 항공기 스스로 자세와 항로를 유지하려면 관성측정장치를 사용해야 한다. 위성 항법이 아무리 정밀하더라도 스스로 위치를 찾는 관성항법은 계속 사용되고 발전할 것이다. 실제 해상운송 현장에서는 장비 고장이나 동력이 끊어질 경우 등 만약에 대비하기 위하여 육분의(sextant)[2]나 크로노미터[3] 같은 천문항법(astronomical navigation) 장비들을 갖추고 운항한다.

7.1.2 센서(Sensor)

센서는 대상 물체의 여러 가지 물리량을 검출하고 계측하는 소자로 구성되어 있다. 또한 센서 주변의 환경 정보를 인지하고 알려주는 역할을 수행한다. 센서의 종류와 함께 최근에 사용하고 있는 미세전자기계 시스템(MEMS)에 대하여 살펴본다.

(1) 센서의 종류

센서의 종류는 어떤 값을 측정하느냐에 따라 구분되며, 크게 물리적인 센서와 소프트웨어적인 센서가 있다. 물리적인 센서는 온도나 압력, 소리, 속도 등의 변화가 전기적인 값의 변화를 일으키는 소자로 구성된다. 물리적 센서의 종류는 수백 가지가 된다. 반면에 소프트웨어적 센서는 물리적인 센서가 만들어낸 값들을 결합하여 새로운 값을 만들어내는 센서를 말한다. 예를 들면, 온도 센서와 습도 센서라는 물리적 센서들의 값을 이용하여 불쾌지수 센서라는 소프트웨어적 가상의 센서를 만드는 원리다.

인지 대상을 기준으로 물리적 센서의 종류를 구분하면 다음과 같다.

① 물리 센서

대상물의 속도, 방향, 충돌, 강도, 압력, 조도, 거리 등의 물리량을 측정한다.

---

2 Sextant 육분의: 각도와 거리를 정확하게 측정하는 광학 기계. 선박에서 항해용으로 사용.
3 Chronometer: 천문. 항해에 사용하는 정밀한 경도측정용 시계

② 화학 센서

대상물의 온도, 습도, 가스, 농도, 점도, 산소 포화도, 성분 등의 화학량을 측정한다. 화학 센서는 물리 센서에 포함하기도 한다.

③ 바이오 센서

혈압, 혈당, 맥박, 호흡, 맥박, 체온, 농도, 뇌파, 지문 등 생명체의 물리화학량을 측정한다.

항공기에서 사용하는 관성측정장치는 기본적으로 비행에 중요한 기능을 하는 가속도계, 자이로, 지자기계, 온도계, 고도계 등이며 비행에 보조적인 기능을 하는 초음파 센서, 적외선 센서, 자외선 센서, 광학흐름 센서 등이 있다. 관성측정장치들은 모두 센서를 기반으로 동작한다. 대형 항공기 제트 엔진에 사용되는 센서의 수는 수천 개에 이른다.

(2) 미세전자기계 시스템 MEMS(Micro ElectroMechenical Systems)

미세전자기계 시스템은 나노기술을 이용하여 제작되는 매우 작은 기계를 의미한다. 이 용어는 1987년 IEEE(International Electrical and Electronics Engineers)의 한 워크숍에서 처음으로 사용되었다. 이것은 소형화된 전자 회로뿐만 아니라 소형 봉, 기어, 스프링과 같은 기계 부품에 통합되는 전문화된 실리콘 칩이다. 과거에는 센서들을 모두 기계식으로 사용하였으나 이제는 미세전자기계 시스템을 사용하고 있다. 이들은 자료를 처리하는 능력과 특정한 종류의 자료를 저장하는 메모리 기능도 있다. 이들의 크기는 100만분의 1미터 혹은 몇 마이크로미터 정도로 매우 작다.

멀티콥터에서 사용하는 대표적인 MEMS 제품에는 MPU-6050, GY-86 등이 있다. MPU-6050은 [그림 7.1]과 같이 3축 자이로와 3축 가속도계와 온도계를 가지고 있는 7 DOF[4]의 센서이다. GY-86은 MPU-6050에 HMC5883L 지자기계와 MS5611 기압 센서를 지닌 10 DOF의 센서이다. GY-86은 지자기계가 있으므로 드론의 위치를 파악하고 목적지로 운항하기 위하여 GPS 수신기와 함께 사용된다.

---

4   자유도 Degrees Of Freedom: 3차원 공간에서 운동하는 물체의 상태. MPU-6050은 자이로와 가속도계의 x, y, z축 운동과 온도를 합하여 7가지 상태를 측정.

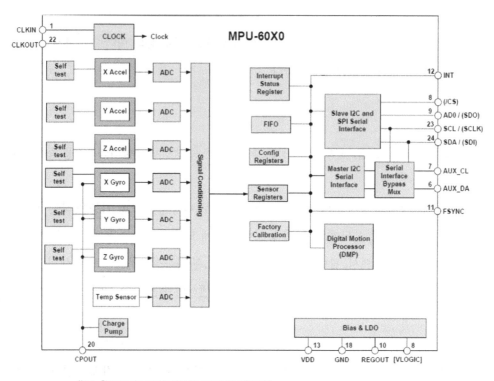

[그림 7.1] MPU-60X0 센서 블록 다이어그램

(3) MPU-6050

MPU-6050은 x, y, z 3축의 가속도계와 3축의 자이로 그리고 온도계 등 7가지 상태를 측정하는 미세전자기계 센서이다. 이것은 미국의 InvenSene 회사에서 만든 MEMS의 대표적인 제품이다. 현재 멀티콥터에서 자주 사용되고 있으며, 자체적으로 처리하여 측정한 자료를 16비트의 레지스터에 저장한다. 크기는 가로 세로 각각 21mm와 17mm이다. MPU-6050은 7개의 ADC[5]를 가지고 있으므로 7가지의 아날로그 자료를 디지털 자료로 변환하여 16비트 정수로 사용자에게 제공한다.

Arduino 보드와는 I2C로 통신이 가능하지만 아두이노 C 프로그램에서 사용하려면 <Wire.h> 라이브러리를 포함해야 한다. 400kHz의 I2C 통신 속도를 지원한다. SCL은 I2C

---

5   ADC analog-digital converter: 전기적인 아날로그 신호를 디지털 신호로 변환시키는 장치. 컴퓨터 처리를 하려면 아날로그 신호를 디지털 신호로 변환하는 장치가 필요하다.

serial clock이고 SDA는 I2C serial data이다. [그림 7.2]에서 MPU-6050의 가속도 방향은 직선이며 자이로 방향은 곡선이다. MPU-6050에서는 Y축을 앞으로 간주하고 X축을 옆 방향으로 간주하는 것이 관습이다. 전압은 2.4에서 3.5V에서 작동되므로 아두이노의 3.3V 핀에서 전압을 걸어주면 된다.

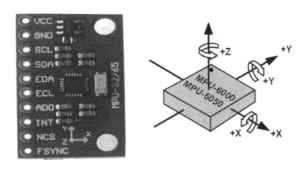

[그림 7.2] MPU–6050의 자이로와 가속도 방향

7.2	가속도계

가속도는 속도가 변화하는 비율이고, 가속도계는 가속도 물리량을 측정하는 센서이다. 물체의 가속도는 뉴턴의 가속도 법칙[6]을 따른다. 드론에서 사용하는 가속도는 주로 중력 가속도를 의미한다. 중력 가속도는 지구가 물체를 끌어당기는 힘이므로 이것을 이용하여 드론의 자세 상태를 측정한다.

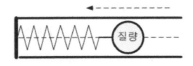

[그림 7.3] 가속도계 원리

---

6 가속도 법칙(law of acceleration): 뉴턴의 운동 제2법칙. 물체의 운동 상태는 작용하는 힘의 크기에 따라 변한다. 속도의 변화는 질량이 일정할 때 작용하는 힘의 크기에 비례하고, 작용하는 힘의 크기가 일정할 때 물체의 질량에 반비례한다.

7.2.1 가속도계

가속도계의 원리는 [그림 7.3]과 같이 질량이 있는 쇠구슬을 용수철이 설치된 통 속에 넣고 움직였을 때 쇠구슬이 용수철을 밀고 들어간 시간과 거리를 측정하는 것이다. 속도의 변화율이 많았으면 용수철이 많이 밀렸을 것이고 변화율이 작아지다가 아예 없어지면 쇠구슬은 조금 움직이다가 정지할 것이다. 장치의 특성 상 측정한 시간이 길어야 속도의 변화율을 잘 측정할 수 있다. 물체의 속도가 증가하고 감소하는데 시간이 걸리고 쇠구슬에 속도가 반영되는데 시간이 걸리기 때문에 짧은 시간에 속도의 변화율을 정밀하게 측정하는 것은 어렵다. 가속도계는 가속도 측정에 시간이 걸리는 것이 단점이다.

드론이 정지 비행(hovering)을 하고 있는 상태라면 [그림 7.4](a)와 같이 중력 가속도는 Z축이 수직축이므로 1G의 힘을 받는다. X축과 Y축은 지면과 수평이기 때문에 중력 가속도의 힘을 전혀 받지 않을 것(X=0, Y=0, Z=1G)이다. 드론이 +Y축으로 (b)와 같이 기울어졌다면 Y축은 중력 가속도에 변화가 없지만 X축은 0G 이상의 힘을 받게 될 것이고, 상대적으로 Z축은 X축으로 빼앗긴 힘만큼 1G가 못되는 힘을 받게 될 것(X > 0G, Y=0, Z < 1G)이다. X, Y, Z축에 걸리는 중력 가속도의 변화 값을 알 수 있으면 드론의 롤(roll)과 피치(pitch) 각도를 계산할 수 있다. Z'축의 중력 가속도의 값은 $Z(1G) * \cos(\theta)$이고, X'축의 중력 가속도 값은 $X' * \sin(\theta)$이다.

(1) 중력 가속도

가속도는 시간에 따라 물체의 속도가 변하는 물리량이고, 중력 가속도(gravitational acceleration, 重力加速度)는 중력에 의하여 야기되는 물체의 속도 변화량이다. 중력이란 질량을 가진 물체가 서로 끌어당기는 힘이다. 지구 위에 있는 모든 물체는 지구와 서로 끌어당기므로 중력을 받고 있다. 물체가 클수록 중력이 커지고 물체가 가까워질수록 중력이 커진다. 따라서 하늘에 높이 떠있는 비행기는 땅위에 있는 비행기보다 중력이 적을 수밖에 없다. 물체가 받는 중력의 크기를 무게라고 한다. 무겁다고 하는 것은 질량이 크거나 지구에서 가까울수록 지구가 끌어당기는 힘이 크다는 의미이다. 중력 가속도는 지구가 물체를 끌어당기는 힘을 가속도로 표현한 것이다.

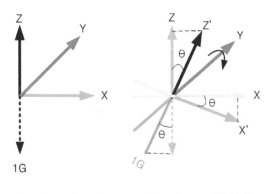

(a) 수평(호버링) 상태   (b) +Y축으로 기운 상채

[그림 7.4] 기울어진 드론의 중력 가속도의 변화

중력 가속도를 식으로 표현하면 다음과 같다.

F = ma = G *(지구의 질량 * 물체의 질량)/지구의 반지름^2

이 공식에 수치를 대입하면 중력 가속도는 결과적으로 9.8m/sec^{2}이 나온다. 지구 위에 있는 모든 물체들은 질량의 크기와 관계없이 항상 9.8m/sec^{2}의 값을 가진다. 드론의 자세 제어를 위하여 취급하는 가속도는 모두 중력 가속도이다. 드론의 x, y, z 축이 받는 중력 가속도의 변화를 보고 드론이 얼마나 어느 방향으로 기울어져 있는지를 파악할 수 있다.

⑵ 가속도계의 특징

가속도계는 물체의 움직임을 정밀하게 측정하기 곤란하다. 가속도의 특성 때문에 등속도로 움직이거나 정지해 있는 물체의 가속도는 측정할 수 없다. 직선 운동을 하면 가능하지만 직선이 아닌 곡선 운동을 하면 측정하기 어렵다. 순간 측정값은 부정확하기 때문에 길게 측정해서 평균값을 얻어야 한다. 이러한 특징들로 인하여 가속도계는 단독으로 사용하지 않고 자이로와 함께 보완적으로 사용하고 있다. 자이로는 자이로대로 부족한 점이 있기 때문에 가속도계와 자이로는 항상 함께 보완적으로 사용한다.

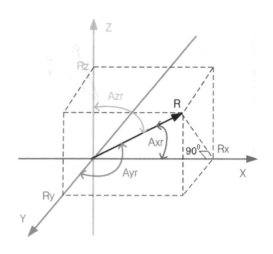

[그림 7.5] 가속도 벡터의 분석

7.2.2 중력 가속도 벡터와 오일러각(Euler Angle)

어떤 물체의 중력 가속도를 분석하면 그 물체의 기울기를 알 수 있다. [그림 7.5]는 가속도 벡터 R을 분석하면 각 축에 걸리는 중력 가속도를 측정할 수 있다. Azr은 벡터 R과 Z축과의 각도이고, Axr은 벡터 R과 X축과의 각도이고, Ayr은 벡터 R과 Y축과의 각도이다. 따라서 Rx, Ry, Rz의 길이는 벡터 R과 각도 Axr, Zyr, Azr의 코사인으로 다음과 같이 계산할 수 있다.

$$R * \cos(Axr) = Rx$$
$$R * \cos(Ayr) = Ry$$
$$R * \cos(Azr) = Rz$$

이상의 수식에 arccos() 함수(코사인의 역함수)와 각 축에 나타난 길이 Rx, Ry, Rz를 대입하면 다음과 같이 각 축에 대한 기울기 각도를 얻을 수 있다.

$$Axr = \arccos(Rx/R)$$
$$Ayr = \arccos(Ry/R)$$
$$Azr = \arccos(Rz/R)$$

여기서 벡터 R의 값은 피타고라스 정리에 의하여 다음과 같이 얻을 수 있다.

$$R = SQRT(Rx^2 + Ry^2 + Rz^2)$$

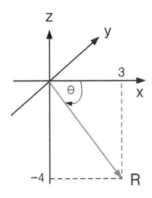

[그림 7.6] XZ 2차원 평면에서 롤 각도 구하기

(1) 롤 각도와 피치 각도 구하기

독자의 이해를 쉽게 돕기 위하여 롤 각도와 피치 각도를 2차원 평면에서 구한다. [그림 7.6]과 같이 XZ의 2차원 평면에서 벡터 R을 가정한다. Rx가 3이고 Rz가 −4이며 X축과 벡터 R과의 롤 각도는 θ이다. $\tan \theta = -4/3$ 이므로 $\theta = \tan^{-1}(-4/3)$이다. 이것을 아두이노 atan2(-4,3) 함수로 실행하면 롤 각도는 −53.13°이다.

[그림 7.7]은 YZ 평면에서 벡터 R의 피치 각도를 구한다. Rz가 −3이고 Ry가 −3이며 벡터 R과 Y축과의 피치 각도는 ω이다. $\tan \theta = -3/-3$ 이므로 $\theta = \tan^{-1}(3/3)$이다. 이것을 아두이노 atan2(3,3) 함수로 실행하면 피치 각도는 45°이다. 다음에는 3차원 공간에서 롤과 피치 각도를 구하는 오일러 각(Euler Angle)을 살펴본다.

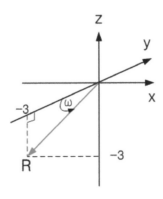

[그림 7.7] YZ 2차원 평면에서 피치 각도 구하기

(2) 오일러 각 Euler Angle

오일러 각은 3차원 공간에서 드론의 Y축의 기울기인 롤과 X축의 기울기인 피치 각도를 얻기 위하여 유도해낸 공식이다. [그림 7.8]은 Z축이 수직일 때 Y축을 오른쪽으로 $+\theta$ 각도만큼 회전시킨 것으로 각 축에 걸리는 중력 가속도를 계산한 그림이다. Y축을 수평으로 고정시켰으므로 Y축의 중력 가속도는 없으므로 AcY = 0이다. 새로운 Z축의 중력 가속도 AcZ는 Z축의 중력 가속도 1g에 코사인 θ를 곱한 값이므로 AcZ = g*cos(θ)이다. X축의 중력 가속도 AcX는 Z축의 중력 가속도 1g에 사인 θ를 곱한 값이므로 AcX = g*sin(θ)이다.

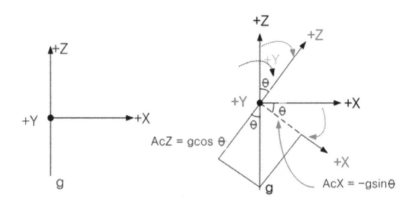

(a) Y축을 고정시킨 X, Y, Z 좌표   (b) Y축을 θ 만큼 회전시킨 좌표

[그림 7.8] Y축을 오른쪽으로 회전시킨 좌표

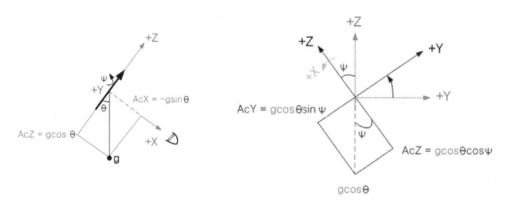

(a) 회전하기 전의 좌표   (b) 회전 후의 좌표

[그림 7.9] X축을 앞쪽으로 회전시킨 좌표

다시 새로운 좌표에서 X축을 고정시키고 X축을 기준으로 +Ψ각도만큼 회전시킨 것이 [그림 7.9]이다. X축을 고정시켰으므로 Z축과 Y축이 이동하여 중력 가속도 값이 변경된다. 우선 X축의 가속도는 변함이 없으므로 AcX = -g*sin(θ) 그대로 이고, Z축의 가속도는 다시 코사인 Ψ각도만큼 회전했으므로 AcZ = g*cos(θ)cos(Ψ)이다. Y축의 가속도는 앞에서의 AcZ 가속도 g*cos(θ)에서 사인 Ψ각도만큼 회전했으므로 AcY = g*cos(θ)sin(Ψ)이다.

$$AcY^2 + AcZ^2 = g^2 \cos^2\theta \sin^2\varphi + g^2 \cos^2\theta \cos^2\varphi$$
$$= g^2 \cos^2\theta(\sin^2\varphi + \cos^2\varphi)$$
$$= g^2 \cos^2\theta$$
$$\sqrt{AcY^2 + AcZ^2} = g\cos\theta$$
$$\frac{g\sin\theta}{g\cos\theta} = \tan\theta = \frac{-AcX}{\sqrt{AcY^2 + AcZ^2}}$$

식(1)

식(2)

식(3)

Y축을 θ만큼 돌렸을 때의 수식은 AcY = 0, AcZ = gcosθ, AcX = -gsinθ이다. 다시 X축을 Ψ만큼 돌렸을 때의 수식은 AcX = -gsinθ, AcZ = g*cos(θ)cos(Ψ), g*cos(θ)sin(Ψ)이다. 이들 수식들을 하나로 연결하면 다음과 같이 식(1)을 얻을 수 있다. 식(1)을 간단하게 정리하면 식(2)를 얻을 수 있다. 식(2)에서 탄젠트 θ를 정리하면 tanθ = gsinθ/gcosθ가 되므로 식(3)을 얻을 수 있다.

식(3)에서 탄젠트의 역함수를 취하면 롤 각도를 얻을 수 있으므로 다음과 같은 공식을 얻을 수 있다. 식(4)는 Y축을 회전하는 것이므로 롤 각도를 의미한다.

$$\theta = aTan\left(\frac{-AcX}{\sqrt{AcY^2 + AcZ^2}}\right)$$

식(4) 롤

롤 각도를 구하는 절차가 Y축을 돌리고 X축을 돌리는 것이라면 피치 각도를 구하는 절차는 X축을 먼저 돌리고 Y축을 돌린 다음에 수식을 간략하게 정리하는 것이다. 그 결과로 얻은 수식이 바로 식(5)이며 X축을 기준으로 회전하는 피치 각도이다.

$$\rho = aTan\left(\frac{-AcY}{\sqrt{AcY^2 + AcZ^2}}\right)$$

식(5) 피치

(a) MPU-6050

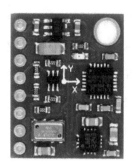
(b) GY-86

[그림 7.10] 각속도와 가속도 통합 센서

피치 각도를 계산하는 Euler Angle을 구하는 질차를 독자 스스로 유도해보기 바란다. [그림 7.10]은 자이로와 가속도계를 통합한 MPU-6050(GY-521)과 자이로와 가속도계와 지자기계를 모두 통합한 GY-86의 그림이다.

7.3   자이로

각속도는 축을 기준으로 물체가 회전하는 속도이고, 자이로(각속도계)는 각속도를 측정하는 센서이다. 자이로를 이용하면 물체가 회전한 각도를 알 수 있으므로 드론의 기울기를 측정할 수 있고 드론이 기울어지면 원래의 위치로 복원할 수 있다.

7.3.1 각속도와 자이로

(1) 각속도

운동은 선운동과 원운동으로 구분된다. 선운동의 속도는 거리를 시간으로 나눈 값이고 원운동의 속도는 회전한 각도를 시간으로 나눈 값이다. [그림 7.11](a)에서 3미터의 거리를 1초에 이동했다면 속도는 3m/sec이다. 30°의 호를 1초에 이동했다면 각속도는 30°/sec이다. 선 운동은 속도로 계산하고 회전운동은 각속도로 계산하는 것이 편리하고 정확하다.

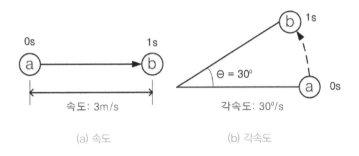

[그림 7.11] 속도와 각속도

자이로 센서는 각속도를 측정하는 장치이다. 각속도는 원운동에서 물체가 시간당 회전한 각도이다. [그림 7.11](b)는 물체가 a에서 b로 이동했을 때의 회전한 각도는 θ이므로 각속도 ω는 다음과 같이 표현할 수 있다.

각속도$(\omega) = \Delta\theta/\Delta t.$

물체가 a에서 b로 이동한 거리 Δs이며, Δs는 원의 지름 r과 각도 $\Delta\theta$의 함수이므로 이동한 거리 Δs는 다음과 같이 표현할 수 있다.

$\Delta s = r\Delta\theta.$

다음은 선운동의 속도와 원운동의 각속도의 관계는 다음과 같다.

속도 $V = \Delta s/\Delta t = r\Delta\theta/\Delta t = \omega r$

즉 원운동에서의 속도는 각속도와 지름을 곱한 값이다. 각속도와 이동 시간을 알 수 있으면 [그림 7.12]와 같이 물체가 이동한 거리를 알 수 있다. 물체의 각속도를 알면 물체가

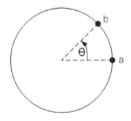

[그림 7.12] 원운동과 각속도

외란으로 인하여 회전한 것만큼 복원할 수 있다. 비행기가 바람에 흔들렸다면 흔들린 만큼의 회전 각도를 읽고 그 값만큼 복원시켜주는 것이 자이로의 역할이다.

(2) 자이로

자이로(gyroscope)는 축이 어느 방향으로든지 놓일 수 있도록 회전하는 바퀴이다. [그림 7.13]은 시중에서 판매하고 있는 자이로이다. 자이로의 바퀴를 빨리 돌리면 쓰러지지 않고 똑바로 서 있다. 자이로의 축을 [그림 7.13](b)와 같이 옆으로 올려놓아도 잘 돌아간다. 그러나 회전 속도가 떨어지면 천천히 옆으로 쓰러진다. 그 이유는 관성 때문이다. 물체는 운동량 보존법칙에 의하여 에너지가 있을 때는 자신을 있는 그대로 유지하려고 하지만 에너지가 부족해지면 중력에 의하여 쓰러지고 만다. 빨리 회전하는 자이로의 축을 밀면 자이로는 [그림 7.13](c)와 같이 원래의 중심축을 기준으로 축이 회전하면서 돌아간다. 이런 운동을 세차운동(precession)이라고 한다. 지구도 세차운동을 한다.

자이로는 회전하는 바퀴의 축을 3중 고리로 연결하여 어느 방향이든지 회전할 수 있도록 만든 장치이다. 어느 방향이든지 자유롭게 회전할 수 있는 바퀴가 빠르게 회전할 때는 바퀴를 설치한 틀의 방향이 아무리 바뀌어도 바퀴의 회전축은 변함없이 유지된다. 회전체의 이런 성질을 잘 이용하면 방향을 파악하는데 매우 유용하다. 선박에 자이로를 설치하면 폭풍에 의하여 배가 아무리 심하게 흔들리고 뒤집혀도 자이로의 회전축은 원래 방향을 유지한다.

(a) 축이 수직일 때   (b) 축이 옆으로 누었을 때   (c) 축이 회전할 때

[그림 7.13] 간단한 자이로스코프

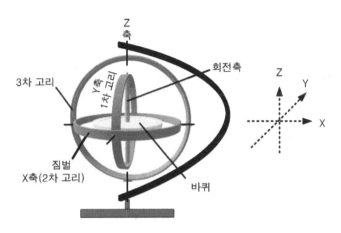

[그림 7.14] 자이로스코프

자이로의 바퀴가 회전할 수 있는 고리를 90도 방향으로 교차하면서 3중으로 설치하면 자이로를 어느 방향으로 움직이더라도 바퀴의 회전축은 변하지 않고 일정한 방향을 가리 킨다. [그림 7.14]와 같이 바퀴 축을 1차 고리로 감싸고, 1차 고리와 90도 되는 방향으로 2 차 고리를 감싸고, 2차 고리와 90도 되는 방향으로 3차 고리를 감싸면 완벽한 자이로가 된 다. 바퀴가 빠른 속도로 회전하면 자이로의 틀을 어떤 방향으로 움직이더라도 바퀴의 축 은 원래의 방향을 유지하면서 회전한다. 이와 같은 자이로의 성질을 이용하여 자이로 캠 퍼스[7]를 만들어서 선박 운항에 사용하였다. 1차 고리는 전방을 향하는 Y축으로 간주할 수 있고 2차 고리는 옆 방향을 향하는 X축으로 간주할 수 있고 3차 고리는 수직 축으로 간 주할 수 있다.

바퀴(회전판)는 무거운 금속으로 만들어서 관성을 크게 하고, 고리와의 접촉은 베어링 을 이용하여 마찰을 줄여서 계속 돌 수 있게 만든다. 회전판을 빨리 돌리면 자이로 틀을 아무리 움직여도 회전판이 수평이었다면 계속 수평을 유지하면서 회전한다. 이 원리를 이용한 것이 카메라의 수평을 유지하는데 사용하는 카메라 짐벌(gimbal)이다. 자이로를 이용하면 지구가 자전하는 것을 실험적으로 증명할 수 있다. 자이로의 1차 고리를 수평으 로 놓고 회전판을 빨리 돌리면 2차 고리가 천천히 지구의 반대 방향으로 돌아간다.

---

7   GyroCampus: 1905년 독일의 Hermann Kaempfe가 자이로를 이용여 개발한 나침판으로 매우 정 확하다.

물체에 서로 직교하는 x, y, z 3축 가속도계를 연결하면 상하 좌우 전후에서 발생하는 가속도를 측정할 수 있다. 세 축의 가속도를 적분하면 이동하는 물체의 속도와 위치를 계산할 수 있다. 이것이 관성항법장치의 원리이다.

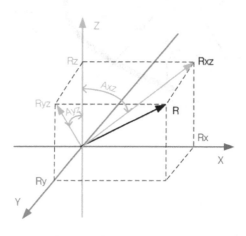

[그림 7.15] 자이로의 각도 측정

7.3.2 자이로: 각속도 센서

자이로는 각 축에 대해 회전한 각도를 측정한다. [그림 7.15]는 자이로 2축에 대한 각도를 측정한다.

- 각도 Axz: Rxz(R을 XZ 평면에 투영한 것)와 Z 축 사이의 각도
- 각도 Ayz: Ryz(R을 YZ 평면에 투영한 것)와 Z 축 사이의 각도

자이로는 이들 각도의 변화율을 측정한다. 자이로가 Z축에 대한 각도(yaw 방향)를 측정하지 않는 것은 기준이 없기 때문이다. X축과 Y축에 대한 각도는 절대적인 기준이 있는 Z축이 있기 때문에 가능하다. Z축은 지구의 중력에 대한 절대적인 기준이 되기 때문이다. 그러나 Z축이 회전하는 것은 절대적인 기준이 없기 때문에 측정하기 어렵다. 요(yaw) 방향을 측정하기 위해서는 지구의 남과 북을 가리키는 나침판이 있어야 한다.

1914년 6월 미국의 Lawrence Sperry[8]는 복엽기에 자이로를 이용하여 만든 안정기를 설치하여 안정적인 비행을 성공하였다.

자이로는 비행기와 선박의 수평 안정장치로 사용되며 로켓의 관성유도장치로도 사용되고 있다.

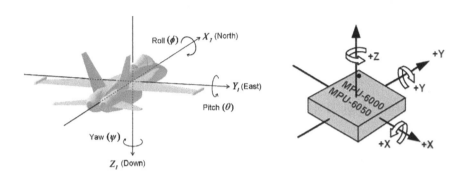

[그림 2.16] 비행기의 3축과 MPU-6050 센서 축

[그림 2.16]과 같이 일반 비행기와 달리 센서들은 제조회사마다 임의로 앞과 뒤 좌우를 결정하여 사용하고 있다. MPU-6000 계열에서는 +Y축이 앞이고 +X축이 오른쪽이다. 직선 화살표는 가속도 방향을 의미하고 곡선의 화살표는 각속도 방향을 의미한다.

자이로는 드론의 자세제어에 사용될 뿐만 아니라 움직임이 심한 곳에서 카메라의 수평을 잡아주는 짐벌(gimbal)에도 사용된다. 최근에는 셀프 카메라 봉으로 정지 영상을 찍는데 사용되고 있고, 달리면서 동영상을 흔들리지 않고 찍는 핸드 짐벌에도 사용되고 있다.

7.4 지자기계

사람들은 예로부터 자신이 위치한 곳에서 동서남북 방위를 알고 싶어 했다. 방향을 알아야 원하는 곳을 찾아갈 수도 있고 원래 있던 곳으로 돌아올 수도 있다. 나침판이 발명되고부터 사람들은 원양 항해도 가능하게 되었다. 지금은 나침판 이외에도 여러 가지 방법으로 방위를 측정할 수 있게 되었다.

---

8 Lawrence Sperry(1892-1923) 미국의 과학자, 항공 개척자: 최초로 autopilot를 발명하여 1914년 6월에 프랑스에서 성공적으로 비행하였다.

7.4.1 나침판

지구 방위를 가리키는 나침판의 종류는 지구의 자기장을 검출하는 자기 나침판과 지구 자전축을 검출하는 자이로를 이용한 전륜 나침판과 인공위성의 전파를 이용하는 GPS 나침판 등 3가지로 구분된다.

(1) 자기 나침판(Magnetic compass)

지구는 하나의 거대한 자석이기 때문에 남극과 북극 사이에 자기장이 흐른다. 자기장의 축이 되는 북극을 자북(magnetic north)이라고 하는데 지구의 지리적 북극[9]에서 약 11.3° 떨어져 있다. 자북과 자남 사이에 흐르는 자기장은 조금씩 서북쪽으로 이동하고 있으며 자기장의 크기도 변하고 있어서 나침판을 자주 보정해주어야 한다. 자기 나침판으로 방위를 찾는 방법은 중국에서 오래 전부터 이용되어 왔으며 마르코 폴로가 유럽에 전해주었다.

(2) 자이로 나침판(Gyro compass)

3축 고리가 있는 자이로를 고속으로 돌리면 회전축이 지구의 자전축과 일치하게 되므로 방위 측정이 정확하다. 자기 나침판처럼 자주 보정할 필요도 없고 주변의 금속이나 기상에도 영향을 받지 않기 때문에 대형 선박에 필수적이다. 자기 나침판의 문제를 해결하기 위하여 1906년 독일인 Hermann Kaempfe가 발명하였다.

(3) GPS 나침판(GPS compass)

GPS 나침판은 여러 개의 인공위성들이 보내주는 전파를 수신하여 지리적 위치를 파악하는 장치이다. 지구 상공을 6개 권역으로 나누고 권역 당 4개의 위성으로 전파를 송신한다. 차량 내비게이션에서 길 찾기에 사용하고 있다.

(4) 천문 나침판(astronomical compass)

해와 달과 별 등의 하늘을 보고 천문 도구를 이용하여 방위를 측정하는 방법이다. 정확

---

9 지리적 북극 geographic North Pole: 북극이란 지구의 자전축이 위치하는 북쪽 지점이다.

하게 방위를 측정할 수도 있지만 구름이 끼거나 밤이 되면 보이지 않아서 측정할 수 없는 문제가 있다. 그러나 사고가 발생하여 현대식 장비가 없으면 최후로 사용해야 하는 방법이다.

현재 드론에 사용하고 있는 나침판은 주로 MEMS의 일종인 MPU-6050과 같은 센서들이다. 이들은 대량 생산이 가능하고 가격도 저렴하여 널리 사용되고 있다.

7.4.2 지자기계

현재 드론에서 자주 사용하고 있는 지자기계(magnetometer)를 살펴본다. [그림 7.17]의 GY-86은 MPU-6050과 지자기계인 HMC5883L과 고도계인 MS5611을 모두 포함하고 있는 MEMS형 센서이다. MPU-6050이 있으므로 당연히 자이로 3축과 가속도계 3축과 온도계를 포함하고 있다.

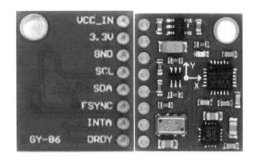

[그림 7.17] 10DOF의 GY-86 센서

지자기계는 센서들 중에서 가장 주의를 요하는 장치이다. 주변의 강한 자장에도 주의해야 하고 부착 방향에도 주의해야 한다. 부착 방향이 맞지 않으면 비행기가 엉뚱한 곳으로 날아갈 수도 있으므로 드론의 방향과 센서의 방향이 일치하도록 해야 한다. 지자기계가 독립적으로 사용되기도 하지만 Ublox M8N처럼 GPS 센서와 일체형으로 장착될 수도 있고 GY-86처럼 자이로와 일체형이 될 수도 있다.

7.5   초음파 센서

무인기가 비행하는데 발생하는 여러 문제점 중의 하나가 충돌이다. 조종사가 지상에 있기 때문에 전방 시야를 잘 관찰하기 힘들기 때문이다. 사람이 육안이나 카메라로 보지 않더라도 기계가 레이더처럼 항상 주변을 감시할 수 있다면 좋을 대안이 될 것이다.

7.5.1 초음파 센서

(1) 초음파

사람이 들을 수 있는 소리의 주파수는 약 20Hz에서 20kHz의 범위이다. 이 범위보다 주파수가 낮거나 높으면 사람은 들을 수 없다. 초음파는 20kHz 이상의 높은 주파수로서 사람이 들을 수 없다. 초음파(ultra sonic wave)는 음속 344m/s로 파장이 짧기 때문에 높은 분해력으로 거리를 측정할 수 있다. 초음파는 지면, 금속, 목재, 콘크리트, 종이, 유리 등 딱딱한 물체에 거의 100% 반사하기 때문에 방향과 거리 측정이 가능하다.

박쥐는 깜깜한 동굴에서 살면서 밤에 주로 활동한다. 박쥐는 초음파를 쏘아서 물체에 부딪쳐 되돌아오는 반사파를 인식하여 물체와 방향을 파악하고, 되돌아오는 시간을 이용하여 거리를 측정한다. 돌고래는 여기에 더하여 초음파로 대화까지 한다. 병원에서는 초음파를 이용하여 뱃속에 있는 태아의 영상을 촬영하기도 한다.

[그림 7.18] 초음파 센서 HC–SR04

(2) 초음파 센서

초음파 센서는 한 쪽에서 초음파를 발신하는 장치와 초음파가 딱딱한 물체에 반사되어 되돌아오는 것을 수신하는 장치로 구성된다. 음파의 속도를 알기 때문에 음파가 되돌아오는 시간을 음파의 속도로 나누면 거리를 알 수 있다. [그림 7.18]의 HC-SR04 초음파 센서는 주파수가 40KHz이며 Vcc, Trig, Echo, GND 등의 4개 핀으로 구성되어 있다. 전압은 3.3V 입력 시에 2 – 400cm를 측정할 수 있고 5V 입력 시에는 2 – 450cm의 거리를 측정할 수 있다. 초음파는 출력(Trig) 핀에서 발신하고 입력(Echo) 핀에서 수신한다. 공기 중에서의 진행 속도는 다음과 같다.

초음파 속도 V = 331.5 + 0.607* T

여기서 T는 온도(C°)이다. 실내 온도가 25°라고 가정하면 초음파의 속도는 340m/s이다. 즉 초음파가 1m를 나가는데 걸리는 시간은 1m/340m/s = 0.00294초이므로 2.94ms이다. 이것은 2,940μs에 1m를 나가는 것이므로 시간을 29.4μs로 나누면 cm 단위의 거리가 나온다.

(3) 초음파 센서에 의한 거리 측정

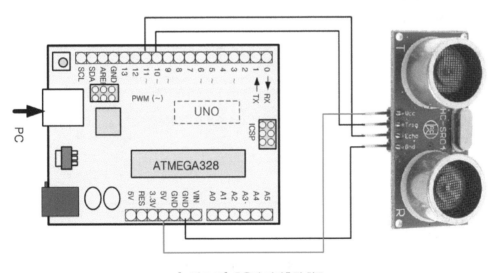

[그림 7.19] 초음파 거리측정 회로

초음파 센서를 [그림 7.19]와 같이 구성하고 거리를 측정하는 프로그램을 [그림 7.20]과 같이 작성하였다. pulseIn() 함수를 이용하여 echo 핀으로 입력된 값을 정수(integer)로 받았고, 초음파가 왕복하였으므로 2로 나눈다. 앞에서 설명한대로 초음파는 1m 거리를 2.94밀리 초에 도달하므로 29.4로 나누면 cm 거리가 나온다.

```
int trigPin  = 10;
int echoPin = 11;

void setup() {
    Serial.begin (115200);
    pinMode (trigPin, OUTPUT);
    pinMode (echoPin, INPUT);
}
void loop() {
    int duration, distance;    // 지속시간 , 거리
    digitalWrite(trigPin, HIGH);
    delayMicroseconds(1000);
    digitalWrite(trigPin, LOW);
    duration = pulseIn(echoPin, HIGH);
    distance = (duration/2) / 29.4;
    if (distance >= 200 || distance <= 0) {
        Serial.println("Out of range");
    } else {
        Serial.print(distance);
        Serial.println(" cm");
    }
    delay(500);
}
```

[그림 7.20] 초음파 거리 측정 프로그램

요약

- 관성측정장치는 자이로, 가속도계, 지자기계, 고도계, 온도계 등의 센서들이다.
- 관성측정장치(IMU)는 이동하는 물체의 속도, 방향, 중력, 가속도 등을 측정하는 장치이다. 관성측정장치를 이용하면 자세 제어와 항법이 가능하다.
- 센서는 대상 물체의 특정 물리량을 검출하고 계측하는 소자로 구성된다.
- 각속도는 축을 기준으로 회전하는 속도이고, 자이로는 각속도를 측정하는 센서이다.
- 가속도는 속도의 변화율이다. 작용하는 힘의 크기에 비례하고 질량에 반비례한다.

- 자세제어는 기체를 조절하여 수평과 균형을 유지하는 것이고, 항법은 출발지에서 목적지까지 운항을 유도하는 것이다. 관성을 이용하는 항법 장치를 관성항법장치라고 한다.
- 미세전자기계 시스템(MEMS)은 나노기술을 이용해 제작되는 매우 작은 기계를 의미한다. 많은 센서들이 MEMS로 제작되어 저렴하고 작고 편리하다.

  ex. MPU-6050, GY-86.
- 드론에서 사용하는 가속도는 주로 중력 가속도를 의미한다. 중력 가속도는 지구가 물체를 끌어당기는 힘이다. 드론의 중력 가속도를 측정하면 드론의 기울기를 알 수 있다.
- 가속도계는 가속도를 측정하기 때문에 움직임이 없거나 등속도로 움직이는 물체의 가속도를 측정할 수 없다. 속도가 붙어야 가속도가 발생하므로 순간적인 값은 의미가 없고 평균값이 의미가 있다. 따라서 혼자 사용하기 보다는 자이로와 함께 사용한다.
- 오일러 공식을 이용하면 드론의 롤 각과 피치 각을 쉽게 구할 수 있다.
- 3개의 축이 있는 자이로는 축이 어느 방향으로든지 놓일 수 있도록 회전하는 바퀴이다. 자이로를 이용하면 드론의 회전 각도를 측정할 수 있고 정확한 나침판을 구현할 수 있다. 자이로는 순간 측정값이 정확하지만 평균값은 오차가 있다.
- 자이로와 가속도계는 모두 장단점이 있으므로 같이 사용하여 단점을 보완한다.
- 지자기계(나침판)는 지구의 방위를 측정하는 장치이다. 그러나 자북과 진북은 약 11°의 차이가 있다. 자북은 자꾸 변화하기 때문에 다른 보조 장치가 필요하다.
- GY-86은 MPU-6050에 HMC5883L 지자기계와 MS5611 고도계를 추가한 센서이다.
- 초음파 속도는 음속 344m/s로 파장이 짧기 때문에 높은 분해력으로 거리를 측정할 수 있다.
- HC-SR04 센서는 초음파가 물체에 부딪쳐서 돌아오는 시간을 이용하여 2~400cm의 거리를 측정할 수 있다.

연습문제

1. 관성측정장치를 위한 센서들은 어떤 것들이 포함되어야 하는가?

2. 많은 센서들이 (   )로 제작되어서 매우 작고 가격이 저렴하다. 괄호 안을 채우시오.

3. 오일러의 공식을 이용하면 드론의 (   ) 각과 (   ) 각을 구할 수 있다. 괄호에 알맞은 말을 채우시오.

4. 초음파의 속도는 V = 331.5 + 0.607* T이다. 여기서 T는 시간이다. 실내 온도를 섭씨 20도라고 가정한다면, 초음파가 물체까지 도달하는 시간이 2,000 μ s 의 시간이 걸렸다면, 이 물체는 초음파센서로부터 약 얼만큼의 거리가 떨어져 있는 것으로 예측되는가?

5. 드론에서는 자이로 센서를 이용해서 어떤 것을 측정하는가?

6. 관성측정장치가 드론 비행에 필요한 이유를 설명하시오. 드론에 관성측정장치가 없으면 어떻게 되는지 설명하시오.

7. MPU-6050으로 할 수 있는 기능이 무엇인지 설명하시오.

8. 야간 비행을 위해서는 어떤 장치가 필요한지 설명하시오.

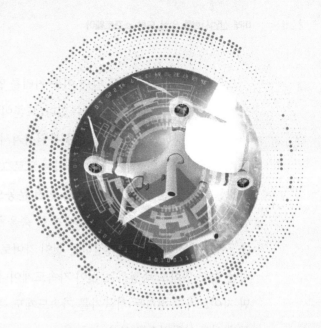

CHAPTER **8**

가속도 프로그램

드론이 비행한 가속도를 알면 이동 거리를 알 수 있고, 드론의 3축에 걸리는 중력 가속도를 알면 드론의 기울기를 알 수 있다. 드론이 기울어졌을 때 가속도계(accelerometer)가 기울기를 측정하면 그 기울기만큼 복원시켜서 원래의 자세로 돌아올 수 있다. 가속도계를 이용하여 드론의 기울기를 계산하는 프로그램을 아두이노 C 언어로 작성한다.

모든 운동을 분류하면 선 운동과 회전 운동으로 구분된다. 선 운동은 물체가 직선으로 움직이는 것이고 회전 운동은 물체가 한 축을 중심으로 회전하는 것이다. 회전 운동의 각 운동량을 움직인 각도로 측정하는 것이 자이로(gyroscope, 각속도계)이고 선 운동의 운동량을 속도 변화로 측정하는 것이 가속도계이다. 두 운동이 서로 다른 종류의 움직임이지만 자이로가 측정하는 기울기를 가속도계도 측정할 수 있다. 각자의 장·단점이 있기 때문에 서로 보완적으로 사용한다.

8.1   가속도계

가속도(acceleration)란 물체가 움직인 거리에 대한 속도의 변화율이고 가속도계는 물체가 이동한 가속도 물리량을 측정하는 장치이다. 속도는 거리를 시간으로 나눈 것이므로 단위가 m/sec이고 가속도는 속도의 변화율이므로 속도를 한 번 더 시간으로 나누는 것이므로 단위는 m/sec^2이다. 지구의 표준 중력 가속도는 약 9.8m/sec²이다. 가속도를 적분하면 물체의 속도와 위치를 측정할 수 있으므로 이동 거리 측정 등으로 다양하게 사용된다. 물체가 공간에서 x, y, z축으로 움직인 거리를 알 수 있으면 각 x, y, z축에 대한 각도를 알 수 있으므로 자이로와 같이 축에 대해서 회전한 각도를 알 수 있다.

드론에서 말하는 가속도는 주로 지구의 중력가속도를 의미한다. 드론이 중력가속도의 힘을 얼마나 받는지를 이용하여 드론의 기울기를 계산하고 자세를 제어한다. 가속도의 특징은 물체의 움직임을 정밀하게 측정하기 어렵다는 점이다. 또한 움직이지 않는 물체나 일정한 속도로 움직이는 물체는 속도의 변화가 없기 때문에 가속도를 측정하는 것이 불가능하다.

8.1.1 가속도계

드론은 3차원 공간을 비행하므로 x, y, z 3축 어느 축으로든지 기울어질 수 있다. x축으로 기우는 각도는 피치(pitch) 각이고, y축으로 기우는 각도는 롤(roll) 각이고, z축으로 기우는 각도는 요(yaw) 각이다. 가속도계를 이용하여 롤 각과 피치 각을 계산하는 방법은 기본적인 삼각함수를 기반으로 한다.

(1) 2차원 공간에서 피치 각과 롤 각 구하기

롤 각을 쉽게 설명하기 위하여 드론이 2차원 공간을 이동한다고 가정한다. y축 좌표는 0으로 보고 드론이 xz 평면으로 R만큼 날아갔다고 가정하면 x축을 기준으로 θ 각도만큼 회전할 것이다. [그림 8.1]에서 φ 각을 계산하기 위하여 $\tan \varphi$ = x/z = (4/3)이다. 따라서 이것은 arctan(4/3) = 53.13° = φ이며 롤 각도이다.

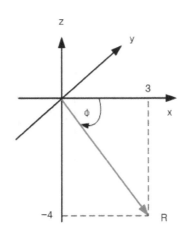

[그림 8.1] xz 평면에서 롤 각도 φ 구하기

예제 8.1 [그림 8.1]에서 R의 좌표가 (3, −4)일 때 롤 φ 각도를 구하는 프로그램을 아두이노의 atan() 함수를 이용하여 작성하시오. [표 8.1]의 아두이노 삼각함수를 참조하시오.

풀이

```
void setup() {
float deg;          // 1rad = 57.29°
  Serial.begin(9600);
```

```
    deg = atan(-4/3.0); // 60°
    Serial.print("atan(-4/3.0) = ");
    Serial.print(deg*57.29);
    Serial.println(" deg");
}


void loop() {
}
```

atan(-4/3.0) = -53.12 deg

피치 각을 쉽게 설명하기 위하여 x축 좌표는 0으로 보고 드론이 yz 평면으로 R만큼 날아갔다고 가정하면 y축을 기준으로 ρ 각도만큼 회전한 것이다. [그림 8.2]에서 피치 ρ 각을 계산하기 위하여 tan ρ = z/y = (3/3)이다. 따라서 이것은 arctan(3/3) = 45° = ρ이며 피치 각도이다.

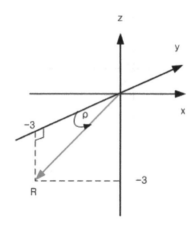

[그림 8.2] yz 평면에서 피치 각도 ω 구하기

예제 8.2   [그림 8.2]에서 R의 좌표가 (−3, −3)일 때 피치 ρ 각도를 구하는 프로그램을 아두이노의 atan2() 함수를 이용하여 작성하시오.

풀이
```
void setup() {
float deg;
```

```
  Serial.begin(9600);
  deg = atan2(3,3)*57.29; // 1rad = 57.29°
  Serial.print("atan2(3,3.0)= ");
  Serial.print(deg);
  Serial.println(" deg");
}


void loop() {
}
```

출력

```
atan2(3,3.0)= 45.00 deg
```

예제 8.3 [그림 8.3]에서 R의 크기가 5일 때 X축에 걸리는 크기와 중력 가속도 축인 Z의 크기를 구하는 프로그램을 아두이노의 함수를 이용하여 작성하시오. φ각은 30°이다.

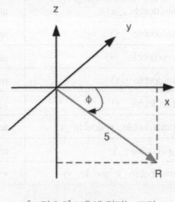

[그림 8.3] X축에 걸리는 크기

풀이

[예제 8.1]에서 φ 각이 30°이므로 R의 크기에 sin() 함수를 곱하면 수직 축 Z의 크기가 되고, cos() 함수를 곱하면 X축의 값이 된다.

```
void setup() {
float val=10.0, val2;
  Serial.begin(9600);
  val2 = sin(30/57.29)*val;   // 1rad = 57.29°
  Serial.print("sin(30deg)*10 = ");
```

```
    Serial.println(val2);
    val2 = cos(30/57.29)*val;   // 1rad = 57.29°
    Serial.print("cos(30deg)*10 = ");
    Serial.println(val2);
}

void loop() {
}
```

출력

```
sin(30deg)*10 = 5.00
cos(30deg)*10 = 8.66
```

[표 8.1] 아두이노 C 언어의 삼각 함수

구분	함 수	처리 내용
1	double sin(double __x)	returns sine of x in radians
2	double asin(double __x)	arc sine of x
3	double cos(double __x)	returns cosine of x in radians
4	double acos(double __x)	arc cosine of x
5	double tan(double __x)	returns tangent of x in radians
6	double atan(double _x)	arc tangent of x
7	double atan2(double _y, double _x)	arc tangent of y/x
8	double sqrt(double __x)	returns square root of x in radians
9	double pow(double _x, double _y)	x to power of y

(2) 3차원 공간에서 피치와 롤 각도 구하기

앞 절에서는 공간에 대한 이해를 돕기 위해서 2차원 평면에서 드론의 움직임을 설명했다. 이 절에서는 실제로 3차원 공간에서 롤과 피치 각도 계산 방법을 설명한다. [그림 8.4]와 같이 물체가 원점을 출발하여 어떤 지점 R까지 이동했다면 각 축에 대한 거리와 함께 각 축에 대한 각도를 측정할 수 있다. 이동한 거리 R은 각 축에 대한 거리 x, y, z를 자승한 값에 루트를 계산한 것과 같다.

$$R = \sqrt{(Rx^2 + Ry^2 + Rz^2)}$$

직선 R을 x, y, z축에 투영했을 때 각 축에 대한 코사인 각도는 다음과 같이 구할 수 있다.

$$\cos(\varphi) = Rx/R$$
$$\cos(\rho) = Ry/R$$
$$\cos(\omega) = Rz/R$$

따라서 결과 값에 대한 코사인 역함수를 계산하면 각도는 다음과 같이 구할 수 있다.

$$\varphi = \cos^{-1}(Rx/R)$$
$$\rho = \cos^{-1}(Ry/R)$$
$$\omega = \cos^{-1}(Rz/R)$$

여기서 코사인을 탄젠트로 바꾸어 롤 각과 피치 각을 표현한 것이 다음과 같은 오일러 각(Euler Angle)이다.

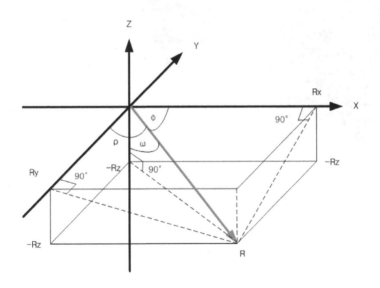

[그림 8.4] 물체의 이동과 가속도

■ Euler Angle

• 롤 : $\phi = \arctan(\dfrac{Rx}{\sqrt{(Ry^2 + Rz^2)}})$

• 피치 : $\rho = \arctan(\dfrac{Ry}{\sqrt{(Rx^2 + Rz^2)}})$

8.2   가속도계 값 읽기

　　자이로를 쉽게 이해하기 위하여 우선 자이로의 자료를 읽고 자이로 값을 이용하여 드론의 기울기 각도를 계산한다. 이 실험을 수행하기 위하여 아두이노 UNO 보드에 가속도계와 자이로가 포함된 센서를 부착한다. 아두이노 보드와 센서는 어느 것이든지 가능하다. 이 실험기는 다음 장에서 자이로를 실험할 때도 사용한다.

8.2.1 가속도계 값 읽기

(1) 아두이노 UNO 보드에 MPU-6050 센서 설치

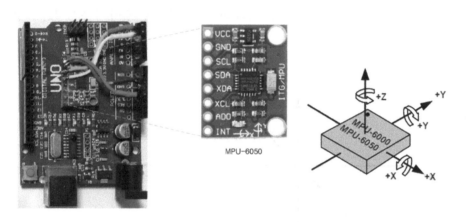

(a) 아두이노 UNO IMU 실험기   (b) MPU-6050의 3축 방향

[그림 8.5] 아두이노 UNO IMU 실험기와 3축의 방향

　　드론의 기울어진 각도를 계산하기 위해서 우선 가속도계를 선택한다. 시중에 가속도계는 많이 있으나 널리 사용되고 저렴한 MPU-6050을 선택한다. 가속도를 실험하기 위하여 아두이노 UNO에 MPU-6050을 연결한다. [그림 8.5]와 같이 MPU-6050의 전원 선은 아두이노 UNO 보드의 3.3V에 연결하고, 양쪽의 접지선끼리, 센서의 SDA는 아두이노 UNO 보드의 A4 핀에, SCL은 A5 핀에 연결한다. 아두이노 UNO 보드의 중앙에 양면 테이프를 한 겹만 붙이고 MPU-6050을 접착한다. 센서를 아두이노 UNO 보드의 정 중앙에 접착한 이유는 물체의 중앙이 진동이 적기 때문이고, 아두이노 UNO 보드와 센서를 연결하는 신호선과 전원선 등이 짧을수록 전파 방해를 덜 받기 때문이다. [그림 8.5]와 같이 Y축 방향

을 앞으로 향하도록 센서를 아두이노 UNO 보드에 접착한다.

아두이노 보드의 핀에는 '기억'자 헤더 핀(angle header pin)에 전선을 납땜하고, 센서에는 헤더 핀을 꼽기 어려우므로 전선을 대고 직접 납땜한다. [그림 8.5]에서 직선은 가속도계를 의미하고 곡선은 각속도 방향을 의미한다. 물체가 움직이거나 회전할 때 각각 +와 - 방향이 있으므로 방향에 유의한다.

(2) 아두이노 스케치 IDE 프로그램 설치 및 센서 읽기 프로그램

자이로를 포함한 드론 프로그램을 실험하기 위해서 아두이노 보드를 이용하기 때문에 아두이노 스케치 IDE(Arduino sketch Integrated Development Environment)를 설치해야 한다. IDE는 효율적으로 소프트웨어를 개발하기 위한 통합 개발 환경 소프트웨어 어플리케이션 인터페이스이다. 아두이노 사이트(https://www.arduino.cc/)에서 아두이노 스케치 IDE를 내려 받을 수 있다. 자이로와 가속도 자료를 읽는 프로그램을 내려 받기 위해서 다시 아두이노 사이트의 MPU-6050 페이지[10]에 들어간다. Short example sketch에 36줄 크기의 프로그램 코드가 있는데 이것이 바로 [그림 8.6]의 MPU-6050의 자이로와 가속도계 그리고 온도 값을 읽는 프로그램이다. 이 프로그램의 4째 줄은 다음과 같이 가속도와 온도 그리고 각속도 값을 x, y, z 축의 순서대로 읽어서 저장하는 변수이다.

int16_t AcX, AcY, AcZ, Tmp, GyX, GyY, GyZ;

이들 변수들의 자료형은 int16_t이므로 모두 16비트의 정수로 저장된다. 그 이유는 MPU-6050의 레지스터 크기가 16비트이기 때문이다. 따라서 이 변수들은 −32,768부터 +32,767 까지의 값을 가질 수 있다. 이 센서의 통신 수단은 I2C이므로 2째 줄에서 I2C를 정의하는 Wire.h 헤더 파일을 선언하였다. MPU-6050의 I2C 주소는 0x68이다.

---

10 https://playground.arduino.cc/Main/MPU-6050#sketch

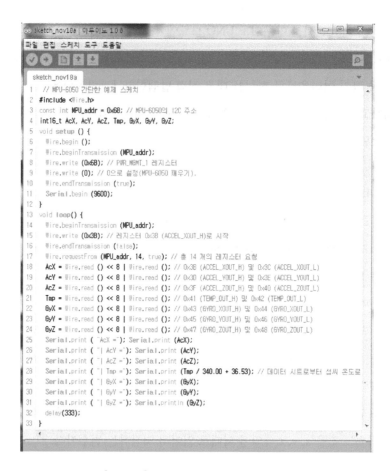

[그림 8.6] MPU-6050 자료 읽기 프로그램

[그림 8.7]은 아두이노 UNO IMU 실험기에 USB를 연결하고 센서의 +y축을 앞으로 향하고 수평한 책상 위에 아두이노 실험기를 올려놓고 실행한 결과이다. 처음부터 가속도 x, y, z 축 그리고 온도 그리고 각속도 x, y, z 축의 값들이 계속 인쇄된다. 인쇄된 자료를 살펴보면 가속도 x, y, z 값이 +, +, + 값이고 온도(Tmp)는 약 24.01도이고 각속도 x, y, z 값이 -, +, - 값이다. 그 이유는 아두이노 보드의 가속도계 방향이 y축이 앞을 향하고, x축이 오른쪽을 향하고, z축이 위를 향하고 있기 때문이고, 자이로 방향이 x축이 앞으로 돌고, y축이 오른쪽으로 돌고 z축이 반시계 방향이기 때문이다.

다음은 가속도 값을 읽는 실험을 한다. 가속도는 물체가 받는 중력 가속도의 물리량을 측정하는 것이므로 실험기를 x, y, z 축의 방향으로 움직이면서 결과 값들을 관찰한다. 여기서는 아두이노 UNO IMU 실험기를 책상 위에 수평 상태로 놓고 실험한다.

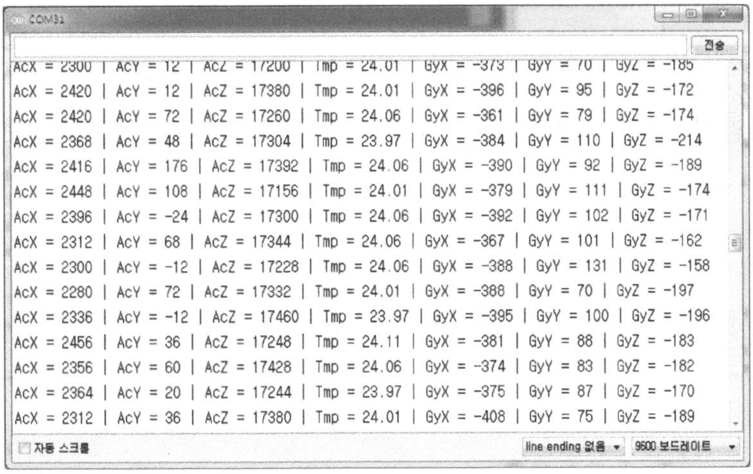

[그림 8.7] [그림 8.6] 프로그램을 실행한 결과

① 가속도 실험 1

여기서는 실험기를 책상 위에 수평 상태로 놓고 실험한다. MPU-6050의 Z축은 하늘 쪽이 +방향이므로 수평으로 놓으면 AcZ 값들이 모두 양수로 출력된다. [그림 8.12]에서와 같이 AFS_SEL이 0이면 −16,384 ~ +16,383까지 표현하므로 여기서는 실험 지역의 상황에 따라서 중력의 최대값인 +17,000 부근의 값을 보여준다. AcX와 AcY는 수평이기 때문에 작은 값을 보여준다.

```
AcX = 2236 | AcY = 64 | AcZ = 17240 | Tmp = 23.26 | GyX = -394 | GyY = 108 | GyZ = -186
AcX = 2172 | AcY = 64 | AcZ = 17420 | Tmp = 23.26 | GyX = -391 | GyY = 104 | GyZ = -193
AcX = 2260 | AcY = 76 | AcZ = 17272 | Tmp = 23.40 | GyX = -377 | GyY = 90 | GyZ = -150
AcX = 2296 | AcY = 32 | AcZ = 17436 | Tmp = 23.35 | GyX = -333 | GyY = 123 | GyZ = -187
```

② 가속도 실험 2

-Z 방향이 되도록 실험기를 뒤집어 놓는다. 실험기의 Z축이 지면을 향하기 때문에 결과는 AcZ 값들이 모두 최대값의 음수로 출력된다. AcX와 AcY는 모두 방향이 바뀌었으므로 음수 값을 보여준다.

```
AcX = -284 | AcY = -32 | AcZ = -16200 | Tmp = 25.85 | GyX = -376 | GyY = 45 | GyZ = -163
AcX = -136 | AcY = -16 | AcZ = -16080 | Tmp = 25.80 | GyX = -390 | GyY = 57 | GyZ = -162
AcX = -156 | AcY = -80 | AcZ = -16196 | Tmp = 25.94 | GyX = -370 | GyY = 69 | GyZ = -175
AcX = -248 | AcY = -48 | AcZ = -16336 | Tmp = 25.94 | GyX = -378 | GyY = 48 | GyZ = -183
```

③ 가속도 실험 3

+X축의 방향이 위가 되도록 실험기를 세워 놓고 실험한다. 결과는 다음과 같이 AcX 값들은 중력의 최대값으로 양수로 출력된다. 대신 Y축과 Z축은 수평을 이루기 때문에 값들이 작다.

```
AcX = 16088 | AcY = 4404 | AcZ = 312 | Tmp = 32.15 | GyX = -191 | GyY = 198 | GyZ = -25
AcX = 16088 | AcY = 4324 | AcZ = 348 | Tmp = 32.15 | GyX = -188 | GyY = 199 | GyZ = -35
AcX = 16032 | AcY = 4348 | AcZ = 208 | Tmp = 32.06 | GyX = -198 | GyY = 190 | GyZ = -4
AcX = 16052 | AcY = 4316 | AcZ = 240 | Tmp = 32.01 | GyX = -189 | GyY = 217 | GyZ = 27
```

④ 가속도 실험 4

+Y축의 방향이 하늘을 향하도록 세워 놓으면 AcY 값들은 양수가 될 것인가 아니면 음수가 될 것인가 실험한다. AcY축은 중력의 최대값을 받으므로 16,000 부근의 값을 보여주고, AcX와 A]cZ축은 수평을 이루므로 작은 값을 보인다.

```
AcX = -2432 | AcY = 16216 | AcZ = 2656 | Tmp = 32.62 | GyX = -198 | GyY = 212 | GyZ = 8
AcX = -2368 | AcY = 16156 | AcZ = 2612 | Tmp = 32.62 | GyX = -189 | GyY = 172 | GyZ = 11
AcX = -2344 | AcY = 16160 | AcZ = 2608 | Tmp = 32.48 | GyX = -205 | GyY = 196 | GyZ = 33
AcX = -2392 | AcY = 16096 | AcZ = 2816 | Tmp = 32.53 | GyX = -192 | GyY = 179 | GyZ = -2
```

⑤ 가속도 실험 5

+Y축의 방향이 지면을 향하도록 세워 놓으면 AcY 값들은 양수가 될 것인가 아니면 음수가 될 것인가 실험한다. AcY축은 중력의 최소값을 받으므로 16,000 부근의 값을 보여주고, AcX와 AcZ축은 수평을 이루므로 작은 값을 보인다. 다만 AcX와 AcZ축은 부호가 바뀐다.

```
AcX = 1268 | AcY = -16168 | AcZ = -928 | Tmp = 32.34 | GyX = -192 | GyY = 180 | GyZ = 11
AcX = 1252 | AcY = -16116 | AcZ = -1052 | Tmp = 32.34 | GyX = -211 | GyY = 221 | GyZ = -24
AcX = 1136 | AcY = -16212 | AcZ = -1064 | Tmp = 32.25 | GyX = -183 | GyY = 209 | GyZ = 3
AcX = 1180 | AcY = -16188 | AcZ = -1016 | Tmp = 32.34 | GyX = -193 | GyY = 154 | GyZ = 12
```

⑥ 가속도 실험 6

+X축의 방향이 지면을 향하도록 세워 놓으면 AcX 값들은 양수가 될 것인가 아니면 음수가 될 것인가 실험한다. 결과는 다음과 같이 AcX 값들은 중력의 최소값으로 음수로 출

력된다. 대신 Y축과 Z축은 수평을 이루기 때문에 값들이 작다.

```
AcX = -16348 | AcY = -136 | AcZ = 900 | Tmp = 32.34 | GyX = -216 | GyY = 197 | GyZ = -23
AcX = -16288 | AcY = -224 | AcZ = 768 | Tmp = 32.25 | GyX = -192 | GyY = 210 | GyZ = 2
AcX = -16316 | AcY = -128 | AcZ = 852 | Tmp = 32.34 | GyX = -165 | GyY = 195 | GyZ = 21
AcX = -16360 | AcY = -248 | AcZ = 780 | Tmp = 32.34 | GyX = -202 | GyY = 216 | GyZ = -5
```

앞으로 이 프로그램을 계속 확장하면서 실험을 계속하기 위하여 구조화할 필요가 있어서 [그림8.8]과 같이 변경하기로 한다. setup() 프로그램에서 센서를 초기화하기 위한 서브 루틴을 호출하고, loop()에서 센서 값을 읽고 인쇄하는 루틴을 실행한다.

```
5  void setup(){
6    init_MPU6050();
7    Serial.begin(9600);
8    Serial.println("AcX     AcY     AcZ     Temp     GyX     GyY
9    Serial.println("----------------------------------------------
10
11 }
12
13 void loop(){
14   read_MPU6050(); //가속도, 자이로 센서 값 읽
15   print_data();
16 }
```

[그림 8.8] 구조화된 메인 루틴

```
18 void init_MPU6050(){
19   Wire.begin(); //begin I2C 통신
20   Wire.beginTransmission(MPU_addr); //0x68번지 값을 가지는 MPU-6050과 I2C 통신
21   Wire.write(0x6B);
22   Wire.write(0); // wakeup sleeping MPU-6050
23   Wire.endTransmission(true); // end I2C 버스 제어권
24 }
```

[그림 8.9] MPU-6050 초기화 루틴

[그림 8.9]는 MPU-6050을 초기화하는 루틴이다. 19줄 Wire.begin()에서 직렬 통신을 시작하고, 20줄 Wire.beginTransmission()에서 MPU-6050의 주소를 0x68로 지정하고, 22줄 Wire.write(0)에서 잠자고 있는 MPU-6050를 깨우고, 23줄 Wire.endTransmission()에서 I2C 버스 제어를 종료한다. 센서를 이용하기 위해서는 직렬 통신을 해야 하므로 [표 8.2]를 참조한다.

```
25 void read_MPU6050() {
26   Wire.beginTransmission(MPU);
27   Wire.write(0x3B);
28   Wire.endTransmission(false);
29   Wire.requestFrom(MPU,14,true);
30   // 가속도와 자이로 센서의 x,y,z 축에 대한 데이
31   AcX=Wire.read()<<8|Wire.read();
32   AcY=Wire.read()<<8|Wire.read();
33   AcZ=Wire.read()<<8|Wire.read();
34   Tmp=Wire.read()<<8|Wire.read();
35   GyX=Wire.read()<<8|Wire.read();
36   GyY=Wire.read()<<8|Wire.read();
37   GyZ=Wire.read()<<8|Wire.read();
38 }
```

[그림 8.10] MPU–6050 읽기 루틴

[그림 8.10]은 MPU-6050에서 자료를 읽는 루틴이다. 31줄에서 37줄까지 8비트의 자료를 두 번씩 읽어서 [그림 8.6]의 4줄에 있는 변수들에 값을 저장한다. [그림 8.11]은 [그림 8.10]에서 읽은 자료를 출력하는 루틴이다.

```
40 void print_data() {  // 얻어낸 데이터 출력
41 Serial.print(AcX); Serial.print("  "); Serial.print(AcY); Serial.print("  ");
42 Serial.print(AcZ); Serial.print("  ");
43 Serial.print(Tmp/340.00+36.53); Serial.print("  ");
44 Serial.print(GyX); Serial.print("  "); Serial.print(GyY);
45 Serial.print("  "); Serial.println(GyZ);
46 }
```

[그림 8.11] MPU–6050 읽은 자료 출력 루틴

아두이노 실험기를 뒤집으면 어떻게 될까? 위와 아래가 바뀌므로 가속도계의 z축 방향이 바뀌므로 음수로 바뀔 것이고, x축의 방향이 왼쪽으로 바뀌므로 음수로 바뀔 것이고 y축의 방향은 계속 앞을 보고 있을 것이므로 변함이 없을 것이다.

[표 8.2] 아두이노 보드의 직렬통신 함수

구분	함수명	문 법	사용처
1	begin()	serial.begin(통신속도);	직렬통신을 시작할 때 사용
2	end()	Serial.end();	직렬통신을 종료할 때 사용
3	available()	Serial.available();	직렬통신을 통하여 값이 전달되었는지 검증할 때 사용
4	parseint()	Serial.parseint();	전송된 값에서 정수형 숫자 값을 검출하여 반환한다.
5	parseFloat()	Serial.parseFloat();	전송된 값에서 실수형 숫자 값을 검출하여 반환한다.
6	print()	Serial.print("표시내용");	ASCII 문자를 화면에 표시
7	println()	Serial.println("표시내용");	ASCII 문자를 화면에 표시하고 한 줄 바꾼다.
8	read()	Serial.read();	직렬 자료를 수신하여 저장
9	write()	write();	직렬 포트로 자료를 송신

8.3 가속도계로 각도 구하기

가속도계로 롤과 피치 각도를 구하는 프로그램의 구조는 자이로로 구하는 것과 거의 유사하다. 다만 각도를 계산하는 수식(Euler Angle)이 다를 뿐이다.

8.3.1 MPU-6050 가속도 값 해석

6.2 Accelerometer Specifications

VDD = 2.375V-3.46V, VLOGIC (MPU-6050 only) = 1.8V±5% or VDD, T_A = 25°C

PARAMETER	CONDITIONS	MIN	TYP	MAX	UNITS	NOTES
ACCELEROMETER SENSITIVITY						
Full-Scale Range	AFS_SEL=0		±2		g	
	AFS_SEL=1		±4		g	
	AFS_SEL=2		±8		g	
	AFS_SEL=3		±16		g	
ADC Word Length	Output in two's complement format		16		bits	
Sensitivity Scale Factor	AFS_SEL=0		16,384		LSB/g	
	AFS_SEL=1		8,192		LSB/g	
	AFS_SEL=2		4,096		LSB/g	
	AFS_SEL=3		2,048		LSB/g	

[그림 8.12] MPU-6050 매뉴얼의 6.2 Accelerometer Specifications

MPU-6050 가속도계가 제공하는 값들은 AcX, AcY, AcZ의 세 변수에 저장된다. 이들 변수들은 크기가 16비트이므로 -32,768 ~ 32,767 사이의 정수 값들을 표현할 수 있다. [그림 8.12]에 있는 AFS_SEL은 MPU-6050 센서의 내부 레지스터이다. AFS_SEL이 0이면 AcX, AcY, AcZ의 세 변수의 값들이 -32,768 ~ 32,767 사이일 때 중력가속도의 값은 -2g ~ +2g 사이의 값을 의미다. 즉 -32,768은 -2g를 의미하고 32,767은 +2g를 의미한다. 따라서 1g는 16,384의 값을 의미한다. AFS_SEL의 기본 설정 값이 0이므로 드론을 수평 상태로 놓으면 AcZ의 값은 32,767/2g = 16,384이므로 대략적으로 16,384 근처의 값이 출력된다.

AFS_SEL이 1이면 센서 값이 -32,768 ~ 32,767 사이일 때 -4g ~ +4g이므로 32,767/4g = 8,197이 되고, 2이면 32,767/8 = 4,096이 되고 3이면 32,767/16g = 2,048이 된다. 이것은 X축과 Y축에도 똑같이 적용된다.

예제 8.4 AcZ가 16,384 값을 갖는 것은 무슨 뜻인가? AcZ가 16,384보다 큰 값을 보이려면 실험기(드론)가 어떻게 이동해야 하는가? 실험기가 하늘로 올라가야 하는가 아니면 내려가야 하는가?

풀이

가속도계에서 32,767이 2g라고 했으므로 1g는 16,384이므로 정지 상태의 드론은 16,384의 값을 갖는다. 지구상에서 물체가 아래로 떨어지면 중력 값이 올라가고 하늘로 올라가면 중력 값이 내려간다. 따라서 AcZ가 32,767 값을 내려면 실험기를 아래로 내려야 한다.

8.3.2 각도 구하기 프로그램

가속도계로 롤과 피치 각도를 계산하는 프로그램의 메인 루틴은 자이로 계산 프로그램과 거의 유사하다. [그림 8.13]과 같이 setup() 함수에서 센서를 초기화하고 센서 보정을 위하여 평균값을 계산하고 시간 간격 측정을 위해서 시간을 저장하는 일은 동일하다. 메인에서 센서 값을 읽는 것과 결과 값들을 인쇄하는 것도 거의 같고 단지 가속도 롤 값과 피치 값을 계산하는 함수가 다르다.

```
void setup() {
  init_MPU-6050();                    //MPU-6050 센서 초기화 설정 함수
  Serial.begin(115200);               //Serial 통신 시작
  cal_Average();                      //센서 보정용 평균치 계산
  t_prev = millis();                  //
}

void loop() {
  read_MPU-6050();                    //가속도, 자이로 센서 값 읽기
  t_now = millis();                   //측정 주기 시간 계산용
  TimeGap = (t_now - t_prev) / 1000.0; //시간 차이(초단위)
  t_prev = t_now;
  cal_AngleAccel();                   //롤과 피치 각도 계산
  print_Pitch_Roll_Yaw();             //스크린 출력
}
```

[그림 8.13] 가속도 계산 메인 프로그램

가속도계는 짧은 순간의 측정과 진동에 취약하다. 그러므로 수평한 지면 위에 올려놓아도 미세한 진동에 의하여 센서 값들이 영향을 받는 경향이 있다. 이것을 막기 위하여 센서 값들을 많이 읽은 다음에 평균 값을 취하여 사용한다. [그림 8.14]는 MPU-6050 센서를 수십 번 읽어서 평균을 구하는 루틴이다. cal_Average() 함수는 가속도와 자이로 센서 값을 보정하기 위하여 앞으로 계속 사용된다. 여기서 얻은 저장 변수들은 cal_AngleAccel() 함수에서 사용한다.

```
float baseAcX, baseAcY, baseAcZ;        //가속도 평균값 저장 변수
float baseGyX, baseGyY, baseGyZ;        //자이로 평균값 저장 변수

void cal_Average() {
  float sumAcX = 0, sumAcY = 0, sumAcZ = 0;
  float sumGyX = 0, sumGyY = 0, sumGyZ = 0;
  read_MPU-6050();                      //가속도 자이로 센서 읽어들임

  for (int i=0; i<10; i++) {            //평균값 구하기
    read_MPU-6050();
    sumAcX += AcX; sumAcY += AcY; sumAcZ += AcZ;
    sumGyX += GyX; sumGyY += GyY; sumGyZ += GyZ;
    delay(100);
  }
  baseAcX = sumAcX / 10; baseAcY = sumAcY / 10; baseAcZ = sumAcZ / 10;
  baseGyX = sumGyX / 10; baseGyY = sumGyY / 10; baseGyZ = sumGyZ / 10;
}
```

[그림 8.14] 가속도와 자이로 센서 보정 루틴

```
float accel_angle_x, accel_angle_y, accel_angle_z;

void cal_AngleAccel() {
  float accel_x, accel_y, accel_z;        //가속도계의 최종적인 보정값!!!
  float accel_xz, accel_yz;
  const float RADIANS_TO_DEGREES = 180/3.14159;

  accel_x = AcX - baseAcX;                //X축에 대한 현재 값 - 평균값
  accel_y = AcY - baseAcY;
  accel_z = AcZ + (16384 - baseAcZ);

    //X축이 기울어진 롤 각도  .... Euler Angle 공식
  accel_yz = sqrt(pow(accel_y, 2) + pow(accel_z, 2));
  accel_angle_y = atan(-accel_x / accel_yz)*RADIANS_TO_DEGREES;
    //Y축이 기울어진 피치 각도
  accel_xz = sqrt(pow(accel_x, 2) + pow(accel_z, 2));
  accel_angle_x = atan(accel_y / accel_xz)*RADIANS_TO_DEGREES;
  accel_angle_z = 0;
}
```

[그림 8.15] 가속도 계산 루틴

가속도계로 롤 각도와 피치 각도를 구하는 것은 [그림 8.15]와 같이 Euler Angle을 구하는 공식을 사용한다. 단지 Z축 방향이 돌아가는 Yaw 각도는 축의 기준이 고정되어 있지 않아서 가속도계로 계산하기 어렵기 때문에 사용하지 않았다.

> **예제 8.5** [그림 8.15]의 쿼드콥터를 오른쪽으로 가게 하려면 1, 2, 3, 4번 모터들의 속도를 어떻게 올려야 하는지 설명하시오. 드론의 방향을 왼쪽으로 가게 하려면 모터들의 속도를 어떻게 해야 하는가?

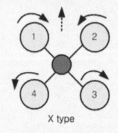

X type

[그림 8.16] 쿼드콥터의 비행

풀이

드론이 오른쪽으로 가기 위해서는 왼쪽의 양력이 오른쪽의 양력보다 커야한다. 따라서 왼쪽 1번과 4번 모터들의 속도를 올리면 양력이 높아져서 오른쪽으로 비행한다.

드론이 왼쪽 방향으로 가려면 시계 방향으로 회전하는 모터들의 속도가 높아야 반토크의 힘으로 왼쪽 방향으로 간다. 따라서 1번과 3번 모터의 속도를 높이면 드론이 왼쪽 방향을 향하게 된다.

요약

- 속도는 길이를 시간으로 나눈 값(m/s)이고 가속도는 속도를 시간으로 나눈 값(m/s^2)이다.

- 가속도란 속도의 변화율이고, 가속도계는 속도의 변화율을 측정하는 장치이다.

- 가속도는 속도가 변화해야 측정할 수 있으므로 측정에 시간이 걸린다. 따라서 짧은 시간에 하는 측정은 정확하지 않다.

- 드론이 측정하려는 가속도는 중력 가속도이다. 중력 가속도는 9.8m/s^{2}이다. 드론 3축의 중력 가속도를 알면 드론의 기울기를 계산할 수 있다.

- MPU-6050의 레지스터 크기는 16비트이므로 −32,768에서 +32,767까지의 정수를 출력한다. 가속도계가 AFL_SEL이 0일 때 이 값을 출력하는 동안 중력 가속도 값은 −2g에서 +2g까지 측정할 수 있다.

- 1g의 가속도계 출력 값은 32,767/2g = 16,384이므로 물체가 정지 상태에서는 1g 압력을 받으므로 가속도계는 16,384 값을 출력한다.

- MPU-6050은 AFS_SEL 값(0,1,2,3) 설정에 따라서 중력 가속도 값이 2g, 4g, 8g 등으로 달라지는 것을 감안해야 한다. [그림 8.9] 매뉴얼 가속도계 참조.

- 아두이노 C 언어의 삼각함수에서는 라디안을 사용하므로 각도를 라디안으로 변환해야 한다. 라디안은 원의 호를 반지름으로 나눈 값이므로 원의 둘레인 2πr를 반지름 r로 나눈 것이다.

- 2π라디안은 360°에 해당한다. 따라서 1rad = 360°/2π = 180°/3.14159 = 57.296°이다.

- 아두이노 보드가 지원하는 직렬 통신을 수행하기 위해서는 [표 8.2]의 직렬 통신 관련 함수를 사용한다.

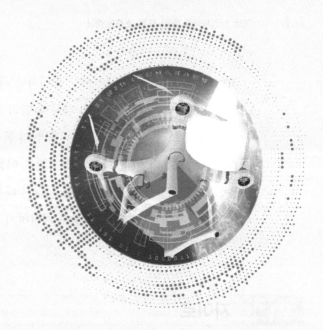

CHAPTER **9**

자이로 프로그램

자이로(gyroscope)는 라틴어로 '회전하다'라는 뜻이다. 회전하는 물체는 회전 운동을 그대로 유지하려는 관성이 있기 때문에 빨리 회전할수록 쓰러지지 않는다. 자전거를 타고 달리면 잘 쓰러지지 않는다. 팽이를 빨리 돌리면 쓰러지지 않고 천천히 돌면 쓰러진다. 사람들은 예로부터 이런 회전체의 성질을 이용하여 장난감과 방향 측정 등의 분야에서 활용하고 있다. 특히 자이로 나침판은 다른 나침판들보다 훨씬 정확하다. 드론은 비행 자세를 제어하거나 비행경로와 방향을 계산하기 위하여 자이로를 활용하고 있다.

9.1   자이로

항공기는 자세의 균형을 잃으면 추락으로 이어지기 때문에 균형을 유지하는 것이 매우 중요하다. 드론이 외란(바람, 기압, 온도, 습도, 접촉 등)에 의하여 원하지 않는 방향으로 기울어지면 그 방향과 기울어진 정도만큼 원위치로 복원해주어야 한다. 드론의 기울기가 허용치를 넘으면 추락하므로 허용치를 넘기 전에 복원해야 한다. 자이로는 물체가 기울어지는 각속도(angular speed)를 측정할 수 있다. 자이로의 성질을 이용하면 드론의 기울기를 측정할 수 있고 드론의 자세를 제어할 수 있다.

9.1.1 자이로 센서(Gyroscope sensor)

가속도는 물체가 움직이는 속도의 변화율이지만 자이로가 측정하는 각속도(angular speed)는 물체가 움직이는 속도 그 자체이다. 따라서 순간적으로 물체가 축을 중심으로 얼마나 회전했는지 측정하는 것이 가능하다. 자이로는 특성 상 측정 시간이 길어질수록 정확성이 떨어진다. 따라서 순간적으로 측정한 값들을 누적하면 회전한 전체 각도가 된다.

(1) 자이로 값으로 롤 각과 피치 각 구하기

[그림 9.1](a)에서 비행체의 방위를 비행체의 앞을 북쪽으로 간주하면 오른쪽은 동쪽이 되며, 남북 축(X축)이 회전하면 롤(roll) 각이 되고, 동서 축(Y축)이 회전하면 피치(pitch) 각이 되고, 수직 축(Z축)이 회전하면 요(yaw) 각이 된다. MPU-6050에서는 Y축을 앞과 뒤의 종축으로 간주하고, X축을 왼쪽과 오른쪽의 횡축으로 간주하고, Z축을 지구에 수직하

는 중력 축으로 간주한다. [그림 9.1](a)는 비행체가 북쪽을 향하고 있을 때 x, y, z축에 걸리는 가속도와 각속도의 방향을 표현한 것이고, [그림 9.1](b)는 MPU-6050에서 임의로 설정한 x, y, z 축의 가속도와 각속도의 방향을 표현한 것이다.

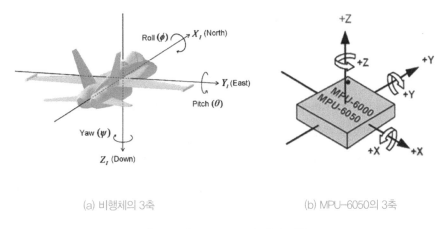

(a) 비행체의 3축   (b) MPU-6050의 3축

[그림 9.1] MPU-6050의 3축의 방향

[그림 9.1]에서 직선은 가속도를 의미하고 곡선은 각속도를 의미한다. MPU-6050을 사용하는 경우에는 [그림 9.1](b)가 방위의 기준이 되기 때문에 이 방향대로 프로그래밍 하는 것이 관련자들 사이에 의사소통이 편리하다. 그러나 +X축을 앞으로 설치하고 사용해도 Y축을 좌우 축으로 간주하면 되기 때문에 설치하는 방향은 제작자가 임의로 설정하고 사용할 수 있다.

9.2 자이로 값 읽기

자이로를 쉽게 이해하기 위하여 우선 자이로 센서가 출력하는 값을 읽고 이 값들을 이용하여 드론의 롤 각과 피치 각을 계산한다.

9.2.1 자이로 값 읽기

자이로 값을 읽는 것은 '제8장 가속도'에서 MPU-6050 센서를 설치하고 출력 값을 읽는 절차와 동일하므로 이 부분은 생략한다.

(1) 프로그램 실험 환경: 아두이노 IMU 실험기

아두이노 보드에 MPU-6050 센서를 설치하는 것은 제8장 8.2.1절의 가속도 값 읽기를 참조한다. [그림 9.1]에서 직선은 가속도를 의미하고 곡선은 자이로를 의미한다. 물체가 움직이거나 회전할 때 각각 + 방향과 - 방향이 있으므로 방향에 유의한다. 실험 도구는 [그림 8.5]와 같은 아두이노 IMU 실험기이다.

(2) 아두이노 스케치 IDE 프로그램 설치 및 센서 읽기 프로그램

아두이노 스케치 IDE(Arduino sketch Integrated Development Environment)를 설치하는 것은 제8장 8.2절의 가속도 값 읽기를 참조한다. 아두이노 사이트(https://www.arduino.cc/)에서 [그림 8.6]의 MPU-6050의 각속도와 가속도 그리고 온도 값을 읽는 프로그램을 내려받는다. 이 프로그램의 4째 줄은 다음과 같이 가속도와 온도 그리고 각속도 값을 x, y, z 축의 순서대로 읽어서 저장하는 변수이다.

int16_t AcX, AcY, AcZ, Tmp, GyX, GyY, GyZ;

이들 변수들의 자료형은 int16_t이므로 모두 16비트의 정수로 저장된다. 그 이유는 MPU-6050의 레지스터 크기가 16비트이기 때문이다. 따라서 이 변수들은 −32,768부터 +32,767까지의 값을 가질 수 있다. MPU-6050의 통신 수단은 I2C이므로 둘째 줄에서 I2C를 정의하는 Wire.h 헤더 파일을 선언하였다. MPU-6050의 I2C 주소는 0x68이다.

[그림 9.2]는 아두이노 UNO IMU 실험기에 USB를 연결하고 센서의 +y 축을 앞으로 향하고 수평인 책상 위에 아두이노를 올려놓고 실행한 결과이다. 처음부터 x, y, z 축의 가속도 값 그리고 온도 값 그리고 x, y, z 축의 자이로 값들이 계속 인쇄된다. 인쇄된 자료를 살펴보면 x, y, z 축의 가속도 값들이 +, +, + 값이고 온도(Tmp)는 + 값이고 x, y, z 축의 자이로 값들은 -, +, - 값이다. 그 이유는 아두이노 보드의 자이로 센서 방향은 x축이 뒤로 돌고, y축이 오른쪽으로 돌고 z축이 반시계 방향이기 때문이다. 다음은 자이로 값을 읽는 실험을 한다. 각속도는 물체가 회전하는 속도이므로 IMU 실험기를 x, y, z 축의 +와 -방향으로 회전하면서 결과 값들을 관찰한다. 여기서는 아두이노 IMU 실험기를 책상 위에 수평 상태로 놓고 실험한다.

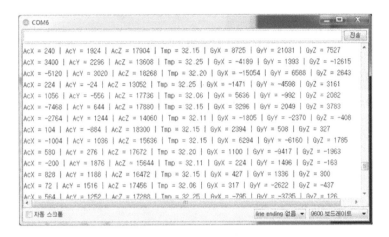

[그림 9.2] [그림 8.6] MPU-6050 읽기 프로그램의 결과

① 자이로 실험 1

+Z축 방향으로 실험기를 돌린다. 실험기가 +Z축과 같은 방향으로 돌기 때문에 GyZ값이 양수로 증가하는 것을 볼 수 있다. 그 이유는 +Z 방향인 반 시계 방향으로 회전하기 전에는 작았던 값들이 돌리면서 32767까지 급격하게 증가하는 것을 볼 수 있다.

```
AcX = -964  | AcY = -544  | AcZ = 16936 | Tmp = 32.34 | GyX = -385  | GyY = 452   | GyZ = 661
AcX = -608  | AcY = -836  | AcZ = 16608 | Tmp = 32.34 | GyX = -14   | GyY = -20   | GyZ = -122
AcX = -11840 | AcY = -5364 | AcZ = 11744 | Tmp = 32.39 | GyX = -1635 | GyY = 14344 | GyZ = 4733
AcX = 17236 | AcY = -12376 | AcZ = 11532 | Tmp = 32.39 | GyX = 76   | GyY = -15980 | GyZ = 32767
```

② 자이로 실험 2

-Z축 방향으로 실험기를 돌린다. 실험기가 Z축과 반대 방향으로 돌기 때문에 GyZ값이 음수인 것을 볼 수 있다. 그 이유는 -Z 방향인 시계 방향으로 회전하면서 역방향이므로 음수로 바뀐 것이다. 시계 방향으로 회전하기 전에는 작았던 값들이 돌리면서 -32768까지 급격하게 감소하는 것을 볼 수 있다.

```
AcX = 964  | AcY = -2040  | AcZ = 16508 | Tmp = 32.29 | GyX = 173  | GyY = 59    | GyZ = 802
AcX = 804  | AcY = -1792  | AcZ = 16720 | Tmp = 32.20 | GyX = 1594 | GyY = -2246 | GyZ = 1862
AcX = 1264 | AcY = -1484  | AcZ = 16396 | Tmp = 32.15 | GyX = 199  | GyY = -601  | GyZ = -620
AcX = 32767 | AcY = -32768 | AcZ = 32767 | Tmp = 32.11 | GyX = 32767 | GyY = 32767 | GyZ = -32768
```

③ 자이로 실험 3

+Y축 방향으로 실험기를 돌린다. GyY값이 양수인 것을 볼 수 있다. 그 이유는 Y축이 +Y축 방향으로 회전하면서 양수를 출력한 것이다. +Y 방향으로 회전하기 전에는 작았던 값들이 돌리면서 32767까지 급격하게 증가하는 것을 볼 수 있다.

```
AcX = 2464 | AcY = 676 | AcZ = 16588 | Tmp = 32.20 | GyX = 708 | GyY = 1886 | GyZ = 1008
AcX = 1228 | AcY = 1220 | AcZ = 17380 | Tmp = 32.11 | GyX = -534 | GyY = 673 | GyZ = 710
AcX = 1808 | AcY = 604 | AcZ = 16312 | Tmp = 32.25 | GyX = -734 | GyY = -1424 | GyZ = 611
AcX = 21156 | AcY = -688 | AcZ = 2900 | Tmp = 32.25 | GyX = 32767 | GyY = 32767 | GyZ = 5279
```

④ 자이로 실험 4

-Y축 방향으로 실험기를 돌리면 GyY값이 음수인 것을 볼 수 있다. 그 이유는 Y축이 -Y축 방향으로 회전하면서 음수를 출력한 것이다. -Y 방향으로 회전하기 전에는 보통 값들이 돌리면서 -32768까지 급격하게 감소하는 것을 볼 수 있다.

```
AcX = -1428 | AcY = 1096 | AcZ = 16696 | Tmp = 32.25 | GyX = -534 | GyY = 1895 | GyZ = 242
AcX = -1672 | AcY = 1484 | AcZ = 17488 | Tmp = 32.15 | GyX = 166 | GyY = 1821 | GyZ = -544
AcX = -1508 | AcY = 1564 | AcZ = 17632 | Tmp = 32.15 | GyX = 2055 | GyY = 2481 | GyZ = -1677
AcX = 17892 | AcY = 8524 | AcZ = 14360 | Tmp = 32.20 | GyX = -20585 | GyY = -32768 | GyZ = 3897
```

⑤ 자이로 실험 5

```
AcX = 980 | AcY = -1540 | AcZ = 17168 | Tmp = 32.39 | GyX = -188 | GyY = 183 | GyZ = 60
AcX = 804 | AcY = -1468 | AcZ = 16920 | Tmp = 32.39 | GyX = -216 | GyY = 241 | GyZ = -6
AcX = 952 | AcY = -2060 | AcZ = 17472 | Tmp = 32.39 | GyX = -289 | GyY = -288 | GyZ = -122
AcX = -27548 | AcY = 4228 | AcZ = 32767 | Tmp = 32.29 | GyX = 32767 | GyY = 32767 | GyZ = 13912
```

+X축 방향으로 실험기를 돌리면 GyX값은 양수인 것을 알 수 있다. 그 이유는 X축이 +X축 방향으로 회전하면서 양수를 출력한 것이다. +X축 방향으로 회전하기 전에는 작았던 값들이 돌리면서 32767까지 급격하게 증가하는 것을 볼 수 있다.

⑥ 자이로 실험 6

-X축 방향으로 실험기를 돌리면 GyX값은 음수가 되는 것을 알 수 있다. 그 이유는 X축이 -X축 방향으로 회전하면서 음수를 출력한 것이다. -X축 방향으로 회전하기 전에는 보통 값들이 돌리면서 -32768까지 급격하게 증가하는 것을 볼 수 있다.

```
AcX = 348  | AcY = 2684  | AcZ = 17752  | Tmp = 32.39 | GyX = 2172  | GyY = 1177  | GyZ = 651
AcX = -724  | AcY = 3032  | AcZ = 16644  | Tmp = 32.44 | GyX = 2782  | GyY = 304  | GyZ = -319
AcX = 504  | AcY = 4800  | AcZ = 13928  | Tmp = 32.48 | GyX = 2685  | GyY = 4579  | GyZ = -2217
AcX = -32768 | AcY = -32768 | AcZ = -21356 | Tmp = 32.39 | GyX = -32768 | GyY = 30909 | GyZ = 5200
```

9.3 자이로 각도 구하기

앞 절에서 논의한 자이로의 자료를 이용하여 피치(pitch), 롤(roll), 요(yaw) 등의 드론이 기울어진 각도를 구한다.

9.3.1 MPU-6050 자이로 값 해석

자이로의 문제점은 순간 측정에는 정확하지만 긴 시간 동안 측정하면 부정확해지는 것이다. 이 문제를 해결하기 위해서는 짧은 시간에 측정하고 이들을 누적하여 각속도를 계산하는 것이다. 그러나 긴 시간 동안 적분을 하면 역시 시간 간격이 생겨서 오류가 누적되는데 이런 오류를 드리프트(drift)라고 한다. 아두이노 UNO 보드의 loop() 함수의 실행주기는 대략 3-4ms 정도이므로 이 시간마다 각속도를 측정하여 누적한다.

MPU-6050 자이로의 레지스터 크기는 16비트이므로 음수와 양수로 각각 0에서 32,767까지 표현한다. [그림 9.3]에서 FS_SEL이 0이면 자이로가 1초 동안 회전하는 각도가 250°이므로 물체가 1° 회전하면 자이로 값 32,767/250° = 131이다. 즉 자이로의 값이 131이라면 회전한 각도는 1°에 해당하므로 자이로 값을 131로 나누면 실제로 회전한 전체 각도가

6.1 Gyroscope Specifications
VDD = 2.375V-3.46V, VLOGIC (MPU-6050 only) = 1.8V±5% or VDD, T_A = 25°C

PARAMETER	CONDITIONS	MIN	TYP	MAX	UNITS	NOTES
GYROSCOPE SENSITIVITY						
Full-Scale Range	FS_SEL=0		±250		°/s	
	FS_SEL=1		±500		°/s	
	FS_SEL=2		±1000		°/s	
	FS_SEL=3		±2000		°/s	
Gyroscope ADC Word Length			16		bits	
Sensitivity Scale Factor	FS_SEL=0		131		LSB/(°/s)	
	FS_SEL=1		65.5		LSB/(°/s)	
	FS_SEL=2		32.8		LSB/(°/s)	
	FS_SEL=3		16.4		LSB/(°/s)	

[그림 9.3] MPU-6050 매뉴얼의 6.1 Gyroscope Specifications

나온다. loop() 함수가 4ms 주기(1/250초)로 실행하는 경우에 (1/131/250) =0.00003435°에 해당한다.

MPU-6050 매뉴얼에는 [그림 9.3]과 같이 FS_SEL 값이 0, 1, 2, 3으로 변함에 따라서 회전 각도가 250°, 500°, 1,000°, 2,000°로 바뀌므로 32,767을 이들 각도 값으로 나누면 1°에 해당하는 자이로의 값은 각각 32,767/250° = 131, 32,767/500° = 65.5, 32,767/1,000° = 32.8, 32,767/2,000° = 16.4가 된다.

9.3.2 각도 계산

드론의 비행을 위해 자이로와 가속도계를 이용하여 계산하는 각도는 피치 각도와 롤 각도이다. 비행기가 이륙하면 기수를 들고 하강할 때는 기수를 내린다. 우회전할 때는 러더(yaw)를 오른쪽으로 밀고, 좌회전할 때는 러더를 왼쪽으로 밀어주면 회전이 된다. 그러나 좌회전과 우회전을 부드럽게 수행하기 위해서는 좌회전할 때는 에일러론을 왼쪽으로 밀어주고 우회전할 때는 에일러론을 오른쪽으로 밀어주어야 회전이 잘 된다. 즉, 우회전 하거나 좌회전하는 경우에는 롤 각도를 함께 조종해야 비행을 부드럽게 잘 할 수 있다.

```
void setup() {
  init_MPU-6050();              //MPU-6050 초기 설정 함수
  Serial.begin(9600);           //Serial 통신 시작
  cal_Average();                //센서 보정
  t_prev = millis();            //시간 간격 초기화 : 현재 시각 저장
}

void loop() {
  read_MPU-6050();              //가속도, 자이로 센서 값 읽기
  cal_TimeGap();                //측정 주기 시간 계산
  cal_AngleGyro();             // calcurate PITCH, ROll, YAW 각도
  print_Pitch_Roll_Yaw();      //print Pitch Roll Yaw Angle
}
```

[그림 9.4] 각속도로 각도를 구하는 메인 루틴

```
void cal_AngleGyro() {
const float GYROXYZ_TO_DEGREES_PER_SED = 131;   //131: 1초 동안 1° 회전
  gyro_x = (GyX - baseGyX) / GYROXYZ_TO_DEGREES_PER_SED;
  gyro_y = (GyY - baseGyY) / GYROXYZ_TO_DEGREES_PER_SED;
  gyro_z = (GyZ - baseGyZ) / GYROXYZ_TO_DEGREES_PER_SED;

  gyro_angle_x += gyro_x * TimeGap; //변화된 각 : 각속도 x 측정 주기 시간
  gyro_angle_y += gyro_y * TimeGap;
  gyro_angle_z += gyro_z * TimeGap;
}
```

[그림 9.5] 자이로를 이용한 Pitch, Roll, Yaw 각도 계산 루틴

[그림 9.4]는 각속도를 이용하여 각도를 구하는 메인 루틴이다. 자이로를 이용하여 각도를 계산하려면 [그림 9.5]와 같이 x, y, z축의 자이로 각도에 대하여 읽은 값들을 3, 4, 5줄과 같이 1°에 해당하는 131로 나눈다. 이 때 센서 값을 보정하기 위하여 평균값을 빼준 다음에 131로 나눈다. 이 때 얻은 각도 값들을 6, 7, 8줄과 같이 측정 시간만큼의 크기를 곱하여 누적한다. 즉, 짧은 시간에 계산하여 얻은 값들을 적분하는 것이다.

9.3.3 실행 결과

이 프로그램을 실행할 결과가 [그림 9.6]이다. 처음에 실행하면 [그림 9.6]처럼 피치, 롤, 요 모두 0 근처에 있었으나 롤링을 하면서 출력 값이 높아졌다. [그림 9.7]은 아두이노를 오른쪽으로 약 90° 정도 돌렸을 때의 출력된 값들이다. y축으로 오른쪽으로 돌리면 +방향이므로 약 85° 정도의 수치가 보인다.

자이로를 이용한 각도 계산 프로그램을 계속 실행하면 각도가 계속 증가하는 오류가 나타난다. 이것이 바로 자이로의 드리프트 오류이다. 이런 종류의 자이로 드리프트 오류를 막기 위하여 짧은 시간에 각도를 계산하고 적절한 시간에 적분하는 과정을 수행하게 된다. 드리프트 오류를 막는 방법의 하나가 다음 장에서 기술하는 상보처리이다. 상보처리는 자이로를 가속도계와 함께 상보처리함으로써 서로의 장점을 살리고 단점을 감소함으로써 오류를 줄이고자 한다.

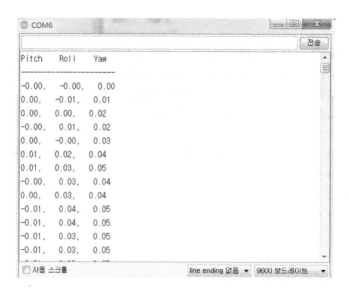

[그림 9.6] 초기 정지 상태

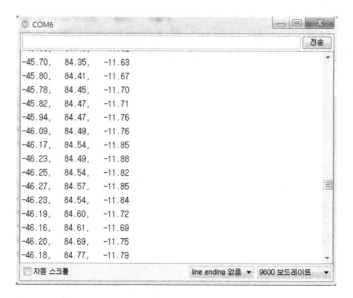

[그림 9.7] 약 +90° 롤링한 상태

요약

- 자이로는 고속으로 회전하는 원판이다. 고속 회전판은 회전 운동을 계속 유지하려고 회전 축을 이동하지 않으려고 한다.
- 자이로 회전축에 힘을 가하면 기울다가 다시 복원하려고 한다. 이 성질을 이용하여 물체가 움직인 각도를 측정한다. 물체가 움직인 각도를 알 수 있으면 그만큼 복원할 수 있다.
- MPU-6050 센서의 자이로 레지스터는 16비트 크기이므로 −32,768에서 +32,76까지의 정수값을 출력한다.
- 자이로가 정수 값을 출력하는 동안 물체는 1초에 −250°에서 +250°까지 회전할 수 있다. 따라서 32,767/250° = 131/1°이므로 물체가 1초에 1° 회전하면 자이로는 131을 출력하는 것이다. 따라서 자이로 값을 131로 나누면 회전한 각도가 나온다.
- 자이로는 짧은 시간 동안 측정하는 것이 정확하므로 순간적으로 측정한 값을 누적하여 사용한다. 프로그램에서는 적분하는 과정이 필요하다. 적분하는 과정에서 오차가 발생한다. 자이로 적분 과정에서 발생하는 오차를 drift라고 한다.
- 자이로는 drift를 해결하는 것이 과제이다.
- MPU-6050은 FS_SEL 값 설정(0,1,2,3)에 따라서 회전하는 각도가 250° 500° 1,000° 등으로 달라지는 것을 감안해야 한다. [그림 9.3] MPU-6050 매뉴얼 참조
- 자이로를 이용하여 각도 계산 프로그램을 실행을 계속하면 오차가 계속 증가한다. 이것이 바로 드리프트 오류이다. 드리프트 오류를 막기 위하여 가속도계와 상보 처리하는 이유이다.

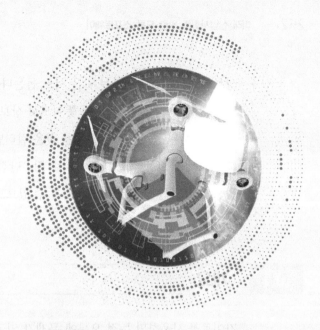

CHAPTER **10**

상보 필터 프로그램

상보(complementary)라는 말은 서로 돕는다는 뜻이고 필터(filter)는 필요 없는 것을 거르고 필요한 것은 통과시킨다는 뜻이므로 상보 필터는 자이로와 가속도계를 같이 이용하여 필요한 것은 선택하고 불필요한 것은 걸러낸다는 뜻이다. 그 이유는 드론에서 자이로와 가속도계를 사용하고 있으나 서로 장·단점이 다르기 때문이다. 두 센서의 장점과 단점을 서로 보완하면 좋은 효과를 얻을 수 있으므로 상보 필터 프로그램을 개발한다.

10.1   개요

자이로를 사용하면 누적 오류에 문제가 있고 가속도계는 진동에 문제가 있다. 그러나 자이로는 짧은 시간에 측정이 정확하고 가속도계는 비교적 긴 시간 동안 측정한 평균값이 정확하다. 두 센서들의 장점과 단점을 살펴보고 개선할 점을 찾아본다.

10.1.1 센서들의 특징

가속도계는 x, y, z 3축의 이동 거리를 이용하여 자이로처럼 각속도를 측정할 수 있다.

(1) 자이로의 특징

자이로는 회전하는 물체의 속도를 측정하는 것이므로 순간 측정이 용이하고 정확하다. 다만 짧은 시간에 각속도를 측정하기 때문에 긴 시간 동안 적분하는 과정에서 오차가 발생할 수 있다. 이 오차 때문에 긴 시간 동안 측정한 결과의 평균을 구해도 측정한 값이 정밀하지 않다. 회전하는 물체는 온도의 변화에 따라 회전력이 변할 수 있기 때문에 온도의 영향을 많이 받는다.

오차가 누적되면 시간이 지남에 따라서 드리프트(drift) 현상이 발생한다. 드리프트란 물질 내의 입자가 Brown 운동[11]을 하면서 외력의 작용을 받아 이동하는 현상이다. 드론에서는 드론이 비행 중에 조종기의 제어에서 벗어나 미끄러지듯이 흐르는 것을 말한다.

---

11 Brown 운동: 1827년 영국 식물학자 Brown이 화분을 관찰하던 중에 부유하는 미립자가 열운동을 하고 있는 액체분자에 충돌하는 불규칙적인 운동을 발견하여 명명되었다. 일반적으로 열운동에 의해 일어나는 거시적인 물리량의 불규칙한 운동을 Brown운동이라고 부른다.

이런 이유로 인하여 드리프트를 표류라고도 말한다. 드론에서는 자이로를 사용할 때 드리프트를 해결하는 것이 매우 중요한 과제이다. [표 10.1]은 자이로의 장·점을 비교한 것이고 [표 10.2]는 가속도계의 장·점을 비교한 것이다.

[표 10.1] 자이로의 장·단점

장단점	내 용	비 고
장 점	짧은 시간에 정밀하게 측정	
단 점	적분 시 오차 누적	드리프트 발생
	온도에 영향	온도 보정 필요
	평균값이 정확하지 못함	긴 시간 측정 곤란

[표 10.2] 가속도계의 장·단점

장단점	내 용	비 고
장 점	긴 시간에 정확한 측정 가능	평균값이 정확
	오차 누적이 없다	적분하지 않으므로
단 점	짧은 시간에 측정 곤란	정확한 움직임 측정 곤란
	속도 변화가 없으면 측정 곤란	등속도, 정지 모두 곤란
	180° 이상 회전 시 측정 곤란	직선 운동에 적합
	진동에 취약	노이즈 발생

(2) 가속도계의 특징

가속도계는 속도가 변화하는 비율을 측정하기 때문에 어느 정도 시간이 필요하다. 따라서 짧은 시간 안에 가속도를 측정하는 것은 어렵다. 대신 긴 시간 동안 측정한 자료의 평균을 구하면 비교적 정확한 자료를 얻을 수 있다. 가속도계는 측정값을 누적하는 과정이 없으므로 오차가 누적되지 않는다. 그러나 순간적인 진동에는 노이즈가 발생한다. 또한 속도의 변화율을 측정하는 것이기 때문에 일정한 속도로 움직이거나 정지된 물체를 측정하는 것은 어렵다. 측정에 시간이 걸리기 때문에 물체의 움직임을 정확하게 측정하기 어렵다. 180° 이상에서는 크게 회전하는 것이므로 값을 측정하기 어렵다. 180° 이상의 움직임이라면 오히려 각속도를 측정하는 것이 편리하다.

자이로와 가속도계는 각각 장점과 함께 단점을 갖고 있으므로 하나 만을 가지고 사용하면 정확한 각도를 얻기 어렵다. 이런 문제를 해결하기 위하여 두 센서들의 장점을 취하고 단점을 제거함으로써 상호 보완적으로 사용한다. 이와 같이 두 센서들을 상호보완적으로 사용하여 만든 장치를 상보 필터(complementary filter)라고 부른다. MPU-6050은 두 센서가 같이 포함되어 있으므로 상보 필터 프로그램을 만들기 편리하다.

10.2   시간 측정

드론이 안정적으로 비행하기 위해서는 비행제어 소프트웨어 처리 시간이 짧을수록 좋다. 프로그램 처리 시간이 짧을수록 외부 환경의 변화와 함께 조종기의 조작을 신속하게 모터에 반영할 수 있다. 드론을 조종하는 모터 회전 반응이 빨라지므로 기동성이 좋아진다. 따라서 비행제어 프로그램의 성능을 확인하기 위하여 아두이노 C 프로그램의 loop() 함수나 특정 함수 처리 시간을 측정할 필요가 있다.

10.2.1 프로그램 처리 시간

자이로는 짧은 시간에 각속도를 측정하여 측정된 각도를 누적하기 때문에 프로그램 처리 시간을 측정하는 프로그램이 필요하다. [그림 10.1] 프로그램은 아무 일도 하지 않고 단순하게 loop() 함수가 반복 실행되는 시간을 측정한다. 아두이노 C 언어에서 시간을 측정하는 함수는 마이크로 초 단위의 micros() 함수가 있고 밀리 초 단위의 millis() 함수가 있다. 시간 단위가 1,000배이므로 적절한 시간 함수를 선택하여 사용한다. [그림 10.1]의 프로그램으로 측정해보면 loop() 함수 처리 시간이 $426\mu s$(마이크로 초) 정도이다. 실제 비행을 할 때는 모니터 출력이 없으므로 모니터 출력 시간을 빼면 처리 주기가 조금 더 빨라질 것이다.

```
float t_now, t_prev, t_Gap;

void setup() {
  Serial.begin(115200);          //Serial 통신 시작
  t_prev = micros();             //이전 시간
}


void loop() {
  calc_t_Gap();                  //소요 시간 계산
  Serial.println(t_Gap,0);       //소요 시간 인쇄
}

void calc_t_Gap() {  //시간 측정 모듈
  t_now = micros();              //현재 시간 저장
  t_Gap = (t_now − t_prev);      //시간 차이 계산
  t_prev = t_now;                //이전 시간 저장
}
```

[그림 10.1] 프로그램 처리 시간 측정

[그림 10.1] 프로그램을 실행한 결과는 [그림 10.2]와 같이 시리얼 모니터에 나타난다. loop() 함수의 처리주기는 약 426μs 안팎으로 측정된다. 시간을 측정하는 calc_t_Gap() 함수를 이용하면 앞으로 사용할 비행제어기 프로그램의 처리 시간을 측정할 수 있다.

[그림 10.2] [그림 10.1] 시간 측정 프로그램 실행 결과

10.2.2 프로그램 처리 시간

앞 절에서는 빈 프로그램을 실행하는데 소요되는 시간을 측정하였다. 이제는 아두이노
UNO 보드에서 MPU-6050 센서를 읽는데 소요되는 시간을 측정하기 위하여 [그림 10.3]
과 같은 프로그램을 작성하였다.

```
void setup() {
  init_MPU-6050();                      //MPU 초기화
  Serial.begin(115200);
}


void loop() {
  read_MPU-6050();
  //print_data();
  calc_t_Gap();                         //측정 주기 시간 계산
  Serial.println(dt);
}
```

[그림 10.3] MPU-6050 자료 읽기 시간 측정

[그림 10.4] [그림 10.3] 프로그램 처리 결과

[그림 10.3] MPU-6050 센서 읽기 프로그램을 실행했을 때 소요되는 시간을 측정한 결과는 [그림 10.4]와 같이 약 1,966μs 소요된다. [그림 10.2]와 같이 순수하게 아두이노 프로그램의 loop() 함수가 실행되는 시간이 약 426μs라면 [그림 10.4]처럼 MPU-6050 센서를 읽는데 소요되는 시간은 약 1,966μs가 소요된다. 물론 이렇게 측정하는 처리 시간은 컴퓨터 시스템의 환경에 따라서 얼마든지 달라질 수 있다. 그러나 일반적으로 아두이노 UNO 보드에서 센서 읽기에 소요되는 시간은 2ms를 기준으로 하고, 비행제어 프로그램의 처리 주기는 3ms를 기준으로 하고 있다. Multiwii2.4에서는 2.8ms를 비행제어 프로그램의 처리 주기로 설정하고, YMFC 비행제어 프로그램에서는 4ms로 설정하고 있다. 처리 주기가 4ms보다 커질수록 드론의 반응성이 떨어지고 10ms 가까이 가면 모터 회전 반응이 느려져서 드론의 중심을 잡기 어렵다고 한다. 따라서 프로그램 작성 시에는 적절한 처리 주기 시간을 미리 설계하고 점검할 필요가 있다.

예제 10.1 아두이노의 millis() 함수를 이용하여 μs 단위로 처리 주기 시간을 계산하는 모듈을 작성하시오.

풀이

ms는 μs의 1,000배에 해당하므로 millis() 함수로 얻은 값을 1,000으로 나누면 μs가 된다. 이것을 이용하여 [그림 10.1] 프로그램의 calc_t_Gap() 함수를 [예제 그림 10.1]과 같이 수정한다.

```
void calc_t_Gap() {
  t_now = millis();           //현재 시간
  t_Gap = (t_now - t_prev)/1000;   //μs는 ms의 1/1000
  t_prev = t_now;            //이전 시간
}
```

[예제 그림 10.1] 시간 측정 모듈의 수정

10.3 상보 필터

이 절에서는 자이로와 가속도계를 상호 보완하여 두 가지의 장점을 살린 상보 필터를 만든다.

10.3.1 상보 필터

자이로와 가속도계의 문제점을 분석하고 대책으로서의 상보 필터를 만든다.

(1) 센서들의 문제점

자이로는 드론이 비행하면서 회전했을 때 x, y, z의 3축 공간에서 각 축별로 각속도를 측정한 값들을 제공한다. 이 각속도 값들을 이용하면 드론의 롤, 피치, 요 각도를 계산할 수 있다. 가속도계도 역시 드론이 비행할 때 x, y, z의 3축 공간에서 각 축별로 움직인 거리를 측정한 값들을 제공한다. 이 가속도 값들을 이용하면 자이로와 마찬가지로 드론의 롤, 피치, 요 각도를 계산할 수 있다. 드론이 3차원에서 비행하므로 MPU-6050은 자이로와 가속도계가 각각 x, y, z 3축으로 움직인 물리량을 측정하므로 6축 센서라고 부른다.

자이로가 순간 측정에 정확하지만 드리프트 문제점이 있고, 가속도계는 긴 시간 측정에서는 정확하지만 순간 측정에 어려움이 있다. 이 문제를 해결하는 방법은 순간 측정에는 자이로를 이용하고 긴 시간 측정에는 가속도계를 이용하는 것이다. 이렇게 두 센서들의 장점을 통합하는 것이 상보 필터를 만드는 과정이다.

(2) 두 센서의 통합

각속도를 이용하여 각도를 구하는 방법은 자이로 값을 131(단 FS_SEL = 0일 때)로 나누는 것이다. 자이로와 가속도계 레지스터의 크기가 16비트이므로 −32,767에서 +32,767 범위의 정수를 가질 수 있으며 이 값은 초당 −250° ~ +250°를 회전할 수 있다. 따라서 32,767/250 = 131이므로 센서 값 131은 물체가 회전하는 1°에 해당한다. 따라서 자이로에 의한 피치, 롤, 요 각도는 다음과 같은 계산으로 얻을 수 있다.

gyro_x = gy_x * t_Gap/131   // gy_x: x축의 각속도 값, t_Gap: 짧은 시간 간격
gyro_y = gy_y * t_Gap/131   // gy_y: y축의 각속도 값, t_Gap: 짧은 시간 간격

gyro_z = gy_z * t_Gap/131   // gy_z: z축의 각속도 값, t_Gap: 짧은 시간 간격

각속도에 의한 각도는 계속 적분해야하므로 다음과 같이 x, y, z 축별로 누적한다.

gyro_angle_x += gyro_x
gyro_angle_y += gyro_y
gyro_angle_z += gyro_z

가속도를 이용하여 각도를 구하는 방법은 Euler angle 공식을 이용한다. Euler angle 공식은 다음과 같다.

Roll $\phi = \arctan(\dfrac{Rx}{\sqrt{(Ry^2 + Rz^2)}})$

Pitch $\rho = \arctan(\dfrac{Ry}{\sqrt{(Rx^2 + Rz^2)}})$

가속도 값들이 축별로 각각 acc_x, acc_y, acc_z라면 x축이 기울어지는 피치 각도와 y축이 기울어지는 롤 각도는 다음과 같이 계산할 수 있다.

acc_angle_x = atan(acc_y/sqrt(pow(acc_x,2)+pow(acc_z,2)) * 57.2(라디안)
acc_angle_y = atan(acc_x/sqrt(pow(acc_y,2)+pow(acc_z,2)) * 57.2(라디안)

각속도에 의한 각도와 가속도에 의한 각도를 통합하는 것은 두 개를 통합하는 비율이 중요하다. 통상적으로 각속도와 가속도의 통합 비율은 약 95:05 정도로 각속도의 비율이 압도적으로 높다. 따라서 통합하는 수식은 대략 다음과 유사하다.

angle_x = 0.95*gyro_angle_x + 0.05*acc_angle_x
angle_y = 0.95*gyro_angle_x + 0.05*acc_angle_y

(3) 프로그램 실험 환경

상보 필터를 구현하고 실험하는 프로그램 실험 도구는 제8장 [그림 8.5]와 같은 아두이노 UNO IMU 실험기이다.

10.3.2 상보 필터 프로그램

상보 필터 프로그램은 각속도와 가속도에 의한 각도 계산 모듈을 모두 포함하고 두 모듈에서 얻은 각도들을 일정한 비율로 통합하는 상보처리 모듈 하나를 추가한다. [그림 10.5]는 가속도를 계산하는 메인 프로그램인 [그림 8.13]에 각속도를 계산하는 프로그램인 cal_AngleGyro() 모듈을 추가하고 각속도와 가속도 모듈에서 얻은 자료를 통합하는 cal_CompleFilter() 모듈을 새롭게 작성하여 추가한 메인 프로그램이다.

```
void setup() {
  init_MPU-6050();              //MPU-6050 센서에 대한 초기 설정 함수
  Serial.begin(9600);           //Serial 통신 시작
  cal_Average();                //센서 보정
  init_TimeGap();               //시간 간격에 대한 초기화
}

void loop() {
  read_MPU-6050();              //가속도, 자이로 값 읽어드림
  cal_TimeGap();                //측정 주기 시간 계산
  cal_AngleAccel();             // 가속도계 처리 루틴
  cal_AngleGyro();              //자이로 처리 루틴
  cal_CompleFilter();           //상보처리 루틴
  print_Pitch_Roll_Yaw();       //인쇄 루틴
  delay(50);
}
```

[그림 10.5] 상보필터 프로그램의 메인 루틴

```
float accel_angle_x, accel_angle_y, accel_angle_z;        //가속도 저장변수
float gyro_x, gyro_y, gyro_z;                             //각속도 저장 전역변수
float filter_angle_x, filter_angle_y, filter_angle_z;    //상보처리 저장 변수


void cal_CompleFilter() {
const float GyroRATE = 0.94;  //자이로 적용 비율
float tmp_angle_x, tmp_angle_y, tmp_angle_z;             //이전 필터 각도(prev)
  tmp_angle_x = filter_angle_x + gyro_x * TimeGap;       //자이로 각도 = 각속도 x
                                                            센서 입력 주기
                        //각속도 = 단위시간당 회전한 각도 -> 회전한 각도 / 단위시간
  tmp_angle_y = filter_angle_y + gyro_y * TimeGap;
  tmp_angle_z = filter_angle_z + gyro_z * TimeGap;

  filter_angle_x = tmp_angle_x * GyroRATE + accel_angle_x * (1.0 - GyroRATE);
  filter_angle_y = tmp_angle_y * GyroRATE + accel_angle_y * (1.0 - GyroRATE);
  filter_angle_z = tmp_angle_z; //곡선 +Z 축은 자이로 센서만 이용
}
```

[그림 10.6] 상보 필터 계산 모듈

[그림 10.6] 프로그램은 각속도 비율을 96% 반영하고 가속도 비율을 4% 반영하는 프로그램이다. [그림 10.7]은 [그림 10.6] 프로그램을 실행과 결과이다. 결과에서처럼 첫 번째 가속도계(Acc_)와 두 번째 자이로(Gyro_)의 계산 결과이며 세 번째는 상보필터로 처리한 결과(Compl_)로 얻은 값들이다. 각각 피치, 롤, 요 값의 순서로 출력되었다. [그림 10.7]은 센서가 수평하게 놓인 상태에서 측정하였으므로 피치, 롤, 요 값들이 모두 0에 가깝다.

[그림 10.8]의 상보필터 프로그램 실행 결과에 의하면 가속도에 의한 롤 각도의 결과는 3.5° 정도의 각도를 유지하다가 80° 정도의 값으로 변화하고 있고, 각속도에 의한 롤 각은 73°에서 72°정도를 유지하고 있다. 상보 처리에 의한 롤 각도는 77° 정도를 유지하고 있다. 프로그램에서 지정한대로 자이로의 값을 거의 반영하고 있음을 알 수 있다.

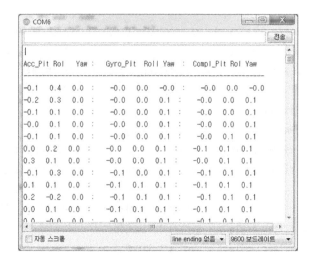

[그림 10.7] 상보필터 프로그램 실행 초기

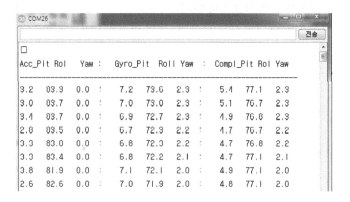

[그림 10.8] +X축으로 약 80° 회전한 결과

요약

- 자이로와 가속도계는 모두 롤 각도와 피치 각도를 측정할 수 있다.
- 자이로는 짧은 시간에 정확한 측정이 가능하고 가속도계는 긴 시간 측정하면 평균값을 정확하게 얻을 수 있다.
- 자이로는 각속도를 누적하는 과정에서 오류가 발생하고, 가속도계는 속도의 변화를 측정해야 하므로 짧은 시간에 측정하는 것이 어렵다.
- 자이로의 단점은 오차의 누적에 있으며 이것 때문에 드리프트가 발생한다. 가속도계의 단점은 일정한 속도의 물체나 정지된 물체의 측정이 불가능하고 진동에 취약하다는 점이다.
- 자이로는 짧은 시간에 각속도를 측정해야 하므로 시간을 측정하는 프로그램이 필요하다.
- 제어 프로그램에서 센서를 읽는데 걸리는 시간은 약 2ms이므로 약 1-2ms 시간 안에 제어 프로그램을 실행해야 한다.
- 비행제어 프로그램의 처리 주기는 보통 3-4ms이다. 4ms보다 느려서 10ms 가까이 걸리면 모터 회전 반응이 느려서 드론을 조종하기 힘들어진다.
- 상보필터 프로그램은 자이로 모듈과 가속도계 모듈에서 얻은 각도들을 적정한 비율로 단순하게 통합한다.
- 상보필터는 자이로와 가속도계의 장·단점을 상호 보완하는 기술이다. 상보필터의 핵심은 자이로와 가속도계의 배합 비율에 있다. 자이로가 90% 이상 반영되고 가속도는 10% 미만이 보통이다. 중요한 것은 정확한 비율인데 이것은 많은 시행착오를 거쳐서 얻을 수밖에 없다.

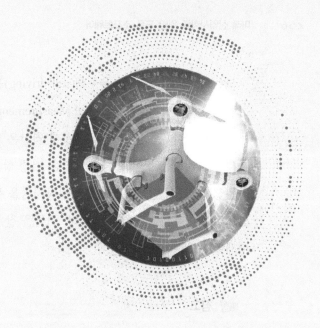

CHAPTER **11**

IMU LCD

모든 형태의 차량은 자율주행(self-driving)을 지향하고 있다. 자율주행이 성공하려면 각종 관성측정장치(IMU, Inertial Measurement Unit)와 위치기반 서비스들이 효율적으로 동작해야 한다. 관성측정장치의 첫째 역할은 드론이 안정적으로 비행할 수 있도록 수평 자세를 유지하는 것이고 둘째 역할은 비행 항로를 계산하고 항로를 따라 목적지로 비행하는 것이다. 이 장에서는 관성측정장치들을 통하여 얻은 자료들을 LCD 화면에서 실시간으로 확인하는 절차를 기술한다. 이들을 잘 활용할 수 있어야 자세제어와 기본적인 비행제어 프로그램을 작성할 수 있다.

👑 **참고**   자율주행

미군의 다목적 드론(MQ)[1]들은 중동 지역에서 작전을 수행하지만 일부 조종사들은 미국 본토 군사 기지에서 무인기가 보내주는 영상을 보면서 1인칭 시점(FPV)[2] 비행으로 임무를 수행한다. 미군은 궁극적으로 모든 정찰기와 전투기에서 조종사를 내리게 하고 무인기로 대체할 계획이라고 한다. 미 해군의 무인 함재기 X-47B가 2013년에 항공모함 이·착함 시험 비행을 수행했다. 지금은 드론에 장착된 카메라를 이용하여 1인칭 시점 비행을 하고 있지만 앞으로는 드론 스스로 임무를 수행하면서 자율비행을 할 것이다.
해운회사들은 장거리를 운항하는 외항선들을 자율주행 선박으로 대체하려고 한다. 자율주행 선박은 해적으로부터 안전하고 극심한 해운 인력난에서 벗어날 수 있기 때문이다. 자동차 회사들도 이미 부분적인 자율주행 차량을 내놓고 있지만 완전한 자율주행을 목표로 치열하게 경쟁하고 있다.

11.1   개요

자율비행에는 여러 단계가 있으나 최종적으로는 드론이 스스로 경로와 목표들을 찾아서 비행하고 주어진 임무를 수행하는 것이다. 자율비행을 달성하기 위해서는 여러 가지 여건이 마련되어야 한다. 첫째 드론 스스로 정지 비행(hovering)을 할 수 있어야 한다. 정지 비행을 수행하기 위해서는 드론이 스스로 수평 자세를 유지해야 한다. 수평 자세를 유

---

1   MQ(multi-roles drone): Predator는 미 공군의 정찰용으로 개발되었으나 대전차 미사일을 장착하고 공격하는 다목적 드론 MQ-1(Predator)으로 발전. Predator는 퇴역하고 MQ-9(Reaper)으로 대체되었음. 군사작전과 국경 감시, 세관 등에서 사용 중.
2   FPV(First Person View): 사용자가 지상에서 드론의 카메라를 이용하여 고글이나 PC 모니터 화면으로 드론 전방을 보면서 조종할 수 있는 장치.

지하는 것은 피치 각도와 롤 각도를 각각 0도로 유지하는 것이다. 둘째, 비행 중에 외란을 겪어도 수평 자세를 유지할 수 있어야 한다. 바람이나 외부 자극 등의 외란에 의하여 드론의 피치 각도나 롤 각도가 변경되는 즉시 변경 정도를 파악하고 변경된 각도만큼 복원시켜주어야 한다. 비행 중에 수평 자세에서 크게 벗어나면 추락하기 쉽기 때문에 어떤 비행 상태에서도 수평 자세로 복원해야 한다.

11.1.1 자율 수평 비행

자율 수평 비행(self-leveling flight)이란 드론이 스스로 수평 상태와 정지 비행 자세를 유지하는 비행을 말한다. 즉, 특정 공간에서 정지 비행을 수행하는 드론이 외란에 의하여 어느 쪽으로 기울거나 이동하더라도 즉시 원래 위치로 돌아와서 수평 자세를 유지하는 것을 말한다. 모든 항공기들은 안전을 위하여 언제나 수평 비행을 하려고 노력한다. 이륙이나 착륙 또는 회전과 같이 특정한 상황에 따라서 피치 각도와 롤 각도를 증가/감소하기도 하지만 그 상황이 종료되면 안전을 위해서 롤 각도와 피치 각도가 항상 수평이 되도록 비행한다.

항공기가 요 각도나 롤 각도를 바꾸면 대부분의 경우에 피치 각도도 비례적으로 바뀌기 쉽다. 그러나 피치 각도를 바꾼다고 꼭 롤 각도를 바뀔 필요는 없다. 따라서 롤 각도와 피치 각도 간의 상관관계를 잘 활용하는 것이 비행에 큰 도움이 된다. 대부분의 조종기들은 방향타(rudder)와 승강타(elevator) 간에 믹싱(mixing)을 하는 기능이 있다. 그 이유는 왼쪽으로 진행하기 위해서 방향타를 왼쪽으로 돌리면 항공기가 방향을 유연하게 바꾸기 위하여 왼쪽 에일러론을 올리고 오른쪽 에일러론을 내린다. 비행기 동체가 옆으로 기울어지면 날개도 함께 기울기 때문에 날개에 수직으로 받는 양력이 떨어지고 양력이 떨어지면 비행기가 하강하게 된다. 하강을 막으려면 조종사는 스로틀과 함께 승강타를 올려서 비행기를 상승시킨다. 따라서 방향타를 움직이면 에일러론도 움직이고 승강타도 함께 움직이고 스로틀도 함께 올라가게 마련이다. 이것은 롤 각도가 바뀌면 피치 각도 바뀌는 것이므로 롤 각도와 피치 각도의 관계를 잘 이해하고 계산할 필요가 있다.

11.1.2 실험 도구

자세 제어를 실험하기 위하여 사용할 실험 도구는 앞 장에서 사용했던 아두이노 IMU

실험기와 LCD1602, 피치 게이지(pitch gauge) 그리고 피치 경사판 등이다.

(1) LCD

LCD(Liquid Crystal Display)는 전기적인 정보를 시각정보로 변환하여 보여주는 전기 소자이다. LCD를 사용하는 이유는 IMU가 측정한 정보를 아두이노 프로그램이 가공해서 실시간으로 보여줄 수 있기 때문이다. 조종기 스틱의 움직임에 따라서 드론의 변화하는 자세 정보를 실시간으로 보여줄 수 있다. 피치 각과 롤 각과의 관계를 실험하기 위하여 아두이노 기울기 측정기와 피치 경사판을 만든다. [그림 11.1]은 아두이노 UNO에 MPU-6050을 연결하여 피치 각도와 롤 각도를 측정하고 LCD1602 화면으로 각도를 출력한다. LCD1602는 16개의 문자를 두 줄로 표시할 수 있으므로 롤 각도와 피치 각도를 동시에 출력할 수 있다. 따라서 측정기를 기울이면 롤 각도와 피치 각도 사이의 관계 변화를 확인할 수 있다.

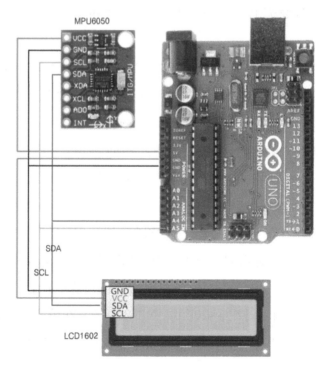

[그림 11.1] 아두이노 기울기 측정기

■ LCD 출력 코드

피치 각도와 롤 각도를 LCD에 표시하기 위하여 우선 LCD를 초기화하고 문자를 출력하는 간단한 프로그램을 작성한다. LCD1602를 사용하기 위해서는 <LiquidCrystal_I2C.h> 라이브러리를 사용한다. [그림 11.2] 프로그램에서는 단순하게 "Hello, Thank You!" 문장과 "Yellow, world!" 문장을 LCD1602 화면에 2줄로 표시한다.

```
#include <LiquidCrystal_I2C.h>
// set the LCD address to 0x27 for a 16 chars and 2 line display
LiquidCrystal_I2C lcd(0x27,16,2);

void setup() {
  lcd.begin();      // initialize the lcd
                    // Print a message to the LCD.
  lcd.backlight();
  lcd.clear();
  lcd.setCursor(0,0);          //Column0, Row 0
  lcd.print("Hello, Thank You!");
  lcd.setCursor(0,1);          //Column0, Row 1
  lcd.print("Yellow, world!");
}


void loop() {
}
```

[그림 11.2] LCD 출력 코드

[그림 11.3] 피치 게이지

⑵ 피치 게이지와 피치 경사판

[그림 11.3]은 물체의 기울기 각도를 측정하는 피치 게이지(pitch gauge)이고 [그림 11.4]는 45° 기울기의 피치 경사판이다. 이 경사판의 중심선 위에 피치 게이지를 올려놓으면 피치 각도가 45°로 표시된다. 피치 게이지의 아랫부분을 고정하고 머리를 왼쪽으로 내려가면서 각도를 측정하면 점점 각도가 줄어들어서 수평이 되면 0°가 된다. 다시 피치 게이지를 중앙에 올려놓고 오른쪽으로 내려가면서 각도를 측정해도 점점 각도가 줄어들어서 게이지가 수평이 되면 0°가 된다. 피치 게이지를 10° 간격으로 왼쪽으로 돌리면서 피치 게이지를 측정하면 각도가 선형으로 나오지 않는다. 피치 게이지를 왼쪽으로 45° 돌리면 45°의 절반인 22.5°가 아니라 30°가 나온다.

[그림 11.4] 피치 경사판

피치 게이지를 피치 경사판 위에 올려놓으면 피치 각은 45°를 가리키고 롤 각은 0°를 가리킨다. 게이지의 머리를 왼쪽으로 돌려서 피치 각이 0°가 되면 롤 각은 -45°를 가리킨다. 다시 게이지 머리를 중앙에 올려놓았다가 오른쪽으로 돌려서 피치 각이 0°가 되면 롤 각은 +45°가 될 것이다. 이 실험에서 피치 각과 롤 각과 요 각의 관계를 이해할 수 있다.

기울기 측정 실험기를 피치 경사판 위에 올려놓으면 롤 각도와 피치 각도가 출력되도록 프로그램을 작성한다. 프로그램의 결과는 피치 게이지로 직접 각도를 출력한 것과 유사할 것이다. LCD가 없으면 아두이노 보드를 PC에 연결하여 시리얼 모니터로 볼 수도 있다.

■ 기울기 측정기 실험 환경

기울기를 측정하는 실험 도구는 피치 게이지와 피치 경사판과 [그림 11.1]의 아두이노 기울기 측정기이다. PC에서 아두이노 C 언어로 롤 각도와 피치 각도의 관계를 보여주는 프로그램을 작성한다.

11.2 자이로

자이로는 각속도를 측정하는 센서이므로 자이로를 이용하면 물체가 경사판을 따라 움직일 때 피치 각도와 롤 각도의 관계를 측정할 수 있다. 측정된 각들을 LCD1602 화면으로 실시간으로 보여준다.

11.2.1 각속도 계산

아두이노 UNO 보드와 MPU-6050을 이용하여 물체의 각속도를 측정하고 피치와 롤 각도 관계를 측정하고 LCD 화면에 이들을 출력한다.

(1) MPU-6050의 각속도 계산

MPU-6050의 각속도와 가속도 레지스터의 크기는 16비트이므로 -32,768에서 +32,767까지의 정수를 표현한다. MPU-6050 사용 설명서에 의하면 자이로의 FS_SEL이 1이면 물체가 1초에 ±500° 회전한다는 의미이다. 따라서 물체가 1초에 1° 움직이면 자이로는 32,767/500 = 65.5를 출력한다. 자이로 출력 값이 1이라면 물체가 1/65.5 = 0.015167° 회전한 것이다. 물체를 1분 동안에 한 바퀴 360°를 회전시키려면 1초에는 6°를 회전해야 한다. 회전한 각도 1°는 자이로 값으로 65.5에 해당하므로 6°에 출력되는 값은 6° * 65.5 = 393에 해당한다. 1초에 500°를 회전하면 자이로 값은 500%/s * 65.5 = 32,750에 해당한다. 32,750은 16비트의 정수 32,767과 거의 유사하다. 각속도가 6°/s라면 393 * 60s = 23,580에 해당한다. 23,580을 65.5로 나누면 360°가 된다. 이것은 1분당 회전한 각도가 360°라는 의미이다.

(2) 자이로 자료처리 주기

아두이노 UNO 보드로 만든 드론 비행제어기인 YMFC[3] 프로그램의 처리 주기는 4ms 이다. Multiwii 2.4 프로그램의 loop() 함수의 처리주기는 2.8ms이다. 처리주기가 4ms라면 1초에 250번 loop() 함수를 수행한다는 의미이므로 처리 속도는 250Hz 정도이다. 즉 loop() 함수의 한 싸이클 당 인식하는 자이로의 각도는 1/250/65.5 =0.0000611°이다. 따라서 자이로를 이용하여 피치 각도와 롤 각도를 얻기 위해서는 loop() 함수 한 싸이클 당 다음과 같이 누적해야 한다.

angle_pitch += gyro_x * 0.0000611°;
angle_roll   += gyro_y * 0.0000611°;

물체가 1분에 한 바퀴인 360°를 회전한다면 각속도는 초당 6°가 되므로 자이로 출력 값은 6° * 65.5 = 393이 된다. 1초에 250번 자이로 값을 읽기 때문에 1분에는 250/s * 60s = 15,000번을 읽는다. 따라서 1분에 읽을 수 있는 각도를 계산하면 15,000 * 393 * 0.0000611° = 360.1845°가 된다. 이것은 1분에 360.1845°를 회전하는 것이므로 앞에서 계산한 수식들이 결과적으로 정확하다는 것을 의미한다.

(3) 피치 경사판에서 피치 게이지를 Yaw 축으로 돌리면

[그림 11.4]의 45° 기울기의 피치 경사판 중앙에 피치 게이지를 올려놓으면 피치 게이지는 당연히 45°를 표시한다. 피치 게이지의 아래 끝 부분을 경사판의 중심에 고정하고 게이지의 머리 부분만 경사판을 따라서 미끄러지듯 왼쪽으로 밀어서 내려간다. 내려가면서 일정한 간격으로 게이지의 피치 각도를 읽으면 각도 값이 점점 작아져서 피치 게이지가 수평에 닿으면 피치 각도는 0°가 된다. 그 값들을 점선으로 그려 놓으면 [그림 11.5]와 같다.

---

3 YMFC(Your Muticopter Flight Controller): Joop Brokking이 작성한 드론 관련 프로그램과 웹 사이트. https://www.youtube.com/watch?v=4BoIE8YQwM8

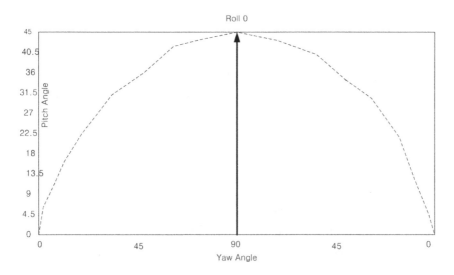

[그림 11.5] 피치 경사판에서 읽은 피치 각도

피치 게이지를 같은 방법으로 오른쪽으로 돌리면서 게이지 값을 읽으면 피치 각도가 점점 감소하면서 수평이 되면 마찬가지로 0°가 된다. [그림 11.6]은 피치 게이지로 읽은 피치 각도를 점선으로 그렸고 같은 좌표에 사인 함수를 실선으로 그린 것이다. 피치 게이지로 읽고 손으로 그린 그래프와 사인 함수의 그래프가 거의 일치하는 것을 알 수 있다. 따라서 요(yaw) 각도와 피치 각도의 관계는 사인 함수 관계에 있으므로 손으로 측정할 필요 없이 프로그램으로 직접 계산할 수 있다.

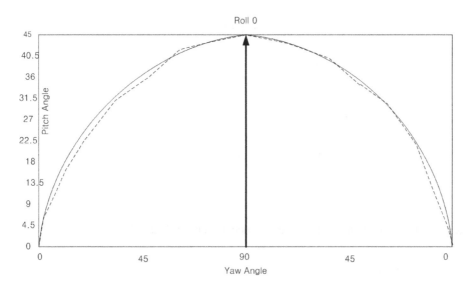

[그림 11.6] 피치 경사판에서 읽은 피치 각도와 사인 함수

(4) 롤 각도와 피치 각도의 관계

피치 경사판에 피치 게이지를 앞을 향하여 중앙선에 올려놓으면 피치 각도는 45°이고 롤 각도는 0°일 것이다. 게이지를 왼쪽으로 돌려서 게이지의 머리 부분이 왼쪽 수평에 닿으면 피치 각도는 0°가 될 것이고 롤 각도는 -45°가 될 것이다. 요(yaw) 각도가 90°에서 0°까지 내려오는 동안의 피치 각도와 롤 각도와의 관계를 수식으로 정리하면 다음 수식과 같다.

```
angle_pitch += angle_roll  * sin(gyro_z * 0.000001066);
angle_Roll  -= angle_pitch * sin(gyro_z * 0.000001066);
* 0.000001066은 0.000611°를 라디안으로 변환한 값(360° = 2π라디안).
```

요(yaw) 각도가 90°에서 0°까지 내려오는 동안의 피치 각도는 45°에서 롤 각도에 자이로 값의 사인 값만큼 감소하므로 누적한 것이다. 요 각도가 0°에서 90°까지 올라가는 동안의 롤 각도는 -45°에서 피치 각도에 자이로의 사인 값만큼 증가하므로 누적한 것이다.

11.3   가속도계

앞 절에서 자이로를 이용하여 피치 각과 롤 각을 계산하였으나 자이로 측정 과정에는 누적 오차가 있으므로 더 정확한 값을 얻기 위하여 제10장에서 수행했던 것처럼 가속도계를 이용하여 상보 처리를 한다.

11.3.1 오일러 각과 상보 처리

가속도계를 이용하는 Euler 공식을 이용하여 x, y, z 축의 가속도 통합 벡터를 구하면 다음과 같다.

```
acc_total_vector = sqrt((acc_x*acc_x)+(acc_y*acc_y)+(acc_z*acc_z));
```

Euler 공식에 의하면 Y축 값을 통합 벡터로 나눈 값의 아크 사인 값을 구하면 가속도 피치 각이 되고, X축 값을 통합 벡터로 나눈 값의 아크 사인 값을 구하면 가속도 롤 각이 다음과 같이 된다.

```
angle_pitch_acc = asin((float)acc_y/acc_total_vector) * 57.296;
angle_roll_acc  = asin((float)acc_x/acc_total_vector) * -57.296;
* 1라디안 = 360°/2*3.14159 = 57.296°
```

앞 절에서 얻은 자이로의 피치 각과 롤 각을 위에서 얻은 가속도계의 피치 각과 롤 각의 통합하여 다음과 같이 상보 처리한다. 상보 처리 비율은 자이로가 99.96%이고 가속도계가 0.04%이다.

```
// 상보 처리
angle_pitch = angle_pitch * 0.9996 + angle_pitch_acc * 0.0004;
angle_roll  = angle_roll  * 0.9996 + angle_roll_acc  * 0.0004;
```

새로 입력되는 피치 각과 롤 각을 급격하게 반영하지 않기 위하여 기존의 피치 각과 롤 각을 다음과 같이 90% 적용하고 새로운 각들을 10%만 적용한다.

```
// 롤 각과 피치 각을 상보 처리. 기존 값을 90% 반영
angle_pitch_output = angle_pitch_output * 0.9 + angle_pitch * 0.1;
angle_roll_output  = angle_roll_output  * 0.9 + angle_roll  * 0.1;
```

11.4 프로그램 구성

기울기 측정 실험기를 피치 경사판 위에서 이동하면서 피치 각과 롤 각의 관계를 실시간으로 LCD1602에 출력하여 확인한다. LCD가 없는 경우에는 LCD로 출력할 피치 각과 롤 각을 PC에서 시리얼 모니터에 출력하여 확인할 수 있다. LCD 조작 방법은 [그림 11.2] 프로그램을 참조한다.

11.4.1 피치 각도와 롤 각도의 관계

[그림 11.7]은 롤 각과 피치 각을 연계하는 프로그램의 setup() 함수이다. 이 프로그램은 YMFC 사이트에서 IMU.zip 파일을 내려 받아서 사용할 수 있다. LCD 라이브러리는 여러 가지 버전이 있으므로 PC 환경에 맞게 선택해야 한다.

```
#include <LiquidCrystal_I2C.h>
#include <Wire.h>
LiquidCrystal_I2C lcd(0x27,16,2); // LCD address to 0X27

void setup() {
  Wire.begin();                    //Start I2C as master
  Serial.begin(250000);            //Use only for debugging
  setup_mpu_6050_registers();      //Setup the MPU-6050
  lcd.begin(); // initialize the lcd
  lcd.backlight();
  lcd.clear();
  lcd.setCursor(0,0);              //Set the LCD cursor to position to position 0,0
  lcd.print("  MPU-6050 IMU");     //Print text to screen
  lcd.setCursor(0,1);              //Set the LCD cursor to position to position 0,1
  lcd.print("      V1.0");         //Print text to screen

  delay(1500);                     //Delay 1.5 second to display the text
  lcd.clear();                     //Clear the LCD

  lcd.setCursor(0,0);              //Set the LCD cursor to position to position 0,0
  lcd.print("CALLIBRATING gyro");  //Print text to screen
  lcd.setCursor(0,1);              //Set the LCD cursor to position to position 0,1

  for (int cal_int = 0; cal_int < 2000 ; cal_int ++) {  //Run this code 2000 times
    if(cal_int % 125 == 0) lcd.print(".");          //Print a dot on the LCD
                                                    every 125 readings
    read_mpu_6050_data();          //Read the raw acc and gyro data
    gyro_x_cal += gyro_x;          //Add the gyro x-axis offset to the gyro_x_cal
variable
    gyro_y_cal += gyro_y;          //Add the gyro y-axis offset to the gyro_y_cal
variable
```

```
    gyro_z_cal += gyro_z;          //Add the gyro z-axis offset to the gyro_z_cal
variable
    delay(3);
  }
  gyro_x_cal /= 2000;  //Divide the gyro_x_cal by 2000 to get the avg. offset
  gyro_y_cal /= 2000;  //Divide the gyro_y_cal by 2000 to get the avg. offset
  gyro_z_cal /= 2000;  //Divide the gyro_z_cal by 2000 to get the avg. offset

  lcd.clear();                     //Clear the LCD
  lcd.setCursor(0,0);              //Set the LCD cursor to position to position 0,0
  lcd.print("Pitch:");             //Print text to screen
  lcd.setCursor(0,1);              //Set the LCD cursor to position to position 0,1
  lcd.print("Roll :");             //Print text to screen
  loop_timer = micros();           //Reset the loop timer
}
```

[그림 11.7] setup() 프로그램

```
void loop() {
  read_mpu_6050_data();            // MPU-6050 값 읽기
  gyro_x -= gyro_x_cal;            // 자이로 x축 변위 초기화 값 빼기
  gyro_y -= gyro_y_cal;            // y축
  gyro_z -= gyro_z_cal;            // z축

                      //자이로 각도 계산: 0.0000611 = 1 / (250Hz / 65.5)
  angle_pitch += gyro_x * 0.0000611;     //피치 각도 누적
  angle_roll  += gyro_y * 0.0000611;     //롤 각도 누적

  //0.000001066 = 0.0000611 * (3.142(PI) / 180deg) 라디안 계산
  angle_pitch += angle_roll * sin(gyro_z * 0.000001066);    //IMU를 요축으로 변환
  angle_roll  -= angle_pitch * sin(gyro_z * 0.000001066);  //MU를 요축으로 변환

    //Accelerometer angle calculations
  acc_total_vector = sqrt((acc_x*acc_x)+(acc_y*acc_y)+(acc_z*acc_z));
    //57.296 = 1 / (3.142 / 180) 라디안 변환
  angle_pitch_acc = asin((float)acc_y/acc_total_vector)* 57.296;    //피치 각 계산
  angle_roll_acc  = asin((float)acc_x/acc_total_vector)* -57.296;   //롤 각 계산
```

```
        // MPU-6050을 수평으로 놓는다
    angle_pitch_acc -= 0.0;              //피치 가속도 초기화
    angle_roll_acc -= 0.0;              //롤 가속도 초기화

    if (set_gyro_angles) {              // IMU가 시작되었다면
      angle_pitch = angle_pitch * 0.9996 + angle_pitch_acc * 0.0004;
      angle_roll = angle_roll * 0.9996 + angle_roll_acc * 0.0004;
    }
    else {                              // 처음이라면
      angle_pitch = angle_pitch_acc;    //자이로 피치를 가속도 피치로 대치
      angle_roll = angle_roll_acc;      //자이로 롤을 가속도 롤로 대치
      set_gyro_angles = true;           //IMU flag 설정
    }

      //롤 각과 피치 각의 상보처리
    angle_pitch_output = angle_pitch_output * 0.9 + angle_pitch * 0.1;
    angle_roll_output = angle_roll_output * 0.9 + angle_roll * 0.1;
    write_LCD();                        // LCD 출력 함수
    while(micros() - loop_timer < 4000);
    loop_timer = micros();              // loop timer를 현재 시간으로 설정
}
```

[그림 11.8] loop() 프로그램

[그림 11.8]은 이 프로그램의 메인 프로그램인 loop() 함수이다. 제11.2절의 자이로와 제11.3절의 가속도계에서 언급한 사항들을 메인 프로그램에 포함한 것이다. 프로그램을 실행하면 LCD를 초기화하고 피치게이지를 수평인 책상에 올려놓으면 롤 각도와 피치 각도를 모두 0으로 출력한다. 만약 0이 아니면 피치 게이지의 영점 버튼을 눌러서 초기화한다. 다음에는 피치 게이지를 피치 경사판의 정중앙에 올려놓으면 45°를 출력할 것이다. 피치 게이지를 천천히 왼쪽으로 돌리면 피치 게이지의 피치 각이 점차 줄어들면서 롤 각의 절대 값이 올라갈 것이다. 피치 게이지가 수평에 도달하면 피치 각은 0°가 되고 롤 각은 –45°가 될 것이다.

요약

- 자율주행(self-driving)은 차량이 스스로 경로와 목적지를 찾아서 운전하며 임무를 수행하는 것이다.

- 자율주행을 하려면 차량 스스로 관성측정장치를 이용하여 자세를 제어하고 경로와 목적지를 를 찾을 수 있어야 한다.

- 관성측정장치(IMU, Inertial Measurement Unit)는 이동물체의 속도와 방향, 중력, 가속도 등을 측정하는 장치이다. IMU는 센서를 기반으로 동작한다.

- LCD는 전기적인 정보를 시각정보로 변환하고 보여주는 전기소자이다.

- IMU를 LCD에 연결하는 것은 정보를 가공해서 즉시 보여줄 수 있기 때문이다. 드론의 움직임에 따라서 변화하는 자세 정보를 실시간으로 보여줄 수 있다.

- 45° 기울기의 피치 경사판 위에 피치 게이지를 올려놓으면 게이지는 45°를 보여준다. 게이지를 왼쪽으로 돌려서 수평이 되면 피치 각은 0°를 가리킨다. 게이지를 요 각이 0°에서 180°까지 돌리면서 얻는 곡선은 사인 함수와 유사하다.

- 피치 각이 45°에서 0°로 바뀌는 동안 롤 각은 0°에서 −45°로 바뀌는 것을 볼 수 있다.

- 피치 경사판 실험에서 얻은 결과를 보면 롤 각은 요(yaw)각의 사인 함수와 피치 각을 곱하여 누적한 것이다.

- 피치 경사판 실험에서 얻은 결과를 보면 피치 각은 요(yaw)각의 사인 함수와 롤 각을 곱하여 누적한 것이다.

- 롤 각과 피치 각을 상보 처리할 때 급격한 변화를 피하기 위하여 기존 값의 90%를 반영한다. 자이로와 가속도계의 비율은 99대 1이하로 하였다.

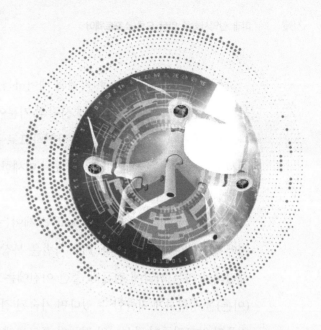

CHAPTER **12**

PID 계산 프로그램

자동제어는 기계가 스스로 기계를 제어히는 기술이다. 자동제어가 아니면 사람이 기계를 직접 손으로 조작하기 때문에 사람의 기분에 따라서 조작 량이 미세하게 달라질 수 있다. 자동제어는 기계가 일정하게 작업하므로 품질관리와 함께 생산성이 향상된다. 드론에서의 자동제어는 사람이 할 수 없는 미세한 조종업무를 자동제어로 해결하기 때문에 더 큰 의미가 있다.

PID(Proportional Integral Derivative) 제어는 대표적인 자동제어 기술이므로 공장과 가정에서 널리 사용되고 있다. PID 기법은 복잡한 연산으로 인하여 컴퓨터 소프트웨어로 해결해야 하는 까닭에 컴퓨터 출현 이전에는 구현하기 어려웠다. PID를 계산하는 수식(이론)을 정확하게 기술할 수 있다면 기술된 결과를 컴퓨터 알고리즘으로 작성할 수 있다. 컴퓨터 알고리즘이 작성되면 컴퓨터 프로그램으로 구현하고 적용하는 기술이 요구된다.

12.1 개요

어느 분야에서나 숙련공을 양성하려면 많은 시간과 비용이 들어간다. 선박 조타수, 중장비 기사, 비행기 조종사를 양성하는 것도 마찬가지이다. PID 기술을 적용하면 조타수나 조종사들의 운전을 크게 도와주므로 숙련도를 향상시켜준다. 따라서 PID 기술을 프로그램으로 적용하는 것은 자동제어 분야에서 매우 효율적인 일이다.

자동제어를 구현하는 방법은 온-오프(ON/OFF) 제어 방식과 PID 제어 방식으로 구분된다. 기능이 단순한 온-오프 방식과 달리 PID 제어 기법은 복잡한 처리 과정을 수행한다. 두 가지 제어 방식 모두 산업체와 가정에서 광범위하게 사용하고 있다. 드론의 비행 자세를 제어하는 기술도 PID 제어 방식이 해결할 수 있는 대표적인 분야이다.

12.1.1 자동제어

제어란 어떤 객체의 물리량을 목표 상태로 유지하기 위하여 조작하는 행위이다. 자동제어는 사전에 설정한 목표 값을 기계 스스로 유지하는 제어 기술이다. 기계장치가 대량 생산되고 정밀하고 고급화되는 과정에서 품질관리를 위하여 자동제어 기술이 요구되었다. 자동제어를 분류하면 단순한 온-오프(On-Off, 개폐) 제어와 복잡한 궤환(feedback) 제어 방식으로 구분할 수 있다.

(1) 온-오프(On-Off, 개폐) 제어

어떤 장치에 원하는 목표를 달성하기 위하여 제어하는 방식에는 장치를 완전 작동하는 것과 완전 정지하는 것 두 가지만 있는 제어 방식이다. 주어진 목표 값을 유지하기 위해서 조작 량을 지배하는 신호가 두 개일 때 두 가지를 반복적으로 수행하는 방식이다. 전기장판과 같이 목표 온도가 주어지면 자동온도조절기(thermostat)[1]와 같은 부품이 스위치를 켜고 끄기를 반복하면서 온도를 유지하는 방식이다. 자동온도조절기가 들어가는 자동차 라디에이터, 보일러, 전기다리미 등이 온 오프 제어방식의 대표적인 사례이다.

온-오프 제어는 제어할 수 있는 조작 값이 두 개이기 때문에 2위치 동작제어(two position control)라고도 한다. 불연속적인 개폐 동작이 반복적으로 실시되므로 가장 간단한 자동 제어 방식이다. 보일러 온도 유지, 실내 온도 유지 등을 위하여 주변에서 많이 사용되고 있다.

(2) 궤환(feedback) 제어

궤환 제어는 장치에서 가동의 결과로 나오는 자료(출력)를 입력에 반영하여 출력 값이 목표 값이 되도록 조절하는 기술이다. 시스템의 결과를 입력에 반영하여 목표를 달성하기 때문에 궤환(feedback) 제어라고 한다. 궤환 제어의 대표적인 방법이 PID(비례-적분-미분) 제어이다. PID 제어 기법은 1936년에 영국의 **Albert Callender**가 모터를 제어하기 위하여 처음으로 제안하였다. 제어의 입력 값과 목표 값과의 차이(오차)를 제어 시스템의 입력에 반영하여 시스템 안에서 오차를 크게 줄이기 때문에 폐 루프제어(closed loop control)라고 말한다.

(3) 프로그램 실험 환경

프로그램 실험 도구는 제8장 [그림 8.5]와 같은 아두이노 UNO IMU 실험기이다.

---

1 자동온도조절기(thermostat): 자동적으로 온도를 일정하게 유지하는 장치. 바이메탈 등을 이용하여 온도 변화에 따라 전기 회로나 수문을 열거나 닫는 방식을 이용한다. 전기난로, 전기밥솥, 라디에이터 수온조절장치 등에 사용된다. 바이메탈은 열팽창계수가 다른 두 종류의 금속을 얇게 붙여서 온도 변화에 따라 구부러지는 성질을 이용하여 만든다.

12.2 PID 제어 알고리즘

PID 제어 프로그램을 작성하기 위하여 먼저 PID 이론을 이해하고 관련 수식들을 정리하고, 이어서 PID 수식들을 알고리즘으로 기술한다.

12.2.1 PID 제어 알고리즘

PID 제어 기법의 수식은 비례제어(P), 적분제어(I), 미분제어(D)의 3개 항으로 이루어진다. 따라서 비례제어 알고리즘을 설계하고 이어서 적분제어 알고리즘과 미분제어 알고리즘을 설계한 다음에 이들의 계수를 모두 합하면 시스템에 반영하는 계수 값을 얻는 것이다.

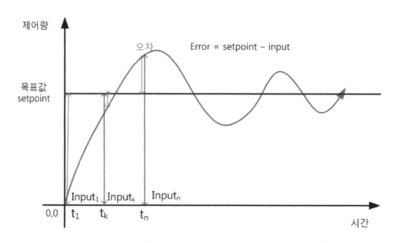

[그림 12.1] 목표 값과 오차와 비례 제어

(1) 비례 제어 Proportional

비례 제어는 목표 값과 현재 값과의 차이인 오차를 계산하여 오차의 크기에 비례하여 입력에 반영하는 기법이다. 따라서 목표 값인 setpoint에서 현재의 입력 값인 Input을 뺀 값이 오차인 Error이다.

Error = Setpoint - Input

오차에 어떤 계수 값을 곱한 값이 다음과 같이 비례항인 PTerm이다.

비례항(P) : PTerm = Kp * Error

　　　　Kp : 비례 매개변수의 계수

비례제어에서 제어 값은 오차에 비례하여 결정되는 제어량 PTerm이다. [그림 12.1]은 시간이 t_1, t_k, t_n으로 변하는 과정에서 오차와의 관계를 보여준다. 시간 t_1에서는 목표와 입력 값의 차이가 크므로 제어량을 크게 할당한다. 시간 t_k에서는 오차 값이 작으므로 제어량도 작을 것이고, 시간 t_n에서는 오차 값이 음수이므로 제어량을 역방향으로 적용해야 한다. 비례 제어에서는 오차의 크기에 따라서 제어량을 적용하는데 목표 값을 지나치게 되어 계속 목표 값을 중심으로 진동하는 것이 문제이다. 비례제어의 효과는 빨리 목표 값에 이르게 하지만 자꾸 목표 값을 지나치게 되어 목표 값 부근에서 진동하는 것이 문제이다.

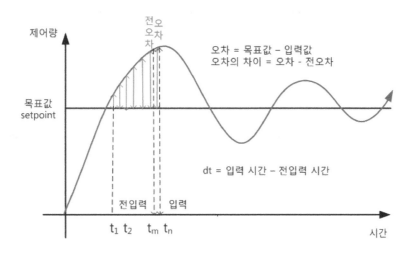

[그림 12.2] 목표 값과 오차의 적분

(2) 적분제어 Integral

적분제어는 짧은 시간에 측정되는 오차를 누적하여 제어에 반영하는 기법이다. 따라서 오차인 Error에 짧은 측정 시간과 어떤 계수 값을 곱한 값이 적분항인 ITerm이다.

적분항(I) : ITerm += Ki * Error * dt

　　　　Ki : 적분 매개변수의 계수

　　　　dt : 센서 입력 주기(시간)

적분제어는 짧은 시간 동안의 오차를 계속 누적하는 과정을 기쳐서 입력에 반영하는 기법이다. [그림 12.2]에서 짧은 시간 dt 동안 오차 Error가 야기한 면적은 Error * dt이다. t_1에서 t_n 시간까지 각 오차 Error를 dt 시간을 곱하여 누적하면 t_1에서 t_n 시간까지의 모든 오차의 합이 된다. 이 오차의 합을 어떤 시점에서 제어 시스템에 반영해주면 오차는 0이 되고 목표 값에 이르게 된다. 따라서 적분제어는 목표 값 부근에서 진동하는 것을 빨리 목표 값에서 멈추게 하는 효과가 있다.

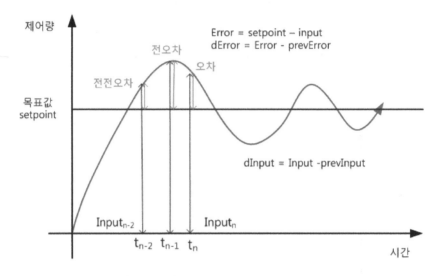

[그림 12.3] 목표 값과 오차의 변화율: 미분

(3) 미분제어 Derivative

미분제어는 오차의 변화율을 입력에 반영하는 기법이다. 오차의 변화율은 현재 오차와 전 시간의 오차의 차이를 시간으로 나눈 값이다. 오차에 대한 시간의 변화율이다. 오차는 [그림 12.3]과 같이 Setpoint와 출력 곡선과의 차이이다. 오차는 시간에 따라서 변화하므로 전 오차와 현재 오차의 차이를 시간으로 나눈 값이 오차의 변화율이다.

두 오차의 차이 : dError = Error − prevError
오차의 변화율 = dError/dt

미분항(D)　DTerm = Kd * (dError / dt)

Kd : 미분 매개변수의 계수

dt : 센서 입력 주기(시간)

여기서 보완을 한다면 두 오차의 차이를 현재 입력과 전 입력의 차이로 바꾸는 것이다. 이렇게 바꾸면 입력을 다시 오차로 계산하는 과정을 거치지 않고 직접 계산하는 만큼 간단해진다. [그림 12.3]에서 시간 t_{n-2}에서 t_{n-1}로 변할 때 오차율은 + 방향으로 증가하지만 시간 t_{n-1}에서 t_n으로 변할 때 오차율은 - 방향으로 감소한다. 오차율이 +방향에서 −방향으로 바뀌는 것은 최대 꼭지점을 지나는 것이고 −방향에서 +방향으로 바뀌는 것은 최저점을 지나는 것이다. 최대 점과 최저점을 알면 다음 목표 값을 예측할 수 있기 때문에 쉽게 목표 값에 도달할 수 있다. 따라서 미분제어는 응답시간을 단축하는 효과가 있다.

(4) PID 제어

PID 제어는 비례 제어와 적분제어와 미분제어를 모두 입력에 반영하는 기법이다. 미분제어에서 오차의 차이를 계산할 때 현재 오차에서 전 오차를 빼는 것을 현재 입력에서 전 입력을 빼는 것으로 계산 절차를 간소화하였다. 즉, dError = Error - prevError를 dInput = Input - prevInput으로 대체하였다. 미분항에서 미분 계수에 음수를 취한 것은 오차율이 증가에서 감소로 바뀌거나 감소에서 증가로 바뀌는 것은 기울기가 바뀌는 것이므로 음수를 취하였다.

최종적으로 PID 알고리즘을 정리하면 다음과 같다.

Error = Setpoint - Input

PTerm = Kp * Error

ITerm += Ki * Error * dt

dInput = Input - prevInput

Dterm = -Kd * (dInput / dt)

OUTPUT = PTerm + ITerm + DTerm

결과적으로 PID는 비례항과 적분항과 미분항을 모두 반영하는 것이므로 최종 결과 값은 세 가지 항을 모두 더한 것이다.

12.3   PID 제어 프로그램

PID 제어 알고리즘을 아두이노 C 언어로 작성하여 프로그램을 실행한다. 실험하려는
프로그램은 제8장, 제9장 제10장에서 만든 드론의 롤, 피치, 요 각도에 대한 PID 계수 값
들을 구하는 것이다. 따라서 제10장에서 기술한 프로그램 모듈들을 그대로 활용하고 PID
계산 모듈만 추가한다. 프로그램에 다양한 자료를 입력하여 실제와 얼마나 일치하는지
실험을 수행한다.

12.3.1 PID 제어 프로그램

이 프로그램은 제8장, 제9장, 제10장에서 드론의 롤, 피치, 요 각도를 계산하는 프로그
램의 연속이다. PID 계수를 계산하는 프로그램의 setup() 함수는 [그림 12.4]와 같이 앞 장
의 가속도와 자이로 프로그램의 것과 동일하다. loop() 함수에서는 각속도 계산 모듈, 가
속도 계산 모듈, 상보 필터 계산 모듈 등을 모두 포함한다. 새롭게 추가되는 것은 PID 계
산 모듈 cal_PID() 함수와 stdPID() 함수 두개이다. 이 프로그램은 표준 PID 제어 함수를
구현하는 것으로 롤, 피치, 요 각도에 대한 PID 계수 값을 구한다.

```
#include <Wire.h>
const int MPU_addr = 0x68;
int16_t AcX, AcY, AcZ, Tmp, GyX, GyY, GyZ;

void setup() {
  init_MPU-6050();               //가속도 자이로 센서 값을 읽음
  Serial.begin(9600);
  cal_Average();                 //센서 보정 루틴
  init_TimeGap();                //시간 간격에 대한 초기화
}

void loop() {
  read_MPU-6050();
  cal_TimeGap();                 //시간 간격 계산
  cal_AngleAccel();              //가속도 센서 처리 루틴
```

```
    cal_AngleGyro();              //자이로 센서 처리 루틴
    cal_CompleFilter();           //상보필터 적용
    cal_PID();                    //Roll, Pitch, Yaw 별로 PID 계산
    print_Pitch_Roll_Yaw();       //Roll, Pitch, Yaw에 대한 각도 정보
}
```

[그림 12.4] PID 계산 프로그램

    cal_PID() 함수는 [그림 12.5]와 같이 PID 계수 값들을 계산하기 위하여 PID 항별로 계수를 계산하는 함수인 stdPID()를 호출한다. 매개변수로 사용되는 변수들은 목표 값, 현재 입력 값, 상보 필터를 반영한 각도, 이전의 각도와 PID의 각 계수들이다. cal_PID() 함수는 피치, 롤, 요 별로 각각의 PID 계수들의 결과를 얻기 위하여 세 번의 stdPID() 함수를 호출한다.

```
//Roll, Pitch, Yaw 별로 PID 계산 모듈 호출
void cal_PID() {
  stdPID(roll_target_angle, filter_angle_y, roll_prev_angle, roll_kp, roll_ki,
roll_kd, roll_iterm, roll_output);
  stdPID(pitch_target_angle, filter_angle_x, pitch_prev_angle, pitch_kp, pitch_ki,
pitch_kd, pitch_iterm, pitch_output);
  stdPID(yaw_target_angle, filter_angle_z, yaw_prev_angle, yaw_kp, yaw_kd,
yaw_iterm, yaw_output);
}
```

[그림 12.5] PID 계산 호출 모듈

    [그림 12.6]의 PID 계수 값들을 계산하는 stdPID() 함수는 PID 알고리즘에서 기술한바와 같이 비례항의 계수 Kp, 적분항의 계수 Ki, 미분항의 계수 Kd를 얻기 위하여 PID 수식대로 반복적으로 계산하여 최적의 값들을 얻는다. 매개변수 iterm은 적분항을 누적하기 때문에 지난 번까지 누적한 값에 새로운 값을 더하기 위하여 주소 매개변수[2]를 사용한다.

---

2   주소 매개변수 variable parameter: 프로그램 모듈 사이에 자료 값을 주고받을 때 자료가 들어있는 메모리의 주소를 전달하는 기법.

pterm과 dterm은 stdPID() 함수 안에서 계산하기 때문에 지역 변수로 선언하였다.

```
// PID 계수 값 계산
void stdPID(float& setpoint, float& input, float& prev_input, float& kp, float&
ki, float& kd, float& iterm, float& output) {
  float error;
  float dInput;
  float pterm, dterm;   //

  error = setpoint - input;
  dInput = input - prev_input;
  prev_input = input;

  pterm = kp * error;
  iterm += ki * error * TimeGap;        //누적하려고 주소 매개변수 사용
  dterm = -kd * (dInput / TimeGap);

  output = pterm + iterm + dterm;
}
```

[그림 12.6] PID 계산 모듈

```
// roll을 위한 계수 설정
float roll_target_angle = 0.0;
float roll_prev_angle = 0.0;
float roll_kp = 1;
float roll_ki = 0;
float roll_kd = 0;
float roll_iterm;
float roll_output;
// pitch와 yaw에 대한 초기값도 동일하게 설정한다.
// pitch를 위한 계수 설정

// yaw를 위한 계수 설정
```

[그림 12.7] PID 값을 얻기 위한 계수 설정

[그림 12.7]은 롤(roll)을 위한 PID 계수 값들을 얻기 위하여 프로그램에서 미리 설정한 변수들이다. 롤 이외에도 피치(pitch)와 요(yaw)를 위한 변수들을 초기화해야 한다. 이 변수들을 이용하여 비례항, 적분항, 미분항의 계수들을 얻는 것이 PID 프로그램의 목적이다.

[그림 12.8]은 PID 프로그램을 실행과 결과이다. 실험기를 오른쪽으로 약 80° 돌렸기 때문에 Filter_Roll 값이 약 80.8 정도 출력되고 있다. 이 때 계산된 roll_output 값이 약 −80.7 정도가 되는 것을 알 수 있다.

```
 Comple_Filtered   :    PID
--------------------   --------------------
Pitch   Roll   Yaw  : Pitch  Roll   Yaw
--------------------   --------------------
5.48   80.81  -12.67   -5.48  -80.81   12.67
5.49   80.81  -12.66   -5.49  -80.81   12.66
5.49   80.68  -12.67   -5.49  -80.68   12.67
5.51   80.82  -12.64   -5.51  -80.82   12.64
5.51   80.76  -12.64   -5.51  -80.76   12.64
5.52   80.85  -12.59   -5.52  -80.85   12.59
5.51   80.91  -12.61   -5.51  -80.91   12.61
5.51   80.80  -12.63   -5.51  -80.80   12.63
```

[그림 12.8] [그림 12.4] PID 프로그램을 실행한 결과

요약

- 제어란 대상 물체의 목표 상태를 유지하기 위해서 조작하는 행위이다.
- 자동제어는 시스템의 목표 값과 실제 값의 차이를 기계 스스로 제거하여 목표 상태를 유지하는 제어 방식이다.
- 대표적인 자동제어 기법에는 온-오프(On-Off) 제어와 PID 제어 기법 등이 있다.
- 온-오프 제어는 제어장치를 완전히 가동하든지 완전히 정지하는 두 가지 방법으로 목표를 달성하는 제어 방식이다.
- PID 제어는 시스템의 출력 결과를 다시 시스템에 입력하여 목표 값과의 차이를 알려줌으로써 시스템이 목표를 달성하도록 지원하는 제어기법이다.
- PID 제어는 비례(P)제어, 적분(I)제어, 미분(D)제어 3가지로 구성된다. P제어는 목표 값과 입력 값과의 차이(오차)만큼 시스템에 제어량을 적용하는 것이고, I제어는 목표 값 부근에 도달했을 때 오차들을 누적하여 오차를 제거하는 방법이고, D제어는 오차의 변화율이 +에서 −방향으로 바뀌거나 −에서 +방향으로 바뀌는 시점을 파악하여 목표 값에 도달하는 기법이다.
- 프로그램에서 오차의 차이를 계한할 때 현재 오차에서 지난번 오차를 빼는 것보다는 현재 입력 값에서 지난번 입력 값을 빼는 것이 더 효율적이다.
- PID 함수에서는 오차를 누적하기 위해서 주소 매개변수를 사용한다.

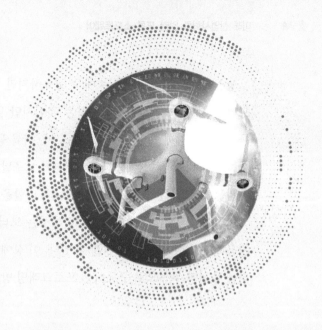

CHAPTER **13**

모터 구동 프로그램

항공기에서 모터(엔진)는 매우 중요하지만 멀티콥터에서는 더욱 중요하다. 항공기의 모터는 항공기의 추력을 제공하는 것이지만 멀티콥터의 모터는 추력뿐만 아니라 피치, 롤, 요 등의 자세 제어와 방향, 고도, 이·착륙 등 비행 제어를 위한 기능을 수행한다. 일반 항공기의 비행 제어는 승강타, 방향타, 보조날개 등의 조종면들이 수행하지만 멀티콥터에서는 각 모터들의 속도가 조종면들의 역할을 수행하기 때문이다.

항공기가 안전하게 비행하기 위해서는 모터(엔진)뿐만 아니라 서보 모터도 적절하게 활용해야 비행 임무를 완수할 수 있다. 이 장에서는 C 언어로 브러시리스 모터와 서보 모터를 유선과 무선으로 구동하는 프로그래밍 방법을 기술한다.

13.1   모터 개요

모터는 전기 에너지를 회전 운동으로 변환하는 장치이다. 드론에서 사용하는 모터는 프로펠러를 돌리는 모터와 작은 동작을 제어하는 모터로 구분된다.

13.1.1 브러시리스 모터와 서보 모터

모터의 종류는 다양하지만 멀티콥터에서는 주로 비행하기 위하여 추력용으로 브러시리스(brushless) 모터를 사용하고 부수적인 작업을 위한 제어를 위하여 서보(servo) 모터를 사용한다. 브러시리스 모터는 직류 전기를 반도체를 이용하여 3상 교류로 만들어서 모터의 축을 회전시키고, 서보 모터는 직류 전기를 이용하여 모터의 축을 회전시킨다. [그림 13.1]의 브러시리스 모터는 250급 쿼드콥터에서 많이 사용하는 모델이다. 모터 회전자(rotor)의 내부 직경이 22mm에 높이가 04mm이고, 12V로 구동되며, 전압 1V에 2,300번 회전하며, 무게가 27g이고, 최대 추력(thrust)은 12A에서 420g이다. 따라서 이 모터로 만든 쿼드콥터는 최대로 420g * 4 = 1,680g의 이륙 중량이 있으나 실제로는 안전을 감안하여 설계 무게의 1/2인 약 840g의 드론을 비행할 수 있다고 간주한다.

Specifications:

Model : 2204
RPM/V(KV) : 2300KV
Max. Thrust : 420g
Max.Current : 12A
Resistance : 0.112 ohm
Idle Current : 0.6A
Prop Shaft : M5*12mm
Motor Weight : 27g
Motor Dimension : Φ27.9*29.7mm

[그림 13.1] 멀티콥터용 브러시리스 모터와 규격

Model: SG90

Technical data given by the manufacturers:
Size: 21.5mmX11.8mmX22.7mm
Weight: 9 grams
No-load speed: 0.12 seconds / 60 degrees (4.8V)
Stall torque of 1.2 - 1.4 kg / cm (4.8V)
Operating temperature: -30 to +60 degrees Celsius
Dead-set: 7 microseconds
Operating voltage: 4.8V-6V

[그림 13.2] 서보 모터와 규격

서보 모터는 명령에 따라서 정확하게 속도와 위치를 확인하고 제어할 수 있는 모터이다. [그림 13.2]의 서보 모터는 드론에서 많이 사용하는 모터이다. 약 5V의 전압으로 구동되며, 무게는 9g이고, 모터 축의 회전 각도는 120° 정도이다. 스톨 토크[1]는 1.2 - 1.4kg이다. 드론에서는 카메라 앵글을 돌리거나 드론의 다리를 펴거나 접을 때 사용하고, 일반 비행기에서는 방향타, 승강타, 보조날개 등의 조종면을 움직이는데 사용한다.

13.1.2 모터 구동

멀티콥터가 출현하기 이전의 모형 비행기는 비행제어 프로그램 없이 모터를 구동하였다. 조종기에서 보내는 신호가 수신기에 도달하면 수신기에서 직접 변속기에 제어 신호

---

1   stall torque: 정상적으로 동작하는 모터의 회전을 정지시킬 수 있는 힘의 크기. stall 전류는 모터의 부하가 커서 정지되었을 때 모터에 흐르는 전류.

를 보내서 모터를 구동하였으므로 프로그램이 필요 없었다. 그러나 멀티콥터가 출현하면서 상황이 달라졌다. 쿼드콥터에는 4개의 모터를 구동하는데 이 모터들을 개별적으로 자유자재로 속도를 제어할 수 있어야 드론의 비행이 가능하다. 그러나 사람이 조종기 스틱두 개를 조작하여 여러 개의 모터를 대상으로 개별적으로 속도를 제어하는 것은 불가능하다. 조종기 스틱들이 보내는 신호를 분석하여 4개의 모터를 개별적으로 제어할 수 있는비행제어 프로그램이 있어야 드론의 비행이 가능하다. 컴퓨터 비행제어 프로그램의 정확성과 능력에 따라서 멀티콥터의 비행 성능이 결정되는 시대가 되었다.

[표 13.1] 변속기 초기화 절차

순서	조치 사항	비고
1	변속기 신호선 케이블을 수신기의 스로틀 슬롯에 꽂는다. 전제: 수신기가 바인딩 되어있고, 모터와 변속기가 연결되었어야	
2	조종기 전원을 켜고 스로틀 스틱을 최대로 올린다.	
3	모터와 연결된 변속기에 전원을 넣는다.	
4	즉시 변속기에서 '삐리릭' 소리가 들린다.	최대값 설정 완료
5	'삐리릭' 소리가 나면 즉시 스로틀 스틱을 최소로 내린다.	
6	변속기에서 '삐릭' 소리가 들린다.	최소값 설정 완료
7	변속기 전원과 조종기 전원을 내린다.	
8	조종기를 켜고 변속기 전원을 넣고 스로틀을 천천히 올린다. 모터가 스로틀 스틱에 맞추어 속도가 올라간다.	확인 절차

(1) 변속기 초기화 ESC Calibration

브러시리스 모터를 조종기로 사용하기 위해서는 조종기 스틱과 변속기의 속도를 일치시키는 초기화 작업(calibration)이 필요하다. 변속기 초기화 작업은 조종기 스로틀 스틱의 최대치와 변속기 속도의 최대치를 일치시키고 스틱의 최소치와 변속기 속도의 최소치를 일치시키는 작업이다. 즉 조종기 스틱의 움직임과 모터 속도를 정확하게 일치시키는 작업이다. 이것은 조종기 스틱의 움직임과 여러 모터들의 속도를 일관성 있고 정확하게 동기화시키는 작업이다. 멀티콥터가 이륙하기 위해서는 여러 모터들의 속도가 모두하나처럼 동기화되어 있어야 가능하기 때문이다.

변속기 초기화 작업의 절차는 [표 13.1]과 같다. [표 13.1]과 같은 작업을 4개의 변속기에 대하여 똑같이 실행하면 조종기 스틱의 움직임이 모든 모터에게 동일하게 적용된다.

변속기 초기화 절차를 수행해야 조종사가 조종기 스틱으로 정밀하게 드론을 조종할 수 있다.

(2) 비행제어 프로그램 없이 모터 구동하기

비행제어 프로그램을 사용하지 않고 조종기로 모터를 직접 구동하는 것은 조종기 > 수신기 > 변속기 > 모터를 연결하는 간단한 방식이다. 멀티콥터가 출현하기 이전에 비행하던 모형 비행기와 헬리콥터들은 모두 이런 방식으로 사용되었다. 추력을 발생하는 모터가 하나이고 비행기 자세를 제어하는 3개의 조종면들이 별개로 존재했기 때문에 조종기 스틱으로 조종면들을 조종하는 일이 가능하였다. 즉 모터(엔진)는 스로틀 스틱으로 조종하고, 방향타는 러더 스틱으로, 승강타는 엘리베이터 스틱으로, 보조날개는 에일러론 스틱이 각각 담당하여 조종하기 때문에 가능한 일이다. 변속기의 신호선을 수신기의 스로틀 슬롯에 꼽으면 조종기 스로틀 스틱으로 모터를 돌릴 수 있다.

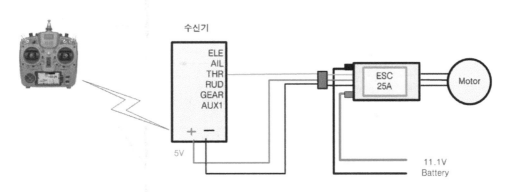

[그림 13.3] 조종기 스로틀 스틱에 의한 모터 구동

[그림 13.3]은 조종기 스로틀 스틱의 신호를 수신기로 보내서 모터를 구동하는 회로이다. 조종기에서 스로틀 스틱을 올리면 스로틀 신호가 수신기로 전송되고, 수신기의 스로틀 핀에서 신호를 변속기로 보내서 모터를 구동한다. 전형적인 모형 비행기와 모형 헬리콥터의 모터 구동 회로이다. 조종기의 다른 스틱 신호들이 승강타와 방향타 등의 서보 모터를 구동하면 비행기의 조종면을 움직여서 비행 자세를 조종한다.

(2) 프로그램에 의한 모터 구동

아두이노 보드를 이용하여 모터를 구동하는 방식은 수신기의 신호를 비행제어 프로그램이 받아서 각 모터를 구동하는 PWM(Pulse Width Modulation) 신호를 만드는 것이다. 예를 들어 아두이노 UNO 보드의 3, 5, 6, 9, 10, 11번 핀에서는 PWM 신호가 출력된다. PWM 신호는 1,000μs에서 2,000μs 범위의 값을 생성한다. 1,000μs는 모터가 정지되는 신호이고 2,000μs는 모터가 최대로 회전하는 신호이므로 약 1,500μs에서는 중간 정도의 속도로 회전한다.

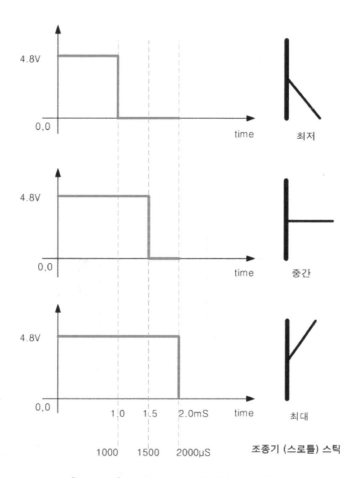

[그림 13.4] 조종기 스틱 위치와 PWM 신호의 크기

조종기 스로틀 스틱을 최하로 내리면 [그림 13.4]의 맨 위 그림과 같이 PWM 신호는 1,000μs(마이크로 초)를 보내고, 스틱을 중간으로 올리면 그림 중간과 같이 약 1,500μs를 보내고, 스틱을 최대로 올리면 맨 아래 그림과 같이 2,000μs를 보낸다. 모터가 변속기를 거쳐서 이 신호를 받으면 PWM 신호의 크기에 따라서 최저, 중간, 최대의 속도로 회전한다.

[그림 13.4]에서 PWM 신호는 0에서 1ms(밀리 초, 1,000μs)까지는 모터를 구동하지 않

는다. 1.0ms를 최저 속도로 인식하고 2.0ms에서 최대 속도로 인식한다. 따라서 1.0ms에서 2.0ms 사이에서 모터의 속도가 최저에서 최대 속도로 전환한다.

아두이노 C 프로그램으로 모터를 구동하는 방법은 다음과 같이 아날로그 명령어 방식과 라이브러리 방식 그리고 ATmega 레지스터 방식의 세 가지가 있다. 각 방식에서 사용하는 명령어는 다음과 같다.

① 아날로그 명령어 방식

```
analogWrite(pin, value);
```

② 라이브러리 방식

```
#include "Servo.h"
motor.attach(MotorPin);
motor.writeMicroseconds(value);
```

③ ATmega 레지스터 방식

```
PORTD |= B00010000; //Set digital port 4 high.
```

아두이노 보드에 사용하는 ATmega 마이크로콘트롤러는 디지털 값을 아날로그 전압으로 바꾸어 주는 DAC(Digital Analog Converter)가 거의 존재하지 않는다. 따라서 analogWrite() 함수는 다음과 같이 아날로그 출력이 아니고 PWM 출력으로 사용하는 함수이다.

- analogWrite(pin, value) : PWM은 타이머 모듈을 사용하므로 별도의 설정 없이 이 함수를 사용할 수 있다.
- 핀 번호 (pin) : PWM을 제공하는 출력 핀 번호이다.
- 듀티값 (value) : 펄스파의 LOW와 HIGH의 시간 비율이다. 타이머와 레지스터가 8비트를 사용하므로 값의 범위는 0 ~ 255 이다. 0은 항상 LOW가 출력되고 이 값의 비율에 따라 펄스폭이 결정된다.

아두이노 보드에서는 PWM 출력 핀이 제한되어 있다. 보통 핀 숫자 앞에 ~, -, # 등의 문자가 있는 핀이 PWM이 가능한 핀이다. 아두이노 UNO 보드는 6개의 PWM 핀이 제공되고, Mega2560에서는 15개의 PWM 핀이 제공된다. 서보 모터 라이브러리를 사용하기 위해서는 #include "Servo.h"를 선언해야 한다. ATmega 레지스터 방식은 제13.4절에서 상세하게 설명한다.

13.2   아날로그 명령어 방식

analogWrite() 함수를 이용하여 특정한 핀에 모터 속도를 지정하는 방식이다. 이 절에서는 이 명령어를 이용하여 서보 모터와 브러시리스 모터를 구동하는 프로그램을 작성한다.

13.2.1 아날로그 명령어 방식의 모터 구동 회로

아날로그 명령어로 서보 모터를 구동하기 위하여 [그림 13.5](a)와 같은 회로를 구성하였다. 서보 모터는 기본적으로 5V로 구동되므로 아두이노 보드의 5V 핀에서 서보 모터의 전원 선으로 연결하고 아두이노 보드와 서보 모터의 접지를 연결시킨다. 아두이노 UNO 보드의 PWM 출력을 제공하는 9번 핀을 서보 모터의 신호선에 연결한다. 아두이노 보드의 전원은 PC에서 USB로 공급한다. analogWrite(pin, value) 함수에서 pin은 9가 되고 value의 값은 최소 0에서 최대 255까지의 값이 될 것이다.

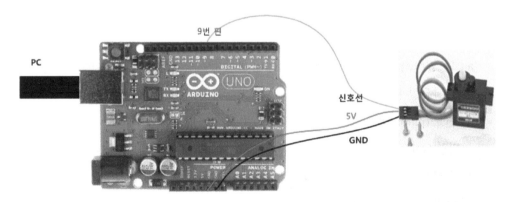

(a) 서보 모터 구동 회로

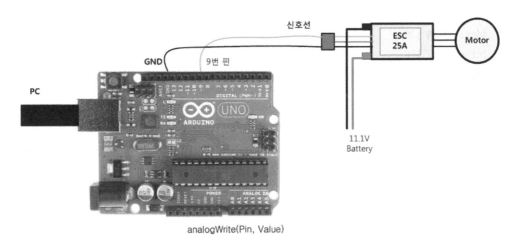

analogWrite(Pin, Value)

(b) 브러시리스 모터 구동 회로

[그림 13.5] 아날로그 명령어 방식의 모터 구동

　두 번째로 브러시리스 모터를 구동하기 위하여 [그림 13.5](b)와 같은 회로를 만들었다. 브러시리스 모터의 전원은 Li-Po 11.1V 배터리에서 공급하고, 아두이노 UNO 보드의 9번 PWM 핀에서 변속기 신호선을 연결하고, 아두이노 보드 접지와 서보 모터 접지를 연결한다. 아두이노 보드의 전원은 PC에서 USB로 공급한다. 주의할 점은 아두이노 보드의 +5V와 변속기의 +5V를 연결하지 않는 것이다. PC에서 오는 5V와 배터리에서 오는 5V가 충돌하는 것을 방지하려는 것이다. 전압이 충돌하면 배터리 전압이 PC에 흘러서 전기 충격을 줄 수도 있다. analogWrite(pin, value) 함수의 매개변수들은 서보 모터와 동일하게 사용된다. 서보 모터를 구동하는 회로와의 차이점은 모터를 구동하는 전원이 배터리의 11.1V와 아두이노 보드의 5V라는 점 하나이다.

13.2.2 아날로그 명령어 방식의 모터 구동 프로그램

　서보 모터를 구동하는 프로그램은 [그림 13.6]과 같이 매우 간단하다. setup() 함수에서 서보 모터의 듀티값을 최소값인 120으로 초기화하고 loop() 함수에서 analogWrite(pin, value) 함수를 실행하면 모터가 구동된다.

```
#define MIN 120
int speed = 100;
int motorpin9 = 9;    // PWM pin only

void setup() {
  Serial.begin(9600);
  analogWrite(motorpin9, MIN);
  delay(2000);
}

void loop() {
  if (speed <= 260) speed = speed + 5;
  if (speed >= 260) {
      analogWrite(motorpin9, speed);
      speed = 100;
      delay(2000);
  }
  analogWrite(motorpin9, speed);
  Serial.print("speed = ");
  Serial.println(speed);
  delay(50);
}
```

[그림 13.6] 아날로그 명령어 방식의 모터 구동 프로그램

첫 번째 서보 모터는 프로그램 시작과 동시에 "speed = 105"라는 메시지가 시리얼 모니터로 출력된다. speed의 숫자는 5씩 증가되어 255라는 메시지가 나올 때까지 약 120°를 움직였다가 다시 원위치로 돌아오기를 반복한다. 즉 speed 값이 105에서 255까지 사이에서 모터가 최소값에서 최대값으로 움직인다.

브러시리스 모터를 구동하는 프로그램도 서보 모터를 구동하는 프로그램과 동일하다. 다만 Li-Po 3S 11.1V 배터리를 연결해야 한다. Li-Po 배터리를 연결해야 하지만 배터리를 연결하지 않아도 아두이노 보드의 5V로 미약하게 회전하기도 한다. 브러시리스 모터는 speed 값이 105에서 부터 회전하기 시작하여 출발하여 255가 될 때까지 점차 속도를 높여서 회전한다. 최고 속도에서 정지했다가 다시 저속으로 출발하여 고속이 될 때까지 앞에서의 과정을 반복한다.

예제 13.1 [그림 13.6] 프로그램을 이용하여 서보 모터를 90°까지 갔다가 2초 동안 정지한 다음에 다시 원위치로 돌아오는 프로그램을 작성하시오.

풀이

듀티값을 0에서 255까지 올렸을 때 어느 듀티값에서 서보 모터가 움직인다면 그 값이 최소 듀티 값이다. 서보 모터가 0°에서 120°까지 이동한다면 90°까지 이동할 수 있는 듀티값을 계산할 수 있다. 다른 방법으로는 분도기를 이용하여 90°까지 이동했을 때의 speed 값을 출력해보고 앞의 방법으로 얻은 값을 비교해보는 방법이 있다.

13.3   Servo.h 라이브러리 방식

13.2절에서는 analogWrite() 함수를 이용하여 서보 모터와 브러시리스 모터를 구동하였다. 이 절에서는 앞 절과 동일한 모터 구동 회로를 사용하고 'Servo.h' 서보 라이브러리를 이용하여 두 개의 모터를 동일한 방식으로 구동하고자 한다. 단 서보 라이브러리를 이용하려면 'Servo.h' 파일을 프로그램에 포함시켜야 한다.

13.3.1 라이브러리 방식의 프로그램

서보 라이브러리를 이용하는 방식과 analogWrite() 함수를 실행하는 모터 구동 회로는 [그림 13.5]와 같이 동일하다. 다만 [그림 13.7]의 프로그램에서는 사용하는 명령어가 analogWrite() 가 아니라 motor.writeMicroseconds()라는 점이다. 이 함수의 매개변수는 모터를 구동하는 PWM 값이므로 최소 1,000에서 최대 2,000까지의 정수이다. setup() 함수에서 PWM 값을 2,000을 설정한 다음에 이어서 1,000을 설정하는데 이것은 변속기를 초기화(calibration)하는 [표 13.1]에서 기술한 절차와 개념적으로 동일하다. 즉 조종기에서 변속기와 모터를 초기화할 때 스로틀 스틱을 최대(2,000)로 올려놓고 전원을 넣어서 '삐리릭' 소리가 나면 다시 스틱을 아래로 내려서 '삐릭' 소리가 나면서 최소화(1,000)되는 절차와 동일하다.

```
#include <Servo.h>
#define MAX_SIGNAL 2000
#define MIN_SIGNAL 1000
#define MOTOR_PIN  9                     //ESC 출력 PWM 핀
Servo motor;
int speed = 0;

void setup() {
  Serial.begin(9600);
  motor.attach(MOTOR_PIN);              //아두이노 핀의 연결
  motor.writeMicroseconds(MAX_SIGNAL);  //최대화
  motor.writeMicroseconds(MIN_SIGNAL);  //최소화
}
```

(a) 모터 초기화

```
void loop() {
  speed += 10;
  if (speed >= 2000) speed = 0;
  motor.writeMicroseconds(speed);
  Serial.print("Motor speed = ");
  Serial.println(speed);
}
```

(b) 모터 구동

[그림 13.7] 서보 라이브러리를 이용한 모터 구동

서보 모터를 연결하고 이 프로그램을 실행하면 서보 모터가 1,000에서 10의 간격으로 2,000까지 올라가면서 서보 모터의 축을 회전시킨다. 브러시리스 모터를 연결하고 실행하면 1,000에서부터 모터가 천천히 회전하기 시작하여 점차 빨라지다가 2,000에서 최대로 빨리 회전하고 정지했다가 처음부터 앞에서의 과정을 반복한다.

13.3.2 모터 구동 응용 프로그램

13장 1절에서 프로그램을 사용하지 않고 조종기로 직접 변속기를 초기화(calibration)하는 방법을 설명하였다. 이 절에서는 프로그램으로 ESC를 초기화하는 방법을 기술한다.

브러시리스 모터는 PWM 값이 1,000μs에서 2,000μs 범위에서 최소에서 최대 속도로 회전한다. [그림 13.8]은 모터 속도를 컴퓨터에서 키보드로 입력하면 프로그램이 입력한 수치대로 모터를 회전하는 프로그램이다. motor.writeMicroseconds(speed) 문장에서 처음에는 2,000으로 설정하고 다음에는 1,000으로 설정하는 것은 조종기 스로틀 스틱의 최대값과 최소값을 모터의 최대값과 최소값으로 일치시키는 초기화 과정이다. parseInt() 함수는 키보드로 입력한 문자열을 정수로 변환하는 C 언어의 입력 함수이다.

```
#include <Servo.h>
#define MAX_SIGNAL 2000
#define MIN_SIGNAL 1000
#define MOTOR_PIN 9        // 모터 출력 PWM 핀
int DELAY;    // 키보드로 입력하는 모터 속도
Servo motor;

void setup() {
  Serial.begin(9600);
  motor.attach(MOTOR_PIN);
  motor.writeMicroseconds(MAX_SIGNAL);
  motor.writeMicroseconds(MIN_SIGNAL);
}

void loop() {
  if (Serial.available() > 0) {
    int DELAY = Serial.parseInt();
   if (DELAY >= 800 && DELAY <= 2000)    {
     motor.writeMicroseconds(DELAY);
    float SPEED = (DELAY-1000)/10;
    Serial.print("You key in = ");  Serial.print(DELAY); Serial.print(".......... ");
    Serial.print("Motor speed = "); Serial.print(SPEED);
        Serial.print("% over 1000\n");
   }
  }
}
```

[그림 13.8] 모터 구동 응용 프로그램

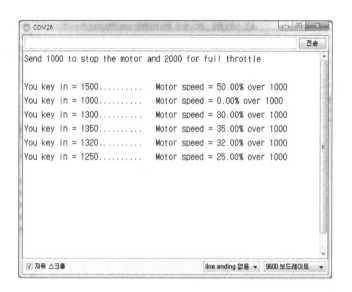

[그림 13.9] 모터 구동 응용 프로그램의 출력

[그림 13.9]는 [그림 13.8]의 프로그램을 출력한 결과이다. 이 프로그램 역시 [그림 13.5]와 동일한 모터 구동 회로를 사용한다. 따라서 analogWrite() 함수와 서보 라이브러리를 공통적으로 같이 사용할 수 있고 출력 결과도 비슷하다. 이 프로그램에서 setup() 함수는 모터를 초기화하는 기능을 수행한다. 브러시리스 모터를 처음 사용할 때 변속기를 초기화하려면 [표 13.1]과 같이 프로그램을 사용하지 않고 조종기를 이용하여 초기화할 수도 있고, [그림 13.8]의 프로그램의 setup() 함수를 이용하여 초기화할 수도 있다.

예제 13.2 6번 핀으로 서보 모터를 구동하고 9번 핀으로 브러시리스 모터를 구동하는 프로그램을 작성하시오. 키보드로 모터의 속도를 1,000에서 2,000 사이의 값을 입력하면 이 값에 따라 두 개의 모터가 구동하도록 프로그램을 작성하시오.

풀이

회로를 구성할 때 브러시리스 모터는 [그림 13.5](b)과 동일하게 9번 핀에 연결하고 서보 모터는 [그림 13.5](a)와 같이 연결하되 6번 핀을 서보 모터의 신호선에 연결한다. 브러시리스 모터 구동 프로그램은 [그림 13.8] 프로그램을 기본으로 사용하고 서보 모터 구동은 [그림 13.6] 프로그램에서 사용한 방식대로 analogWrite() 명령어를 추가하여 적용한다.

13.4 　저수준 언어의 모터 구동 프로그램

　제13.3절에서 모터를 구동하는 프로그램들은 모두 고급 언어를 사용하였다. 이 절에서는 아두이노 UNO의 프로세서인 ATMega328P의 레지스터와 포트들을 직접 제어하는 저수준 언어(low level language)로 프로그램을 작성한다. 특정 함수나 라이브러리를 사용하지 않고 저수준 언어로 프로그램을 작성하는 이유는 프로그램 실행 속도가 빠르고 정확하기 때문이다.

13.4.1 회로도와 프로그램

　[그림 13.10]의 명령어들은 앞 절에서 [그림 13.7](a)의 변속기 초기화 루틴과 동일하게 모터에 최대값을 설정한 다음에 최소값을 설정하는 기능을 수행한다.

```
motor.attach(MOTOR_PIN);
motor.writeMicroseconds(MAX_SIGNAL);
motor.writeMicroseconds(MIN_SIGNAL);
```

[그림 13.10] 변속기 초기화 명령어

　[그림 13.11]은 저수준 언어로 브러시리스 모터를 제어하는 프로그램이 구동하는 회로이다. 디지털 4번 핀에서 모터를 구동하는 신호를 출력한다. 모터를 구동하는 배터리는 3S Li-Po 11.1V이며, 아두이노 보드는 PC에서 USB로 전원을 공급받는다. 아두이노 보드와 변속기의 회로를 구성하기 위하여 두 접지선을 연결한다.

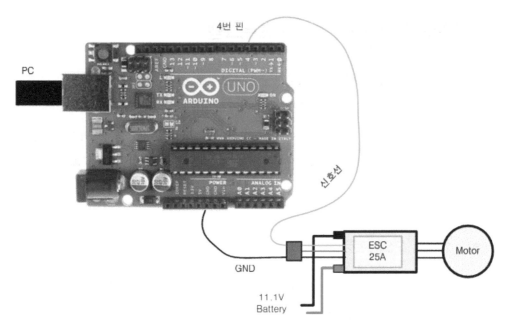

[그림 13.11] 저수준 언어의 모터 제어 회로도

[그림 13.12]는 저수준 언어로 모터를 제어하는 프로그램이다. 실행 과정에서는 setup() 함수의 while 루프에서 모터를 최대값에 이어서 최소값으로 초기화한다. 첫 번 문장인 DDRD 문은 디지털 4번 포트(핀)을 출력으로 지정하는 명령이다. 기본적으로 ATMega328은 모든 포트들을 입력으로 지정하고 있으므로 출력은 별도로 지정해야 한다. while 루프 문장은 모터를 초기화하는 과정을 확실하게 실행하기 위하여 count 변수를 이용하여 200번 반복 수행하는 루틴이다. 처음에 channel_4를 1,300으로 놓고 count 변수를 이용하여 200번 처리한 다음에는 1,500으로 갱신함으로써 while 루프를 벗어난다. 이 과정에서 모터가 최대값으로 초기화되면 크게 '삐리릭'하는 소리가 들리고 이어서 최소값으로 초기화되면 작게 '삐릭'하는 소리가 들린다. 그러나 이런 소리들은 변속기 제조사에 따라서 조금씩 다르므로 변속기 명세서를 참조하는 것이 좋다.

```
int  channel_3, channel_4;                      // 스로틀과 러더 의미
unsigned long timer_channel_1;                  // 모터 구동 시간 설정
unsigned long esc_loop_timer;                   // 모터 구동 제한 시간 설정
unsigned long zero_timer;                       // 시간 측정 기준 시간
int count = 0;                                  // 초기화 확인 수

void setup() {
  DDRD |= B00010000;                            // port 4를 출력으로 지정
  Serial.begin(9600);
  channel_3 = 1000;                             // 스로틀 최소화 의미
  channel_4 = 1300;                             // 러더 최소화 의미
  while (channel_4 < 1400) {                    //모터 초기화
    PORTD |= B00010000;                         //set port 4 high 최대값 설정
    delayMicroseconds(1000);                    //1초 지연
    PORTD &= B11101111;                         //Set port 4 low. 최소값 설정
    delay(3);                                   //3ms 지연
    if (++count > 200) channel_4 = 1500;        //while loop 벗어나기
  }
  zero_timer = micros();                        //첫 번 째 루프의 시작 시간
}


void loop() {
  if (channel_3 < 1200) channel_3 += 1;         //스로틀을 1200까지 반복
  else channel_3 = 1000;                        // 스로틀 최저값
  while (zero_timer + 4000 > micros());         //4ms 지연
  zero_timer = micros();                        //Reset the zero timer.
  PORTD |= B00010000;                           //Set digital port 4 high.
  timer_channel_1 = channel_3 + zero_timer;     // 지연 시간 설정
      //4번 포트가 low일 때 시간 저장
  while (PORTD &= B00010000) {
      //4번 포트가 low가 될 때까지 모터 구동
    esc_loop_timer = micros();                  //현재 시간 저장
    if (timer_channel_1 <= esc_loop_timer) PORTD &= B11101111;
        //지연 시간이 종료되면(channel_3 시간이 초과되면) 포트 4번을 low로
  }
}
```

[그림 13.12] 저수준 언어의 모터 제어 프로그램

loop()에서 channel_3의 역할은 모터 속도를 1,000μs에서 1,200μs까지 반복적으로 올리면서 실행하는 것이다. 모터가 1,000μs에서 시작하여 1,200μs가 될 때까지 속도를 높이면서 회전하다가 정지하고 다시 속도를 높이는 동작을 반복한다.

메인 loop() 프로그램에서 첫 while 문은 loop() 함수가 4ms 단위로 실행하기 때문에 4ms를 지연하는 것이다. 두 번째 while 문은 4번 포트가 low가 될 때까지 모터를 회전시키라는 명령이다. 즉 4번 포트가 low가 된다는 것은 channel_3 만큼의 시간이 지났다는 것을 의미하는 것이므로 1,000μs에서 1,200μs까지 변화하는 channel_3 시간만큼 모터를 돌리는 것이다. 시간이 다 되면 PORTD의 4번째 비트를 0으로 설정하여 모터를 정지시킨다.

PORTD는 [그림 13.13]의 블록 다이어그램과 같이 8개의 포트[D0...D7]를 갖고 있으며 USART 용도로 사용하고 있다. PORTB는 역시 8개의 포트[D8...D13]를 갖고 있으며 SPI 용도를 사용하고, PORTC는 6개의 포트[A0...A5]를 갖고 있으며 TWI 용도로 사용하고 있다. PORTC는 아날로그 포트로 6개가 사용되고, PORTD와 PORTB는 디지털 포트로서 각각 8개의 포트를 사용한다.

Setup() 함수에서 사용한 DDRD는 Port D Data Direction Register로서 자료의 입출력 방향을 설정하는 레지스터로서 명세는 [그림 13.14](a)와 같다. DDRD 레지스터로 포트 4번을 출력으로 설정하고 PORTD 레지스터의 4번 비트를 설정하여 모터를 구동시키고 timer_channel_1 변수를 이용하여 모터를 정지시킨다. 모터를 구동하는데 사용한 포트들은 [그림 13.4](b)의 PORTD 레지스터를 사용한다. PORTD |= B00010000; 명령과 같이 PORTD 레지스터의 4번째 비트를 1로 설정하면 4번 포트에 연결된 모터가 구동하고 0으로 설정하면 정지한다.

예제 13.3   6번 포트에 모터를 연결하고 구동하는 저수준 언어로 프로그램을 작성하시오.

풀이

모터 출력 회로는 4번 포트에서 6번 포트로 변경한다. 6번 포트는 PORTD에 소속되는 포트이다. 6번 포트를 출력으로 지정하기 위해서는 DDRD 레지스터를 B01000000로 지정한다. 모터를 초기화하려면 최대값과 최소값을 순서대로 설정해야 한다. 6번 포트를 최대값으로 지정하기 위해서는 PORTD의 6번 포트의 해당 비트를 1로 설정하고 최소값으로 지정하려면 해당 비트를 0으로 설정한다. 모터는 channel_3 값(시간)만큼 구동해야 하므로 while 루프에서 channel_3 시간이 초과되면 PORTD의 6번 포트의 해당 비트를 0으로 설정한다.

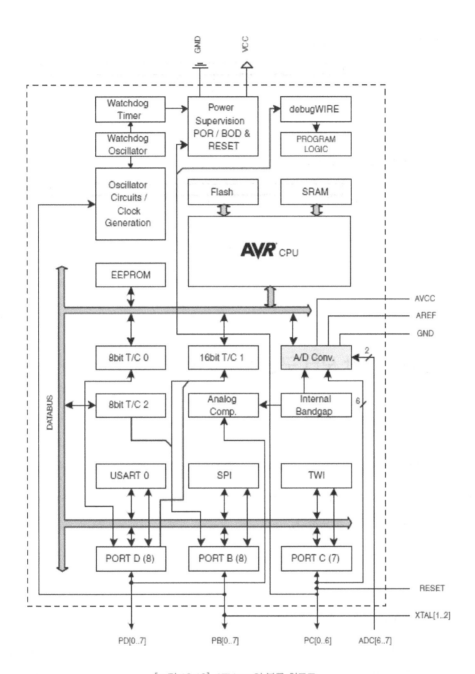

[그림 13.13] ATMega의 블록 회로도

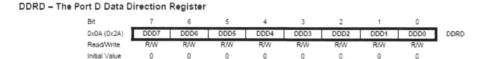

DDRD – The Port D Data Direction Register

Bit	7	6	5	4	3	2	1	0	
0x0A (0x2A)	DDD7	DDD6	DDD5	DDD4	DDD3	DDD2	DDD1	DDD0	DDRD
Read/Write	R/W	R/W	R/W	R/W	R/W	R/W	R/W	R/W	
Initial Value	0	0	0	0	0	0	0	0	

(a) DDRD 레지스터

PORTD – The Port D Data Register

Bit	7	6	5	4	3	2	1	0	
0x0B (0x2B)	PORTD7	PORTD6	PORTD5	PORTD4	PORTD3	PORTD2	PORTD1	PORTD0	PORTD
Read/Write	R/W	R/W	R/W	R/W	R/W	R/W	R/W	R/W	
Initial Value	0	0	0	0	0	0	0	0	

(b) PORT D Data 레지스터

[그림 13.14] ATMega48/88/168/328P의 레지스터

13.5 조종기에 의한 모터 구동 프로그램(저수준 언어)

제13.4 절에서는 모터 제어를 저수준 언어 프로그램으로 조종기 없이 모터를 구동하였다. 이 절에서는 저수준 언어 프로그램에서 조종기와 수신기를 이용하여 모터를 제어한다. 조종기와 수신기를 저수준 언어에서 사용하기 때문에 핀 체인지 인터럽트(PCINT, Pin Change Interrupt) 기능을 사용한다. 따라서 인터럽트 서비스 루틴(Interrupt Service Routine)에 대한 이해가 필요하다.

13.5.1 인터럽트 서비스 프로그램

인터럽트(interrupt)는 새로 시급하게 처리할 프로그램을 실행시키기 위하여 프로세서에서 실행 중인 프로그램을 잠시 중단시키는 작업이다. 시급한 프로그램을 실행한 다음에는 잠시 중단되었던 프로그램을 다시 실행시킨다. 예를 들어, 정지 비행(hovering) 중인 드론에게 조종사가 조종기 스틱으로 새로운 비행 명령을 보내면 수신기를 통하여 비행제어기에 이 신호가 도착한다. 비행제어기에서는 이 신호를 우선적으로 처리하기 위해서 정지 비행을 수행중인 비행제어 프로그램을 잠시 중단하고 새로운 비행 명령을 실행한 다음에 예전의 정지 비행 프로그램을 다시 실행한다. 아두이노 보드에는 이런 종류의 시급한 작업을 처리하기 위하여 여러 가지 방법들을 제공하고 있다. 아두이노 보드에서 인터럽트를 실행시키는 방법은 첫째, 인터럽트 핀을 이용하는 방법과 둘째, 인터럽트 라이브러리를 이용하는 방법과 셋째, ATmega 처리기의 레지스터를 이용하는 방법과 넷째 응용 라이브러리를 이용하는 방법 등이 있다.

(1) 인터럽트 핀을 이용한 인터럽트

아두이노 UNO 보드는 디지털 2번과 3번 핀이 하드웨어적으로 인터럽트 핀[2]으로 설정되어 있다. 이들 핀에 신호의 변화가 발생하면 인터럽트가 발생하여 실행 중인 프로그램을 일시 정지시키고 인터럽트 서비스 루틴을 실행한 다음에 다시 정지된 프로그램을 실행시킨다. [그림 13.15]는 아두이노 UNO 보드의 인터럽트 핀(2번)에 신호가 변경(CHANGE)되면 인터럽트 서비스 루틴인 blink() 함수를 실행시키고 다시 loop() 함수로 되돌아온다. 이를 수행하기 위한 주요 기능들은 다음과 같다.

- pinMode(A0, INPUT_PULLUP): INPUT_PULLUP 옵션을 사용 하면 버튼에 풀업 저항[3]을 추가하지 않아도 된다.
- attachInterrupt(digitalPinToInterrupt(pin), ISR, mode)에서 attachInterrupt는 인터럽트를 기동하는 함수이고, digitalPinToInterrupt(pin)는 (pin)의 핀에 인터럽트를 거는 것이다.
- ISR은 인터럽트 발생 시 호출하는 특별한 함수이다. 특별한 이유는 이 함수가 시급하게 처리를 수행해야 하는 특성 상 짧아야 하고, 매개 변수를 사용하지 않아야 하고, 아무것도 반환하지 않아야 하기 때문이다. 이 기능을 수행하는 함수를 인터럽트 서비스 루틴(ISR, Interrupt Service Routine)이라고 한다.
- mode는 인터럽트가 발생하는 시기(조건)이다. 핀에 걸리는 값이 로우일 때마다 인터럽트를 기동하려면 LOW, 핀의 값을 변경할 때마다 인터럽트를 기동하려면 CHANGE, 핀이 로우에서 하이로 갈 때는 RISING, 핀이 하이에서 로우로 갈 때는 FALLING이라는 mode들 중에서 하나를 지정해야 한다.

---

2   https://www.arduino.cc/reference/en/language/functions/external-interrupts/attachinterrupt/
3   풀업 저항(pull-up resistance): floating 현상을 막기 위하여 붙이는 저항. floating 현상이란 스위치 회로에서 신호가 0과 1 사이에 애매하게 전달되는 현상이다. 저항을 전원 쪽에 붙이면 풀업 저항이고, 접지 쪽에 붙이면 풀다운 저항이다.

```
const byte ledPin       = 13;
const byte interruptPin = 2;
volatile byte state       = LOW;

void setup() {
  Serial.begin(9600);
  pinMode(ledPin, OUTPUT);
  pinMode(interruptPin, INPUT_PULLUP);
  attachInterrupt(digitalPinToInterrupt(interruptPin), blink, CHANGE);
}

void loop() {
  Serial.println("Loop.......    ");
  digitalWrite(ledPin, state);
  delay(100);
}

void blink() {
  Serial.println("It is in isr");
  state = !state;
}
```

[그림 13.15] 인터럽트 핀을 이용한 인터럽트

[그림 13.16]에서 GND와 VCC대로 연결하고 버튼을 누르고 있으면 OUT로 LOW 신호가 출력되고 버튼을 떼고 있으면 HIGH 신호가 출력된다. GND와 VCC를 바꾸어 연결하면 신호는 반대로 출력된다. 인터럽트 mode가 CHANGE이기 때문에 버튼을 누를 때마다 HIGH와 LOW가 교대로 바뀌므로 인터럽트가 걸린다. 프로그램을 실행하면 시리얼 모니터로 "Loop......."가 출력되고 버튼을 누르면 "It is isr"이 출력되고 버튼을 떼면 다시 "Loop......."가 출력된다.

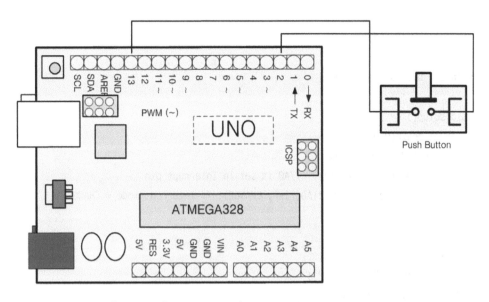

[그림 13.16] attachInterrupt() 함수를 이용한 아두이노 회로도

(2) 핀체인지인터럽트 라이브러리를 이용한 인터럽트

인터럽트 핀을 이용하여 인터럽트 프로그램을 작성하려면 반드시 특정한 인터럽트 핀을 사용해야 한다. 아두이노 UNO보드에서는 2번과 3번 핀을 사용해야 인터럽트가 동작한다. 모든 디지털 핀과 아날로그 핀에서 인터럽트를 사용하려면 <PinChangeInt.h> 라이브러리를 이용하면 된다. 여기서 사용할 <PinChangeInt.h> 라이브러리는 Arduino 공식 사이트 또는 Arduino Interrupt Tutorial 사이트[4]에서 내려 받을 수 있다. 라이브러리를 설치하고 프로그램에서 PinChangeInt.h 헤더 파일을 포함해야 한다.

---

4 https://www.teachmemicro.com/arduino-interrupt-tutorial/#

```
#include <PinChangeInt.h>
const byte ledPin = 13;
volatile byte state = LOW;

void setup() {
  Serial.begin(9600);
  pinMode(ledPin, OUTPUT);
  pinMode(A0, INPUT_PULLUP);   //A0 is set to Interrupt pin
  PCintPort::attachInterrupt(A0, isr, CHANGE); // Interrupt mode = CHANGE
}

void loop() {
  Serial.println("Loop.      ");
  digitalWrite(ledPin, state);
  delay(100);
}

void isr() {
  Serial.println("It is an isr");
  state = !state;
}
```

[그림 13.17] 핀체인지 라이브러리를 이용한 인터럽트

- PCintPort::attachInterrupt(A0, isr, CHANGE): A0는 인터럽트를 사용한 핀 번호이고, isr은 인터럽트 서비스 루틴이고, CHANGE는 인터럽트 발생 시기(조건)이다. CHANGE는 핀에 걸리는 신호가 Falling에서 Rising으로 또는 역으로 바뀌는 경우를 의미한다.

인터럽트 프로그램에 사용할 하드웨어는 앞에서와 동일하지만 회로에서 차이가 있다면 버튼의 출력을 원하는 핀이 D2, D3가 아닌 어느 핀이든지 가능하다. [그림 13.16]과 동일한 상태에서 버튼의 출력 선을 A0에 연결한다. [그림 13.17]의 프로그램을 실행하면 "Loop.   "이 출력된다. 버튼을 누르면 isr() 인터럽트 서비스 루틴이 실행되어 "It is an isr"이 출력되고 다시 loop() 함수로 돌아간다.

⑶ ATmega 레지스터를 이용한 핀체인지 인터럽트

핀체인지 인터럽트(PCINT, Pin Change Interrupt)는 아두이노 보드의 핀에 걸리는 신호가 변경되면 인터럽트를 야기하는 기능이다. PCINT를 이용하면 조종기 신호를 신속하게 접수하고 실행해야 하는 비행제어 프로그램에 매우 편리하다. 그러나 PCINT를 사용하려면 아두이노의 처리기인 AVR[5] 구조를 잘 알아야 한다. ATmega48P/88P/168P/328P 등에는 [그림 13.23]과 같이 거의 모든 핀들이 PCINT 기능이 있어서 이들을 모두 PCINT로 사용할 수 있기 때문이다.

PCINT를 설정하려면 먼저 PCIFR 레지스터를 0으로 초기화하고 시작하는 것이 좋다. PCINT를 사용하려면 우선 PCICR 레지스터를 설정해야 한다. [그림 13.19](a)의 PCICR 레지스터의 마지막 세 비트는 PCINT를 사용하기 위한 제어 비트이다. PCIE0(비트 0)가 설정되면 PCINT 핀 0 ~ 7이 활성화된다. 이 핀은 [그림 13.24]의 Arduino 핀 매핑에서 D8 ~ D13에 해당되며, [그림 13.13]의 ATMega 블록 회로도에서 PORT B에 해당한다. PCIE1(비트 1)이 설정되면 PCINT 핀 8 ~ 14가 활성화되며 이것은 Arduino 핀 매핑에서 A0 ~ A5에 해당되며, ATMega 블록 회로도에서 PORT C에 해당된다. PCIE2(비트 2)가 설정되면 PCINT 핀 16~23가 활성화되며 이것은 Arduino 핀 매핑에서 D0 ~ D7에 해당하며, ATMega 블록 회로도에서 PORT D에 해당한다.

PCINT 그룹(D8~D13, A0~A5, D0~D7) 내에서 특정 핀 하나를 활성화하려면 PCMSK 레지스터를 설정해야 한다. 각 그룹에는 3 개의 PCMSK 레지스터가 있다. PCMSK 레지스터의 각 비트는 PCINT 핀에 해당한다. [그림 13.19](b) PCMSK1 레지스터의 0번 비트가 PCINT8(아날로그 A0 핀)에 해당한다. [그림 13.18]의 setup() 함수는 모든 인터럽트 플래그를 0으로 초기화하고, PCICR 레지스터에서 PCIE1(비트 1)를 설정하고, PCMSK1 레지스터의 0번째 비트를 1로 설정하면 A0 핀이 활성화된다.

---

5 AVR: 1996년 ATmel사에서 하버드 구조로 개발한 8비트 RISC 단일 칩 마이크로콘트롤러. 프로그램을 저장하기 위해 최초로 단일 칩 플래시 메모리를 사용.

```
const byte ledPin = 13;
volatile byte state = LOW;

void setup() {
  Serial.begin(9600);
  pinMode(ledPin, OUTPUT);
  pinMode(A0, INPUT_PULLUP);
  PCIFR   = B00000000;            //clear 모든 인터럽트 flags
  PCICR   = B00000010;            //enable PCIE1 = PCMSK1
  PCMSK1  = B00000001;            //enable PCINT8 = A0 핀
}

void loop() {
  Serial.println("It is in main Loop()");
  digitalWrite(ledPin, !state);
  delay(65);
}

ISR(PCINT1_vect) {
  state = !state;
  Serial.println("It is in Interrupt Service Routine");
}
```

[그림 13.18] 레지스터를 이용한 인터럽트 프로그램

PCICR – Pin Change Interrupt Control Register

Bit	7	6	5	4	3	2	1	0	
(0x68)	–	–	–	–	–	PCIE2	PCIE1	PCIE0	PCICR
Read/Write	R	R	R	R	R	R/W	R/W	R/W	
Initial Value	0	0	0	0	0	0	0	0	

(a) ATmega의 PCICR 레지스터

PCMSK1 – Pin Change Mask Register 1

Bit	7	6	5	4	3	2	1	0	
(0x6C)	–	PCINT14	PCINT13	PCINT12	PCINT11	PCINT10	PCINT9	PCINT8	PCMSK1
Read/Write	R	R/W	R/W	R/W	R/W	R/W	R/W	R/W	
Initial Value	0	0	0	0	0	0	0|	0	

(b) ATmega의 PCMSK1 레지스터

[그림 13.19] ATmega 레지스터를 이용한 인터럽트

[그림 13.18] 프로그램을 실행하면 시리얼 모니터로 "It is in main Loop()"이 계속 출력된다. A0 핀에 연결된 버튼을 누르면 ISR(PCINT1_vect) 인터럽트 서비스 루틴이 실행되어 "It is in Interrupt Service Routine"이라는 메시지가 출력되고 다시 loop() 함수로 되돌아가서 "It is in main Loop()"이 계속 출력된다.

(4) Timer 라이브러리를 이용한 인터럽트

Timer 라이브러리는 시계를 이용하여 필요한 시각에 인터럽트 서비스 루틴을 실행시키는 기능이다. MsTimer2를 개발한 사이트[6]에서 제공하는 라이브러리를 이용하여 인터럽트를 실행하는 프로그램을 소개한다. 프로그램을 실행하려면 위 사이트에서 MsTimer2 라이브러리를 내려 받아서 설치해야 한다. 이 라이브러리가 제공하는 함수는 다음과 같다.

- MsTimer2::set(mS, ISR) : ms 밀리 초마다 주기적으로 인터럽트를 발생이시며 이 때 ISR 인터럽트 서비스 루틴을 실행한다.
- MsTimer2::start() : 인터럽트 모드를 시작한다.
- MsTimer2::stop() : 인터럽트 모드를 종료한다.

```
void setup() {
  Serial.begin(9600);
}

void loop() { // "TEST -- "를 출력한다.
  Serial.println("TEST -- ");
}
```

(a) 인터럽트가 없는 프로그램

6   https://kocoafab.cc/tutorial/view/460

```
#include "MsTimer2.h"

void setup() {
  Serial.begin(9600);
  MsTimer2::set(400,flash);  //ISR(flash 함수)을 400ms마다 호출
  MsTimer2::start();  //enables the interrupt. start ISR.
}

void loop() {
  Serial.println("TEST -- ");
  delay(10);
}

void flash() {
  Serial.println("It is an Interrupt Service Routine~ ");
}
```

(b) MsTimer2를 이용한 인터럽트 프로그램

[그림 13.20] 인터럽트 프로그램과 비 인터럽트 프로그램

[그림 13.20](a)는 비 인터럽트 프로그램이기 때문에 단순하게 "TEST -- "를 반복적으로 출력하고, [그림 13.20](b)의 인터럽트 프로그램도 "TEST -- "를 계속 출력하는 것은 동일하다. 그러나 [그림 13.20](b) 프로그램은 400ms마다 인터럽트가 발생하기 때문에 400ms마다 flash() 인터럽트 서비스 루틴에서 "It is an Interrupt Service Routine~ " 를 출력한다는 점이 다르다.

13.5.2 모터 구동 회로도와 프로그램

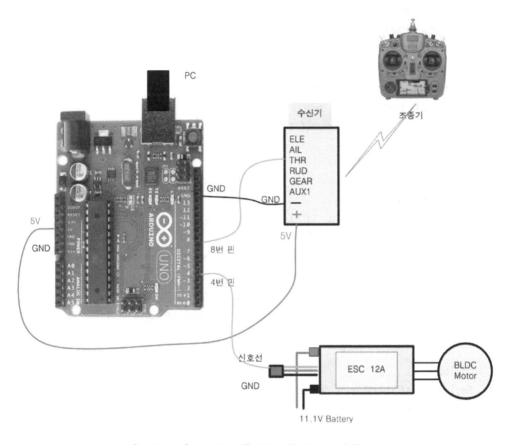

[그림 13.21] 조종기에 의한 저수준 언어 프로그램 회로도

조종기를 이용하여 모터를 구동하려면 아두이노 보드에 수신기를 연결하고, 수신기 신호의 변화를 아두이노 보드의 핀에서 감지하고 인터럽트 서비스 루틴을 실행해야 한다. 조종기를 이용하여 모터를 구동하는 저수준 언어 프로그램을 실행하는 회로는 [그림 13.21]과 같다. 모터를 구동하는 회로는 [그림 13.11]의 회로와 동일하지만 수신기를 연결하고 조종기로 모터를 구동하는 신호를 보내는 것만 다르다.

[그림 13.22]는 조종기를 이용하여 모터를 구동하는 저수준 언어 프로그램이다. setup() 함수에서는 저수준 언어가 아닌 고급 프로그래밍 방식과 같이 'Servo.h' 라이브러리를 이용하여 모터를 초기화하였다. 즉, 모터를 4번 핀에 연결하고 처음에 2,000μs(마이크로초)로 최대값을 설정하고 이어서 1,000μs로 최소값을 설정함으로써 변속기 초기화 작업을 수행한다.

```
#include <Servo.h>
#define MAX_SIGNAL 2000
#define MIN_SIGNAL 1000
#define MOTOR_PIN4 4
Servo motor;
unsigned long counter_1, current_count;
byte last_CH1_state;
int Ch1;                    //channel 1 of the receiver and pin D8 of arduino

void setup() {
  Serial.begin(250000);
  motor.attach(MOTOR_PIN4);
  motor.writeMicroseconds(MAX_SIGNAL);  //2000us 최대값 설정
  delay(1000);
  motor.writeMicroseconds(MIN_SIGNAL);  //1000us 최소값 설정


  PCICR  |= (1 << PCIE0);               //PCMSK0 레지스터를 스캔하게 함
  PCMSK0 |= (1 << PCINT0);              //핀8번을 인터럽트 상태 변화 핀으로 지정
}

void loop() {
  Serial.print("Ch1: ");    Serial.println(Ch1);
  motor.writeMicroseconds(Ch1);
}

ISR(PCINT0_vect) {                      //인터럽트 서비스 루틴
  current_count = micros();             //마이크로초 단위로 현재 시간 저장
  //////////////////       Channel 1     /////////////////////////
  if (PINB & B00000001) {               //핀8번 상태가 HIGH인가?
    if (last_CH1_state == 0) {          //지난번 상태가 LOW였다면 상태 시작
      last_CH1_state = 1;               //이전 상태 변수에 HIGH라고 저장
      counter_1 = current_count;        //상태 시작 시간 저장
    }
  }
  else if (last_CH1_state == 1) { //이번 상태가 LOW고 지난번 상태가 HIGH라면 상태 종료
    last_CH1_state = 0;            //이전 상태 변수에 LOW라고 저장
    Ch1 = current_count - counter_1;    //상태가 HIGH였던 시간을 계산
  }
}
```

[그림 13.22] 조종기 인터럽트에 의한 모터 제어 프로그램

setup() 함수에서 PCICR 명령은 Pin Change Interrupt Control Register에서 Pin Change Interrupt enable 비트를 1 비트 왼쪽으로 이동시키는 것이다. 이것은 조종기를 사용할 수 있게 레지스터를 설정하는 방식이다. PCMSK0 명령은 Pin Change Mask Register 0에서 Pin Change Interrupt 비트 0을 설정함으로써 아두이노 UNO 보드의 8번 핀의 신호 변화 상태를 인터럽트 처리할 수 있게 설정하였다. loop0 함수에서는 단지 고수준 언어로 8번 핀에서 입력받은 시간만큼 모터를 돌리는 명령을 수행한다. ATmega328P의 핀과 아두이노 UNO 보드의 핀 매핑은 [그림 3.24]를 참고한다.

PCICR – Pin Change Interrupt Control Register

Bit	7	6	5	4	3	2	1	0	
(0x68)	–	–	–	–	–	PCIE2	PCIE1	PCIE0	PCICR
Read/Write	R	R	R	R	R	R/W	R/W	R/W	
Initial Value	0	0	0	0	0	0	0	0	

(a) 핀 체인지 인터럽트 제어용 PCICR 레지스터

PCMSK0 – Pin Change Mask Register 0

Bit	7	6	5	4	3	2	1	0	
(0x6B)	PCINT7	PCINT6	PCINT5	PCINT4	PCINT3	PCINT2	PCINT1	PCINT0	PCMSK0
Read/Write	R/W	R/W	R/W	R/W	R/W	R/W	R/W	R/W	
Initial Value	0	0	0	0	0	0	0	0	

(b) 특정 핀에 PCINT를 허용하는 PCMSK 레지스터 0

PINB – The Port B Input Pins Address

Bit	7	6	5	4	3	2	1	0	
0x03 (0x23)	PINB7	PINB6	PINB5	PINB4	PINB3	PINB2	PINB1	PINB0	PINB
Read/Write	R	R	R	R	R	R	R	R	
Initial Value	N/A	N/A	N/A	N/A	N/A	N/A	N/A	N/A	

(c) PORT B 입력 핀 주소 레지스터

[그림 13.23] 핀 체인지 인터럽트 관련 레지스터

[그림 13.23]에서 기술한 PCICR 레지스터는 핀 체인지 인터럽트를 구동하기 위하여 PCMSK0 레지스터를 사용하도록 허용하는 역할을 수행한다. PCICR의 0번 비트인 PCIE0를 왼쪽으로 이동하여 설정하면 PCMSK0 레지스터를 사용할 수 있으며 0번 비트를 설정하면 PCINT0를 설정하는 것으로 PINB 레지스터의 0번 비트로 인터럽트를 걸 수 있다. PINB의 0번 비트는 아두이노 UNO 보드의 디지털 8번 핀에 해당한다.

[그림 13.22]의 ISR(PCINT0_vect) 인터럽트 서비스 루틴에서 PINB의 0번 비트 즉 아두이노 UNO 보드의 디지털 8번 핀에 신호가 왔는지를 if (PINB & B00000001) 문장으로 점검한다. 8번 핀이 수신기의 스로틀 출력에 연결되기 때문에 신호가 왔다면 인터럽트를 걸어서 시간을 계산해야 한다. 8번 핀에서 입력받은 시간은 ISR() 함수 즉 인터럽트 서비스 루틴에서 아두이노 UNO 보드의 8번 핀의 입력 값이 HIGH인지를 if 문장으로 묻고 다시 이전 값(last_CH1_state == 0)이 LOW였다면 시작 상태로 바뀐 것이므로 이 순간의 시간을 counter_1에 저장한다. 만약 8번 핀의 값이 HIGH가 아니라면 그리고 이전 값(last_CH1_state == 1)이 HIGH라면 이번에 종료 상태로 바뀐 것이므로 HIGH였던 시간을 계산하여(Ch1 = current_count - counter_1) Ch1 값을 loop() 함수에 넘겨주어서 모터를 그 시간만큼 돌리게 한다.

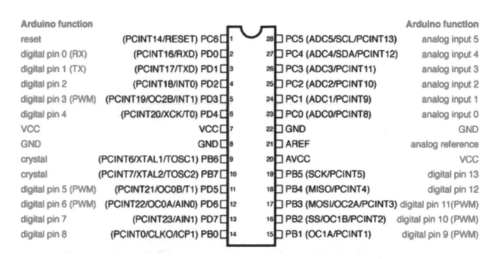

[그림 13.24] ATmega328P와 아두이노 핀 매핑

실행 순서는 조종기 ON, 아두이노 ON, 배터리 ON, 조종기 스로틀 UP으로 진행한다. 스로틀 스틱으로 모터의 속도를 조절한다.

13.5.3 인터럽트와 저수준 언어의 모터 제어

[그림 13.22] 프로그램에서는 조종기 입력을 핀 체인지 인터럽트 방식으로 구현하였고 모터 구동은 고수준 언어의 프로그램을 사용하였다. 다음에는 모터 구동도 저수준 언어로 프로그래밍을 구현한다. 모터 구동 회로는 [그림 13.21]과 동일하다.

```
void setup() {
  DDRD |= B00010000;                    //포트4번 출력 지정
  channel_4 = 1300;
  while (channel_4 < 1400) {
    PORTD |= B00010000;                 //포트4  HIGH 지정
    delayMicroseconds(1000);            //Wait 1000us 수신기 인터럽트
    PORTD &= B11101111;                 //포트4  LOW 지정
    delay(3);                           //대기
    if (++cnt > 200) channel_4 = 1500;
  }
  PCICR |= (1 << PCIE0);                //enable PCMSK0 scan
  PCMSK0 |= (1 << PCINT0);              //핀8번을 인터럽트 핀으로
}

void loop() {
  while (zero_timer + 4000 > micros()); //시작 4밀리초
  zero_timer = micros();                //Reset the zero timer.
  PORTD |= B00010000;                   //Set digital port 4 high.
  timer_channel_1 = Ch1 + zero_timer;   //핀8이 LOW가 되는 시간 계산
  while (PORTD &= B00010000) {          //port 4가 LOW될 때까지 모터 구동
    esc_loop_timer = micros();          //Check the current time.
    if (timer_channel_1 <= esc_loop_timer) PORTD &= B11101111;
          //When the delay time is expired, digital port 4 is set low.
  }
}
```

[그림 13.25] 조종기 인터럽트 처리와 저수준 언어의 모터 구동 프로그램

setup() 함수에서 PORTD |= B00010000; 명령과 PORTD &= B11101111;명령을 반복하여 변속기를 초기화하였다. 이것은 4번 포트에 최대값을 설정하고 이어서 최소값을 설정하는 것으로 변속기 초기화 작업이다. loop() 함수에서는 PORTD |= B00010000; 명령을 이용하여 모터를 구동하고 스로틀 신호가 오는 8번 핀에 LOW가 오면 PORTD &= B11101111; 명령을 이용하여 모터를 정지한다.

[그림 13.25] 프로그램은 [그림 13.12]의 저수준 언어의 모터 구동 프로그램과 [그림 13.22]의 조종기에 의한 인터럽트 방식의 프로그램을 모두 하나의 프로그램으로 구현한 것이다. 따라서 모터 구동 회로는 [그림 13.21]과 동일하고 인터럽트 서비스 루틴은 [그림 13.22]와 동일하다.

요약

- 모터는 전기 에너지를 회전 운동으로 바꾸는 장치이고, 변속기는 브러시리스 모터를 구동하는 교류 전기를 공급하는 인버터이다. 인버터는 직류를 교류로 변환하는 장치이다.

- 드론에서 사용하는 모터는 프로펠러를 돌리는 브러시리스 모터와 작은 동작을 제어하는 서보 모터이다.

- 브러시리스 모터는 반도체로 직류 전기를 3상 교류로 만들어서 자기장을 바꾸어 모터 축을 회전시키기 때문에 브러시가 없다. 브러시에 의한 마찰이 없으므로 소음과 발열이 적어서 효율성과 내구력이 좋다.

- 서보 모터는 명령에 따라서 속도와 위치를 확인하고 원하는 만큼 움직이는 모터이다.

- 비행기는 모터와 조종면을 조절하여 비행을 제어하지만 멀티콥터는 조종면 없이 각 모터의 속도를 조절하여 비행을 제어한다.

- 변속기 초기화는 조종기 스틱과 모터 속도를 최대 속도와 최소 속도 기준으로 일치시키는 작업이다. 즉 조종기 스틱과 모터 속도를 동기화 시키는 작업이다.

- 조종기 스로틀 스틱을 움직이면 수신기와 변속기를 거쳐서 모터를 직접 구동할 수 있다. 비행제어 프로그램이 없어도 모터 구동이 가능하다.

- 조종기 스틱이 만들어낸 PPM 신호는 수신기를 통하여 PWM 신호로 변환되어 모터를 구동한다. 프로그램으로 모터를 구동하는 방법은 PWM 명령어 방식, 라이브러리 방식, ATmega 레지스터 방식 등이 있다.

- 동일한 모터 구동 프로그램으로 브러시리스 모터와 서보 모터를 구동할 수 있다.

- analogWrite(motorpin, speed); 명령어는 모터의 핀 번호를 설정하고 speed를 0에서 255 범위의 수치로 모터를 최소 속도에서 최대 속도로 구동한다.

- 라이브러리 방식에서는 Servo.h 파일을 포함하고 motor.writeMicroseconds(spd); 명령어로 spd 값을 1,000에서 2,000 사이의 값으로 모터를 최소 속도에서 최대 속도로 구동할 수 있다.

- 인터럽트(interrupt)는 실행 중인 프로그램을 잠시 중단시키고 다른 프로그램을 일시적으로 실행시키는 기능이다.

- 인터럽트를 구현하는 방법은 인터럽트 핀 방식과 라이브러리 방식과 ATmega 레지스터 방식과 Timer 라이브러리 방식 등 4가지가 있다.

- 인터럽트 핀 방식은 아두이노 보드에 인터럽트 핀(UNO는 2,3번)이 설정되어 있으므로 설정된 핀을 사용한다.

- 라이브러리 방식을 사용하면 어느 핀이든지 인터럽트 핀으로 사용할 수 있다. 단 프로그램 안에 PinChangeInt.h 라이브러리를 포함해야 한다.

- ATmega 레지스터 방식은 PCIFR, PCICR, PCMSK 등의 레지스터를 조작해야 한다.

- PCIFR은 모든 인터럽트 flag들을 0으로 초기화 시키는 레지스터이다. PCICR은 인터럽트를 조작할 때 인터럽트 그룹을 설정하는 레지스터이다. PCMSK는 인터럽트 그룹 안에서 특정한 핀만을 인터럽트로 활성화하는 레지스터이다.

- Timer 인터럽트는 일정 시간마다 주기적으로 인터럽트를 야기시키는 방식의 인터럽트 라이브러리이다. 본문에서는 MsTimer2 인터럽트를 사용하였다.

- ATmega 처리기에서 입출력 포트는 PORTB, PORTC, PORTD가 있다. PORTB는 아두이노에서 D8,...,D13 포트, PORTC는 A0,..,A5 포트, PORTD는 D0,...,D7 포트를 지원한다.

- PORTD |= B00010000는 오른쪽에서 4번째가 설정되어 있으므로 D4 포트를 HIGH로 활성화시키는 것으로 D4 포트에 모터를 연결하면 회전한다. 4번째 비트를 0으로 설정하면 모터는 정지한다.

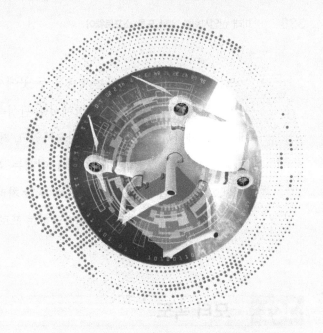

모터 PID 프로그램

드론의 모터들을 구동하는 명령은 두 곳에서 시작된다. 하나는 조종기이고 또 하나는 관성측정장치(IMU)이다. 제12장에서는 관성측정장치에서 보낸 자료들을 이용하여 PID 계수들을 계산하는 프로그램을 기술하였고, 제13장에서는 조종기가 모터 속도를 계산하고 구동하는 프로그램을 기술하였다. 이제는 조종기에서 보낸 신호와 관성측정장치가 보낸 신호들을 조합하여 모터를 구동해야 할 차례이다. 이 장에서는 조종기 스틱 값들과 함께 PID 계수 값들을 모터 구동에 반영하는 프로그램을 기술한다.

14.1   모터 속도

멀티콥터의 비행제어 프로그램이 하는 일은 조종사가 원하는 대로 드론을 조종하기 위하여 모터들의 속도를 계산하는 것이다. 모터 속도는 조종기 신호와 관성측정장치에 의한 PID 값에 의하여 결정된다.

14.1.1 조종기와 PID에 의한 모터 속도

멀티콥터 모터들의 속도는 두 가지 차원에서 결정된다. 첫째 기본적으로 조종기 스로틀 스틱 값에 의하여 결정되지만 드론의 방향타, 승강타, 보조날개 등을 움직이기 위한 조종기 스틱과 스위치들의 움직임에 따라 모터들의 속도가 추가적으로 결정된다. 둘째 자이로와 가속도 센서 값에 의하여 결정되는 PID 계수 값에 따라 모터 속도가 추가적으로 결정된다.

(1) 모터 속도 제어 요소

멀티콥터에서 개별 모터들의 속도를 결정하는데 영향을 주는 요소들은 다음과 같이 다양하다.

① 조종기의 스로틀 스틱 신호

모터의 속도는 조종기 스로틀 스틱 신호가 가장 결정적이다. 스로틀 스틱의 주된 역할은 비행기의 추력을 얻는 일이고 부수적으로 모터 속도를 제어하여 드론을 상승시키거나 하강 비행하는 것이다.

② 조종기의 Roll, Pitch, Yaw 스틱 신호

드론이 이·착륙, 상하, 회전, 좌우로 이동하기 위해서는 스로틀 스틱 이외에 엘리베이터, 러더, 보조날개 등의 조종면들을 제어하는 조종기 스틱의 신호를 모터 속도에 반영해야 한다.

③ 조종기의 스위치 신호

조종기에는 기본적으로 0, 1, 2 중에서 하나를 선택하는 몇 개의 스위치가 있다. 우선 안전을 위해서 모든 모터를 정지시키는 HOLD 스위치가 있고, 수신기의 GEAR, AUX 채널을 이용하는 스위치가 있고, 조종면들의 타각을 일괄적으로 변경하는 스위치가 있고, 카메라의 촬영 각도를 조절하는 볼륨 스위치 등이 있다.

④ 관성측정장치(자이로 센서, 가속도 센서) 신호

외란에 의하여 이동된 기체를 원위치로 복귀하기 위해서는 자이로와 가속도 센서의 자료 값들이 필요하다. 바람이 불어서 드론이 10° 회전했다면 자이로 센서가 이를 감지하여 회전된 각도를 계산하여 10°를 역 회전시키는 방식이다. 바람에 밀려서 드론이 10미터 동쪽으로 이동했다면 가속도 센서가 이동 거리를 계산하여 10미터 서쪽으로 다시 이동시키는 것이다.

⑤ 관성측정장치의 상보 필터 값

자이로와 가속도계는 모두 장점과 단점이 있으므로 정확하게 계산하기 위해서 두 센서를 장·단점들을 보완하는 상보처리를 수행한다.

⑥ PID 계수 값

드론의 움직임을 궤환(feedback) 자동제어 방식으로 처리하기 위해서는 센서 값들을 이용하여 PID 계수 값들을 계산하고 이들을 모터 속도에 반영한다.

⑦ 모터 속도 갱신 루틴의 처리 속도

아두이노 보드에서 실행되는 loop() 함수의 처리 주기가 4ms라고 가정한다면 4ms마다 PID 계수 값을 계산하여 모터 속도를 갱신시키는 비행제어 프로그램을 실행한다. 프로그램 처리 속도가 느리면 드론의 반응이 나빠진다.

이상과 같이 멀티콥터의 모터들을 움직이는 요소들은 다양하다. 멀티콥터가 조종사 의 도대로 비행하기 위해서는 이 요소들이 모두 모터 속도에 반영되어야 한다.

(2) 모터별 속도 계산

멀티콥터를 앞으로 이동하기 위해서는 피치를 올려야 하고, 뒤로 보내려면 피치를 내려야한다. 즉 [그림 14.1]에서 뒤 쪽의 LB(Left Back)와 RB(Right Back) 모터의 속도를 높이면 드론은 앞으로 날아가고, 앞 쪽의 LF(Left Front), RF(Right Front) 모터의 속도를 높이면 드론이 뒤로 날아간다. 비행기에서는 동체가 오른쪽으로 돌기 위해서는 오른 쪽 보조날개(aileron)를 위로 올려야 하고, 왼쪽으로 돌기 위해서는 왼쪽 보조날개(aileron)를 위로 올려야 한다. 드론에서는 조종면이 없으므로 LF, LB 모터 속도를 올리면 왼쪽의 양력이 커져서 동체가 오른쪽으로 돌고 RF, RB 모터 속도를 올리면 오른쪽의 양력이 커져서 동체가 왼쪽으로 돈다. 비행기는 오른쪽 방향으로 가기 위해서는 방향타(rudder)를 오른쪽으로 당겨야 하고, 왼쪽으로 가기 위해서는 방향타를 왼쪽으로 당겨야 한다. 드론에서는 날개가 시계 반대 방향으로 회전하는 RF, LB 모터 속도를 올리면 기체는 시계 방향 즉 오른쪽 방향으로 가고, 날개가 시계 방향으로 회전하는 LF, RB 모터 속도를 올리면 시계 반대 방향인 왼쪽 방향으로 간다.

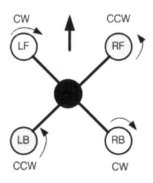

[그림 14.1] 쿼드콥터의 모터 회전 방향과 진로

(3) 모터 속도 계산 절차

멀티콥터 모터들의 속도를 계산하는 비행제어 프로그램의 처리 절차는 다음과 같다.

① 조종기에 의한 모터 구동

[그림 14.2]에서 보는바와 같이 조종기의 스틱의 4가지 신호가 수신기에 도달하면 비행 제어기는 스틱에 의한 개별 모터들의 속도를 계산한다. 조종기 스틱들의 신호 이외에도 여러 가지 스위치들의 신호도 모터 속도에 반영된다.

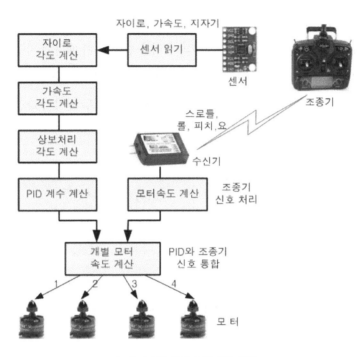

[그림 14.2] 모터 속도 계산 절차

② PID 값에 의한 모터 구동

[그림 14.2]와 같이 자이로와 가속도계의 값을 읽고, 각각 롤 각도와 피치 각도를 계산한다. 다음에는 자이로와 가속도계의 장·단점을 반영하기 위하여 상보처리 필터에 의하여 모터 속도를 결정한다. 상보 처리된 값들을 기반으로 PID 계수 값들을 계산한다.

③ 조종기 신호와 PID 값의 통합

PID 계수 값들을 조종기 스틱 신호에 의한 값들과 통합하여 개별적인 모터들의 회전 속도를 계산한다. 여기서 계산된 모터 속도를 변속기들에 보내서 모터들을 구동한다.

일반적인 비행기와 헬리콥터는 엔진이 하나이고 조종면이나 꼬리 날개를 이용하기 때문에 하나의 모터(엔진)만 잘 제어하면 되기 때문에 상대적으로 간단하다. 그러나 쿼드콥터는 4개의 모터를 개별적으로 속도를 제어하기 때문에 제어 절차가 복잡하다.

⑷ PID와 모터 속도 계산

수평으로 날아가던 비행기가 공중에서 추락한다면 어떻게 떨어질까? 수평 상태 그대로 떨어질까? 아니면 어떤 방향으로 돌면서 떨어질까? 이 문제의 답을 말하기는 매우 어렵다. 왜냐하면 지구 상공에 있는 물체들은 어느 것을 막론하고 여러 가지의 힘을 동시에 받고 있기 때문이다. 우선 모든 물체는 지구의 중력을 받고 있기 때문에 지구 중심에 수직으로 떨어져야 하고, 지구가 자전하고 있기 때문에 자전 방향과 비슷하게 떨어져야 하고 달과 태양의 끄는 힘도 받고 있기 때문에 달과 태양의 힘을 모두 받아서 다양한 힘에 이끌리면서 떨어질 것이다.

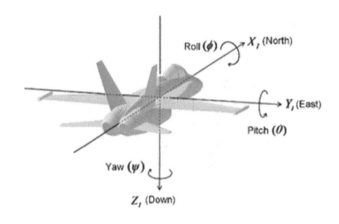

[그림 14.3] 항공기의 3개 회전 축

[그림 14.3]은 항공기들이 회전할 수 있는 3개의 회전축을 보여준다. 이 그림은 비행기가 지구 상공에서 받고 있는 회전력을 보여주고 있다. 즉 비행기 자체에 어떤 추진력이 하나도 없다면 저런 회전 상태의 힘을 받으며 떨어질 것이다. 이런 힘을 받는 비행기가 회전하지 않고 수평 상태로 떨어지기 위해서는 그 반대의 힘이 작용되어야 한다.

[그림 14.4]는 [그림 14.3]에서 영향을 받는 힘을 상쇄하기 위하여 모터를 회전시키는 방향이다. [그림 14.3]에서 피치의 경우에 비행기가 뒤로 도는 것을 막기 위해서는 [그림 14.4]의 2번과 3번 모터의 속도를 증가시키기 위해서 PID_output_Pitch 값을 더한다. 대신 1번과 4번 모터의 속도는 감소시켜야 하기 때문에 PID_output_Pitch 값을 빼준다. 이와 같은 방식으로 비행기가 우회전하는 것을 막기 위해서는 1번과 2번 모터의 속도를

PID_output_Roll 값을 더하고 대신에 3번과 4번 모터의 속도를 줄이기 위하여 PID_output_Roll 값을 빼준다. 비행기가 기본적으로 시계방향으로 가는 것을 막기 위하여 2번과 4번 모터의 속도를 증가시키기 위해서 PID_output_Yaw 값을 더하고 대신에 1번과 3번 모터 속도를 줄이기 위하여 PID_output_Yaw 값을 빼준다.

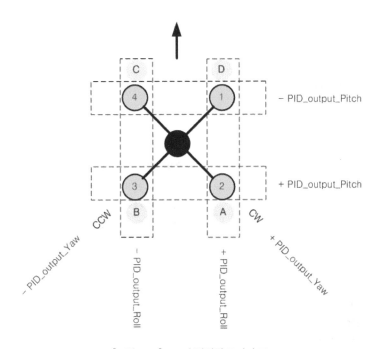

[그림 14.4] PID가 반영된 모터 속도

14.2 모터 PID 프로그래밍

4.1절에서 기술한 대로 모터 속도를 결정하기 위해서 조종기 스틱 값 이외에 PID 계수 값들을 프로그램에 반영한다.

14.2.1 모터 PID 프로그램 모듈

[그림 14.5]는 모터 PID 프로그램의 메인 루틴이다. setup()에서는 모터 속도를 최소값으로 초기화한다. 모터 초기화 함수 init_MotorSpeed()는 [그림 14.6]과 같이 모터 속도의

값을 MIN(0)으로 설정한다. 이 프로그램에서 새로운 모듈은 init_MotorSpeed()와 cal_MotorSpeed()와 update_MotorSpeed() 함수 등 3개이다. init_MotorSpeed() 함수는 4개의 모터를 초기화하는 모듈이고, cal_MotorSpeed() 함수는 PID를 모터 속도에 반영하는 모듈이고 update_MotorSpeed() 함수는 약 3-4ms 처리 주기로 모터의 속도를 실제 상황에 따라서 갱신하는 모듈이다.

```
#include <Wire.h>
const int MPU_addr = 0x68;
int16_t AcX, AcY, AcZ, Tmp, GyX, GyY, GyZ;

void setup() {
init_MPU-6050();                //MPU-6050 센서에 대한 초기 설정 함수
cal_Average();                  //센서 보정
init_TimeGap();                 //시간 초기화 : 현재 시각 저장
init_MotorSpeed();              //모터 속도 초기화 -> 초기에는 0으로 설정
}

void loop() {
  read_MPU-6050();              //가속도, 자이로 센서 값 읽기
  cal_TimeGap();                //측정 주기 시간 계산
  cal_AngleAccel();            //가속도 센서 처리
  cal_AngleGyro();             //자이로 센서 처리
  cal_CompliFilter();          //상보처리
  cal_PID();                   //PID 계산
  check_PIDChanged();          //PID 반영
  cal_MotorSpeed();            //PID 출력값으로 모터 속도 계산
  update_MotorSpeed();         //모터 속도 갱신
}
```

[그림 14.5] 모터 PID 프로그램 메인 루틴

init_MotorSpeed() 함수에서 모터 A, B, C, D의 핀 번호는 [그림 14.4]에서 기술한 모터 번호와 같다. void cal_MotorSpeed() 함수는 [그림 14.4]에서 기술한 대로 PID 값을 모터 속도에 반영하는 루틴이다. update_MotorSpeed() 함수는 약 3-4ms 처리 주기마다 모터 속도를 실제 속도로 반영해주는 모듈이다.

```
#define THROTTLE_MAX 255
#define THROTTLE_MIN 0

int motorA_pin = 6;
int motorB_pin = 10;
int motorC_pin = 9;
int motorD_pin = 5;

void init_MotorSpeed() {            //모터 속도 초기화
  analogWrite(motorA_pin, THROTTLE_MIN);
  analogWrite(motorB_pin, THROTTLE_MIN);
  analogWrite(motorC_pin, THROTTLE_MIN);
  analogWrite(motorD_pin, THROTTLE_MIN);
}

float throttle = 0;
float motorA_speed, motorB_speed, motorC_speed, motorD_speed;

void cal_MotorSpeed() {
  motorA_speed = (throttle == 0) ? 0:
    throttle + yaw_output + roll_output + pitch_output;
  motorB_speed = (throttle == 0) ? 0:
    throttle - yaw_output - roll_output + pitch_output;
  motorC_speed = (throttle == 0) ? 0:
    throttle + yaw_output - roll_output - pitch_output;
  motorD_speed = (throttle == 0) ? 0:
    throttle - yaw_output + roll_output - pitch_output;

  if (motorA_speed < 0) motorA_speed = 0;
  if (motorA_speed > 255) motorA_speed = 255;
  if (motorB_speed < 0) motorB_speed = 0;
  if (motorB_speed > 255) motorB_speed = 255;
  if (motorC_speed < 0) motorC_speed = 0;
  if (motorC_speed > 255) motorC_speed = 255;
  if (motorD_speed < 0) motorD_speed = 0;
  if (motorD_speed > 255) motorD_speed = 255;
}
```

```
void update_MotorSpeed(){
  analogWrite(motorA_pin,motorA_speed);
  analogWrite(motorB_pin,motorB_speed);
  analogWrite(motorC_pin,motorC_speed);
  analogWrite(motorD_pin,motorD_speed);
}
```

[그림 14.6] 모터 속도 지원 프로그램

이 프로그램을 실험하려면 실제 상황에서 쿼드콥터를 만들어야 하기 때문에 쉽지 않다. 이 프로그램은 실제로 구현하려는 것이 아니다. 이 프로그램을 소개하는 목적은 cal_MotorSpeed() 함수에서 각 모터에 스로틀 값을 계산하는 과정에 있다. [그림 14.4]의 각 모터에 걸리는 PID 값들을 모터 속도 계산에 반영하는 과정을 보여주려는 것이다.

요약

- 드론의 각 모터 속도를 결정하는 요소는 조종기의 스틱과 스위치 등의 신호 크기이다. 그 다음으로는 관성측정장치(IMU)의 측정값을 기반으로 계산한 PID 계수 값들이므로 스로틀 값과 PID 값을 모터 속도에 반영해야 한다.
- 모터 속도를 결정하는 첫 번째 요소는 조종기의 스로틀 신호이다.
- 모터 속도를 결정하는 두 번째 요소는 roll, pitch, yaw 등의 스틱 신호이다.
- 모터 속도를 결정하는 세 번째 요소는 스위치들의 신호이다.
- 모터 속도를 결정하는 네 번째 요소는 관성측정장치의 신호이다.
- 모터 속도를 결정하는 다섯 번째 요소는 상보 필터의 값이다.
- 모터 속도를 결정하는 여섯 번째 요소는 3축에 걸리는 PID 값이다.
- 모터 속도를 결정하는 일곱 번째 요소는 모터 속도를 계산하는 프로그램의 처리 속도이다.

- 하늘을 떠있는 모든 비행체에는 지구 중력과 지구 자전과 공전 그리고 달과 태양계 등의 중력의 힘이 걸리기 때문에 공중에서 추락 시에 어느 방향으로든지 돌면서 추락 한다. 그 힘을 막고 움직이지 않으면서 추락하기 위하여 [그리 14.3]과 같은 힘을 걸어 준다.

- 조종사가 원하는 대로 비행하기 위하여 모터 속도 갱신 프로그램을 약 3-4ms의 짧은 간격으로 갱신한다.

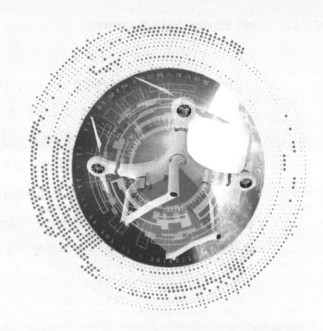

CHAPTER **15**

PID 균형대 프로그램

차량과 선박은 운항이 곤란하면 엔진을 정지하고 멈추어 있을 수가 있다. 그러나 항공기는 빠른 속도로 이동해야 양력을 얻으므로 엔진을 멈추고 하늘에서 정지해 있을 수가 없다. 엔진을 정지하거나 균형이 무너지면 순식간에 추락한다. 항공기의 균형을 잡아주는 것은 관성측정장치이며, 이 장치를 사용하는 것은 자세제어 프로그램이고, 자세제어의 핵심은 PID 제어에 있다. PID는 노련한 조타수가 선박을 운전하는 기술을 기계화하는 기술로 출발하여 컴퓨터 프로그램으로 구현하는 기술로 발전하였다. 이제는 노련한 조타수나 조종사도 구사하기 어려운 높은 수준의 비행 기술을 PID 제어 기술이 지원하고 있다.

15.1   PID 균형대 개요

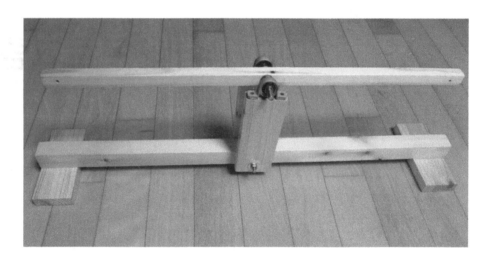

[그림 15.1] PID 균형대

PID 균형대는 PID 개념을 이해하고 PID 제어 기법을 프로그램으로 실험하기 위하여 만든 실험 도구이다. 롤, 피치, 요에 대하여 비례(P), 적분(I), 미분(D) 계수 값들을 바꾸어 가면서 입력해보면 균형대가 어떻게 반응하는지 확인할 수 있고 더 적절한 PID 계수 값들을 찾아낼 수 있다. 이 값들은 이론적인 수식에 의하여 얻는 값보다 시행착오를 통하여 얻는 값들이므로 시간적인 노력이 많이 소요된다.

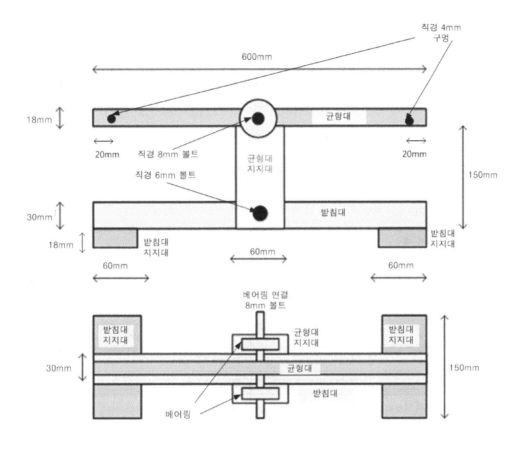

[그림 15.2] PID 균형대의 목재 프레임 설계도

　PID 균형대는 균형대의 중앙 아래에 받침대를 두고, 균형대의 양쪽에 모터와 프로펠러를 설치하여 균형대가 수평이 되도록 만든 장치이다. [그림 15.1]과 같이 균형대가 잘 움직이도록 균형대 중앙에 베어링을 설치하고, 아두이노 보드와 배터리 케이블 등을 배치하고 좌우 균형이 잘 맞도록 양쪽의 무게를 조절한다. 무게 균형이 맞지 않으면 양쪽에 종이테이프나 가는 철사를 부착하여 스스로 수평을 이루도록 만든다. 이 실험 장치에 전원을 넣으면 프로그램이 동작하여 스스로 균형을 잡아야 한다. 균형을 잡고 있을 때 균형대 한쪽을 누르면 다시 수평 자세로 돌아오도록 프로그램을 작성한다.

15.1.1 PID 균형대 구조

　[그림 15.2]는 PID 실험에 사용할 PID 균형대의 설계도이다. PID 균형대는 600mm 길이의 목재 균형대를 150mm 높이의 균형대 지지대 위에 설치한다. 균형대 지지대는

600mm 길이의 받침대 중앙에 설치한다. 균형대는 중앙에 직경 8mm의 볼트로 두 개의 베어링을 연결하고 균형대가 저항이 없도록 잘 회전하도록 5030 정도의 작은 프로펠러를 설치한다. PID 균형대의 전체 무게가 약 800g 정도이므로 큰 프로펠러를 돌렸을 때 날아갈 수도 있다. 이것을 막으려면 프로펠러가 작거나 모터를 저속으로 돌리거나 무거운 물건으로 받침대를 눌러놓아야 안전하다.

[표 15.1]은 PID 균형대 프레임을 만드는데 소요되는 재료 목록이다.

[표 15.1] PID 평균대 부품 목록

순서	품 명	용도	규격	수량
1	각재	균형대	600mm * 18mm * 18mm	1
2	각재	받침대	600mm * 30mm * 30mm	1
3	판재	균형대 지지대	60mm * 150mm * 18mm	2
4	판재	받침대 지지대	60mm * 150mm * 18mm	2
5	볼트	베어링 연결	80mm * 8mm	1
6	볼트	균형대 지지대 연결	80mm * 6mm	1
7	너트/와셔	균형대 조임	8mm	2
8	너트/와셔	받침대 조임	6mm	2
9	유닛 베어링	균형대 지지	내경 8mm, 외경 15mm, 길이 15mm	2
10	나무 나사	받침대 지지대 고정	40mm	2
11	금속나사	베어링 고정	20mm	4
12	접착제	목재 접착	록타이트 401	1
13	우드 오일	목재 표면처리	일반용	1
14	사포	목재 표면 다듬기	sand paper	1
15	공구	전동 드릴	베어링 및 지지대 고정	1
16	공구	탁상용 벤치 드릴	목재에 구멍 뚫기	1

[그림 15.3]은 PID 균형대의 기자재 구성도이다. 균형대에 사용되는 기자재는 250급 크기의 드론에 사용되는 부품들로 구성한다. 모터는 2204 2300kv 규격을 사용하고 변속기는 12A 정도이다. 비행제어기는 아두이노 UNO 보드를 사용하고 센서는 MPU-6050을 사용한다. MPU-6050 센서는 롤과 피치 각도를 계산하기 위하여 가속도계와 자이로를 사용한다. 배터리는 Li-Po 3S 11.1V를 사용한다. 오른쪽 모터가 CCW로 돌고 왼쪽 모터가 CW로 회전하여 프로펠러의 반 토크를 상쇄시킨다.

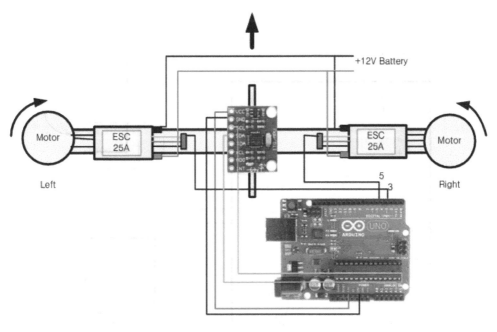

[그림 15.3] PID 균형대 구성도

　[그림 15.4]는 PID 균형대의 전기 회로도이다. 12V 배터리 전압은 변속기와 모터를 구동하고 아두이노UNO 보드를 구동하기 위한 5V 전압은 PC에서 USB를 통하여 공급하며 센서는 아두이노 UNO 보드의 3.3V 전압을 사용한다. PID 균형대의 목적은 PID 실험을 진행하면서 PID 제어 프로그램의 실행 결과를 실시간으로 관찰하는 것이므로 아두이노 UNO 보드를 컴퓨터와 USB로 연결하여 시리얼 모니터를 볼 수 있도록 설치한다. USB를 사용하는 또 다른 목적은 모터를 돌리는 12V 고전압은 Li-Po 12V 배터리를 이용하고, 비행제어기와 센서는 USB에 의한 5V 전압 회로를 구성하여 고전압으로부터 분리하는 것이다. 고전압 회로와 저전압 회로를 분리하는 것이 전기적으로 안전하기 때문이다. 대신에 변속기의 접지와 아두이노 보드의 접지를 연결하여 공통의 회로를 구성한다.

15.1.2 PID 균형대 만드는 방법

　PID 균형대를 만들기 위해서는 탁상용 벤치 드릴과 전동 드릴 등의 약간의 목공용 공구가 필요하다. PID 균형대를 만드는 순서는 다음과 같다.

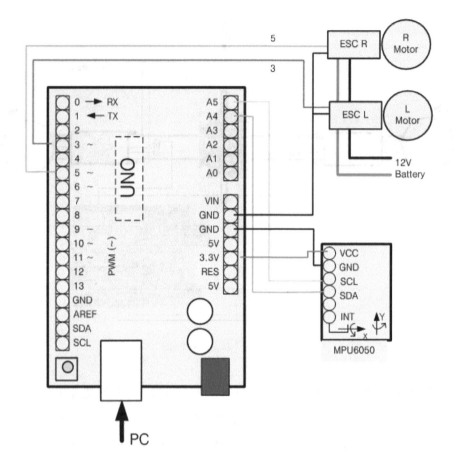

[그림 15.4] PID 균형대의 회로도

① 균형대 1개, 받침대 1개 그리고 지지대 4개 등의 각재와 판재들을 재단한다.

② 균형대와 받침대와 균형대 지지대에 탁상용 벤치 드릴로 규격대로 볼트 구멍을 만든다.

③ 각재와 판재들을 사포(sand paper)로 곱게 갈아준다.

④ 우드 오일을 헝겊에 묻혀서 각재와 판재에 골고루 여러 차례 발라준다.

⑤ 받침대 아래에 받침대 지지대 두 개를 접착제로 고정한 다음에 나무용 나사못으로 조인다.

⑥ 균형대 지지대 두 개를 받침대에 6mm 볼트로 연결한다.

⑦ 균형대에 8mm 볼트를 끼우고 양쪽에 베어링을 연결한다. 유니트 베어링을 사용하면 베어링 케이스가 있어서 설치가 편리하다.

⑧ 양쪽의 베어링을 균형대 지지대 위에 올려놓는다.

⑨ 균형대를 움직여가면서 균형대를 양쪽으로 기울여도 항상 중앙에 위치하도록 자리를 잡는다. 균형대의 베어링을 받침대 위에 있는 지지대 위에 나사못으로 연결한다.

[표 15.2] PID 균형대용 기자재 목록

구분	품명	규격	수량	비고
1	비행제어기	아두이노 UNO	1	
2	센서	MPU−6050	1	
3	모터	2213 2300kv	2	
4	프로펠러	5030	2	또는 5045
5	변속기	12A	2	
6	배터리	Li−Po 3S 11.1V	1	1500mHa
8	전원 케이블	12V용	1	배터리/변속기 연결용
9	커넥터	XT60	1	배터리 연결용
10	점퍼선	바나나잭	1set	

　　[표 15.2]는 PID 평균대를 만드는데 필요한 드론용 기자재이다. MPU-6050 센서의 3.3V 전원과 접지 그리고 SDA와 SCL 단자에 4개의 전선을 연결하고 납땜한다. 각 전선의 다른 쪽은 'ㄱ'자 헤더 핀에 납땜한다. 각 헤더 핀을 회로에 맞게 아두이노 보드의 3.3V와 접지 그리고 A4, A5 핀에 삽입한다. MPU-6050에 양면테이프를 붙이고 양면테이프를 두껍게 붙이면 센서의 성능이 둔해질 수 있으므로 얇게 한 겹만 붙인다. MPU-6050을 아두이노 UNO 보드의 중앙에 접착시킨다. 이때 센서의 +Y 방향을 PID 균형대의 앞쪽을 향하도록 접착한다. PID 균형대의 중앙에서 볼 때 아두이노 UNO의 USB 커넥터를 정면에서 연결하도록 한다. 아두이노 UNO 보드를 균형대의 정 중앙에 부착시키고 모터와 변속기의 전원과 배터리를 연결한다. 변속기의 신호선(왼쪽과 오른쪽)과 접지선들을 아두이노 UNO 보드의 각 핀(3번과 5번)에 연결한다. 배터리 전원을 왼쪽 변속기와 오른쪽 변속기에 연결할 수 있도록 배선을 연결한다. 아두이노와 USB 전선 그리고 배터리 전원 선을 잘 묶어서 균형대의 중앙으로 연결되도록 한다. 배선들을 균형대 중앙에 배치하는 것은 균형대의 움직임에 방해가 되지 않도록 하는 것이다.

　　PID 균형대 실험의 목적은 PID 제어기법을 잘 이용할 수 있도록 롤, 피치, 요에 대한 비례, 적분, 미분 계수를 얻는 방법을 익히고 이해하는 것이다. 양쪽의 무게가 동일하여 균형을 잘 이룬 상태에서 PID 프로그램을 실행하면 계속 수평을 유지할 것이다. 만약 전원을 넣고 프로그램을 실행시켰는데 균형을 잡지 못하면 PID 계수 값들을 조금씩 조절하면서 최선의 값을 얻어야 한다.

균형대의 한 쪽을 임의로 기울이면 감지기들이 기울기를 측정하고 PID 균형 프로그램이 동작하여 즉시 스스로 수평 상태를 이루어야 한다. 균형대가 잘 동작하기 위해서는 균형대와 받침대 사이에 마찰 저항이 적어야 한다. 균형대의 마찰 저항을 줄이기 위하여 베어링에 윤활유를 바르는 것도 필요하다.

PID 평균대에 USB 전선을 연결하고 배터리 전원 선을 연결하는데 이 전선들이 너무 무거워서 평균대가 움직이는 것을 조금이라도 방해하는 저항이 있어서는 안 된다. USB 선과 배터리 전원선이 모두 굵고 무겁기 때문에 두 전선들이 평균대의 중앙에 있는 베어링 축에 묶어서 베어링 축과 같이 회전하도록 하여 마찰 저항을 줄이도록 한다.

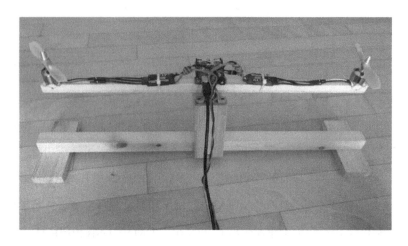

[그림 15.5] PID 평균대 완성도

[그림 15.5]는 PID 평균대를 완성하고 PID 제어 프로그램을 실험하는 모습이다. 실험할 때 유의할 사항은 크게 4가지가 있다.

첫째, PID 평균대 실험 장치에 전원을 넣기 전에 평균대가 수평을 유지하고 있어야 한다. 약간이라도 어느 한 쪽으로 기우는 경향이 있으면 한쪽 끝에 테이프를 붙이거나 아주 작은 금속 핀을 박아서 수평을 이루도록 해야 한다. PID 균형 프로그램은 평균대가 수평인 상태에서 시작되어야 정상적으로 동작한다. 비행기가 활주로에서 수평 상태에서 시동을 걸고 이륙하는 것과 마찬가지이다.

둘째, 모든 준비가 확인되기 전에는 모터에 프로펠러를 끼우지 않는다. 프로펠러가 없는 상태에서 아두이노 시리얼 모니터로 동작의 안전성이 확인하고 난 이후에 프로펠러를 장착한다.

셋째, 모터가 회전하여 프로펠러에서 바람이 세게 불면 아두이노 보드와 변속기를 연결한 전선들이 분리될 수 있으므로 아두이노 보드와 변속기에는 헤더 핀을 사용하고 전선을 납땜하도록 한다.

넷째, 실수로 모터가 빨리 회전하여 균형대 자체가 움직이면 사고가 날 수 있으므로 실험장치 주변에 다른 물건을 치우고 깨끗한 상태에서 실험한다. 받침대 위에 철근과 같은 무거운 물건을 올려놓고 실험한다.

15.2 PID 균형대 프로그램

제15.1 절에서 제작한 PID 균형대에서 적정 계수 값을 찾는 프로그램을 작성한다. 프로그램의 목적은 이 실험 장치가 수평을 유지하려면 PID의 kp, ki, kd 계수들이 얼마이어야 하는지를 정확하게 찾아내는 것이다. 주의 사항은 모든 안전 사항이 확인된 후에 프로펠러를 설치하고 실험하는 것이다. 이 프로그램의 더 상세한 내용을 보려면 ELECTRONOOBS[1]를 참조한다.

15.2.1 PID 균형 프로그램

쿼드콥터는 모터 4개가 움직임이 자유로운 두 개의 축에서 돌아가지만 PID 균형대는 움직이는 축이 하나뿐이다. 따라서 균형대가 좌우로 움직이거나 앞뒤로만 움직일 수 있으므로 드론의 롤 각도와 피치 각도 중에서 하나만 실험하는 것이 가능하다. 이 프로그램의 목적은 우선 롤 각도를 조절하여 PID 균형대의 수평을 유지하는 것이다. PID의 kp, ki, kd 계수들을 정확하게 찾아내기 위해서 프로그램에서 임의로 세 가지 계수들의 값을 넣

---

1   http://www.electronoobs.com/eng_robotica_tut6.php

고 실험을 시작한다. 임의의 계수 값들을 넣어서 실험하고 실험 결과를 측정하고 측정한 결과를 실습 노트에 기재한다. 더 좋은 실험 결과를 얻기 위하여 이 계수 값들을 계속 바꾸면서 실험 상태와 결과가 좋아질 때까지 실험하고 측정하고 기록한다.

```
#include <Wire.h>
#include <Servo.h>
Servo right_prop;
Servo left_prop;

double kp=1.0;                      //3.55 3.55 2.0
double ki=0.0;                      //0.005 0.003 0.002
double kd=0.0;                      //2.05 2.05 1.0
double throttle = 1300;             //모터 속도 기준
float desired_angle = 0;            //수평 유지가 목적이므로

void setup() {
  init_MPU-6050();                  //MPU-6050 센서에 대한 초기화
  right_prop.attach(pin3);          //오른쪽 모터: 핀3
  left_prop.attach(pin5);           //왼쪽 모터: 핀5
  time = millis();                  //Start counting time in milliseconds
  left_prop.writeMicroseconds(1000);
  right_prop.writeMicroseconds(1000);
  delay(7000);
}
```

[그림 15.6] PID 평균대 실험 setup() 프로그램

[그림 15.6]은 setup() 함수와 중요한 변수들을 기록한 것이다. 이 프로그램은 'servo.h' 라이브러리를 사용한다. kp, ki, kd 계수들을 찾는 방법은 두 가지가 있다.

첫째, 설정한 kp, ki, kd 계수들은 각각 1.0, 0.0, 0.0으로 시작한다. kp 값만 1.0에서 차츰 증가시켜서 kp 값으로만 가장 안정적인 계수 값을 찾아내고, 다음에는 kp 값을 고정한 상태에서 ki 값을 0.001에서 시작해서 0.001씩 증가하면서 가장 안정적인 값을 찾아내고, 다음에는 ki 값도 고정한 상태에서 kd 값을 1.0에서 0.5씩 증가하면서 가장 안정된 상태의 kd 값을 찾는다.

둘째, 설정한 kp, ki, kd 계수들은 각각 1.0, 0.0, 0.0으로 시작한다. kp 값만 1.0에서 차츰

증가시켜서 kp 값으로만 가장 안정적인 계수 값을 찾아내는 것은 첫째 방법과 같다. 다른 것은 그 다음에 ki값을 찾는 대신에 kd값을 1.0에서 시작해서 0.5식 증가하면서 가장 안정된 kd 값을 찾는 방법이다. 그 다음에는 ki값을 더 찾을 수도 있고 kd값만으로 만족하고 끝낼 수도 있다. 이 방식이 각 계수들을 비교적 빨리 찾을 수 있는 방법이라고 한다.

Throttle을 1400으로 설정한 것은 균형대가 한 쪽으로 기울어졌을 때 균형대를 수평으로 끌어올릴 수 있을 정도의 힘이 1400이라고 간주한 것이다. 이 값은 프로펠러의 크기와 관계가 있다. 프로펠러 크기가 크면 속도가 느려도 되고, 크기가 작으면 속도가 빨라야 한다. desired_angle을 0으로 설정한 것은 롤 각도를 0으로 하여 균형대를 수평으로 유지하기 위한 것이다.

```
void loop() {
    timePrev = time;  // the previous time is stored before the actual time read
    time = millis();  // actual time read
    elapsedTime = (time - timePrev) / 1000;
    read_MPU-6050(); //가속도, 자이로 센서 값 읽어드림
                /*---X---*/
    Acc_angle[0] = atan((Acc_rawY/16384.0)/sqrt(pow((Acc_rawX/16384.0),2) +
                pow((Acc_rawZ/16384.0),2)))*rad_to_deg;
                /*---Y---*/
    Acc_angle[1] = atan(-1*(Acc_rawX/16384.0)/sqrt(pow((Acc_rawY/16384.0),2) +
                pow((Acc_rawZ/16384.0),2)))*rad_to_deg;
        /*---X---*/
    Gyro_angle[0] = Gyr_rawX/131.0;
        /*---Y---*/
    Gyro_angle[1] = Gyr_rawY/131.0;

        /*---X axis angle---*/
    Total_angle[0] = 0.98 *(Total_angle[0] + Gyro_angle[0]*elapsedTime)
                            + 0.02*Acc_angle[0];
        /*---Y axis angle---*/
    Total_angle[1] = 0.98 *(Total_angle[1] + Gyro_angle[1]*elapsedTime)
                            + 0.02*Acc_angle[1];
    ////////////////////// P I D ///////////////////////////////////
    error = Total_angle[1] - desired_angle;
    pid_p = kp*error;
    if (-3 <error < 3) { pid_i = pid_i+(ki*error); }
```

```
pid_d = kd*((error - previous_error)/elapsedTime);
PID = pid_p + pid_i + pid_d;
if (PID < -1000) {  PID = -1000; }
if (PID > 1000)  {  PID = 1000; }

pwmLeft = throttle + PID;  // + 200;
pwmRight = throttle - PID; // + 200;

        //Right
if (pwmRight < 1000) {  pwmRight= 1000;}
if (pwmRight > 2000) {  pwmRight=2000;}
        //Left
if (pwmLeft < 1000) {  pwmLeft= 1000;}
if (pwmLeft > 2000) {  pwmLeft=2000;}

left_prop.writeMicroseconds(pwmLeft);
right_prop.writeMicroseconds(pwmRight);
previous_error = error; //Remember to store the previous error.
}
```

[그림 15.7] PID 실험 loop() 프로그램

[그림 15.7] 프로그램은 센서를 읽어서 롤 각과 피치 각을 구하고, 이들을 이용하여 상보 처리하고, 롤과 피치에 대한 PID 계수 값을 얻고, 스로틀 값과 PID 값을 합하여 두 개의 모터 속도를 계산한다. Acc_angle[0]를 구하는 것은 Euler angle 공식을 이용하여 가속도계로 pitch 각도(Acc_angle[0])와 roll 각도(Acc_angle[1])를 얻는 것이다. Gyro_angle[0]은 자이로를 이용하여 pitch 각도를 구하는 것이고, Gyro_angle[1]은 roll 각도를 구하는 것이다. Total_angle[0]은 가속도 센서와 자이로의 장·단점을 보완하는 상보처리 과정이다. Total_angle[0]은 X축 기준이므로 피치 각을 나타내고 Total_angle[1]은 Y축 기준이므로 롤 각을 의미한다. error는 롤 각도인 Total_angle[1]에서 수평 각도인 desired_angle을 빼준 것이므로 균형대가 수평에서 벗어난 정도를 의미한다.

PID 계산 과정에서 pid-i 값을 −3과 +3 사이일 때 누적하는 것은 자이로의 특성 상 짧은 시간일 때 자이로가 정확하기 때문이며 짧은 시간 동안 측정했으므로 이들을 누적해야 회전한 각도를 구할 수 있기 때문이다. Throttle에 PID 값을 더하는 것은 기본적으로 주어진 1400에 PID 계수 값을 더하여 균형을 맞추기 위한 값이다.

요약

- PID 계수 값들은 드론의 기계 상태와 외부 환경에 의하여 민감하게 달라진다.

- 특정 드론에 가장 적합한 PID 계수 값들을 구하는 방법은 계수 값들을 바꾸면서 시행 착오를 계속해야 하는 매우 지루한 작업이다.

- PID 평균대는 모터가 두 개뿐이므로 롤이나 피치 각도만을 선택적으로 측정할 수 있다.

- PID 계수 값을 구할 때 P는 1부터 0.1씩 증가하면서 적정 값을 찾고, I는 0.001부터 0.001씩 증가하면서 적정 값을 찾고, D는 0.001부터 0.001씩 증가하면서 적정 값을 찾는다.

- PID 계수 값을 찾는 순서는 P값을 찾은 후에 I값을 찾고 다음에 D값을 찾는다. 그러나 초보자들은 P값과 I값만으로도 균형을 어느 정도 유지할 수 있다.

- PID 계수 값을 찾는 두 번째 순서는 P값을 찾고 다음에 D값을 찾은 다음에 I값을 찾는다. 이 순서로 하면 빨리 균형을 잡을 수 있다. 이 경우에는 P값과 D값만 찾아도 충분하게 균형을 안정시킬 수 있다.

- PID 평균대를 실험하기 전에 평균대가 수평을 유지하도록 무게 중심을 맞추어야 한다.

- 프로펠러의 바람이 전선들이 분리되지 않도록 아두이노 보드와 변속기 신호선과 접지에 헤더 핀으로 납땜한다.

- PID 평균대와 PC를 연결하는 USB 전선과 배터리 전원선이 굵어서 평균대 회전에 저항이 되기 쉽다. 저항이 발생하지 않도록 두 선을 베어링 충심 축과 묶어서 같이 회전하도록 한다.

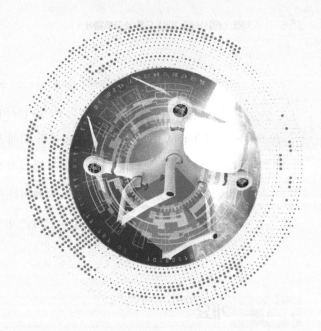

한 축 드론 프로그램

비행기와 헬리콥터는 하나의 축에 하나의 모터로 비행하고, 쿼드콥터는 두 개의 축에 네 개의 모터로 비행한다. 한 축 드론은 하나의 축에 두 개의 모터로 비행한다. 실제로 미 육군의 Chinook CH47 헬리콥터는 앞과 뒤에 모터를 하나씩 달아서 두 개의 모터로 비행한다. CH47은 두 모터의 회전 방향이 달라서 반 토크를 상쇄하기 때문에 안전하고 추력 (thurst)이 높은 것으로 유명하다. 이 장에서는 제15장에서 구현한 PID 균형대에 수신기를 추가하여 조종기로 PID 균형대를 조종하는 한 축 드론을 실험한다.

16.1   개요

제15장에서는 PID 균형대의 수평 자세를 자동으로 유지하는 실험을 한 것이고, 이장에서는 조종기와 수신기를 이용하여 PID 균형대를 조종기로 조종하는 실험을 수행한다. 이 실험의 목적은 쿼드콥터를 완성하여 하늘에서 비행을 실시하기 전에 지상에서 조종기와 수신기로 다양한 조종 실험을 수행하고 PID 조정 기술을 습득하기 위한 것이다.

16.1.1 한 축 드론 제작

이 실험의 목적은 실내에서 조종기와 수신기를 이용하여 원격으로 드론의 각종 장치들을 조작하는 과정에서 드론 제작에 대한 이해를 높이려는 것이다. 실내에서 드론의 각종 기자재들을 성공적으로 조작할 수 있으면 야외 하늘에서도 잘 동작할 것이다. 한 축 드론은 [그림 15.5]와 동일한 PID 균형대 위에 수신기를 설치하고 조종기로 균형대의 롤 또는 피치 각도를 조종하는 것으로 실험 장치의 구조는 [그림 16.1]과 같다. MPU-6050의 +Y축을 드론의 앞 방향으로 설정하고 왼쪽에 아두이노 UNO 보드의 3번 핀, 오른쪽에 5번 핀을 연결한다. 수신기는 균형대의 중앙에 설치하여 균형대의 무게 중심이 변하지 않도록 한다. 조종기에서 스로틀과 보조날개(aileron)를 움직이면 균형대의 롤 각도를 조종하여 수평을 유지할 수 있다.

[그림 16.2]는 한 축 드론을 위한 회로도이다. 제 15장에서 설명한 것과 마찬가지로 모터와 변속기 전원은 12V 배터리 전압을 이용하고, 아두이노 보드의 5V 전압은 PC에서 USB를 연결하여 사용한다. 이것은 5V 저전압 회로와 12V 고전압 회로를 분리하고 실험

하는 도중에도 프로그램의 진행 상황을 USB와 시리얼 모니터를 이용하여 PC에서 관찰
할 수 있도록 하는 것이다.

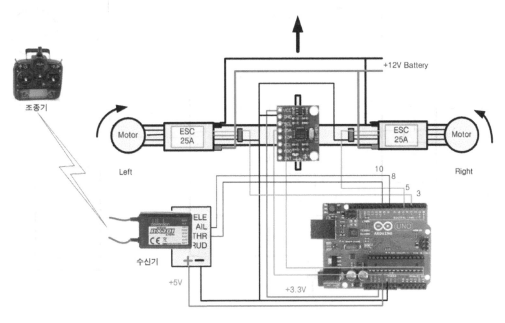

[그림 16.1] 한 축 드론 구성도

[그림 16.1]에서는 Walkera의 Devo7 조종기에 RX701 수신기를 사용했으나 어떤 종류
의 조종기와 수신기를 사용해도 프로그램 수행과 실험에는 차이가 없다. 모터와 변속기
등의 다른 기자재들도 모두 제15장에서 사용한 것을 그대로 사용한다. 다만 조종기와 수
신기 그리고 프로그램이 다를 뿐이다.

[그림 16.3]은 제15장에 만든 PID 균형대 위에 수신기를 부착하여 완성된 한 축 드론이
다. 한 축 드론을 실험하기 전에 준비해야 할 사항은 제15.1.2절에서 PID 균형대 프로그램
을 실험할 때와 마찬가지이다. 다만 수신기를 부착하는 것만 유의하면 된다. 수신기는 균
형대 위에 부착하는 것이 균형대 수평 유지에 도움이 된다. 만약 수신기를 균형대가 아닌
균형대 지지대나 받침대 위에 부착하면 수신기와 아두이노 보드를 연결하는 4가닥의 전
선들을 길게 부착해야 한다. 그러면 4가닥의 전선들이 균형대의 회전을 방해하지 않도록
세심하게 설치해야 한다.

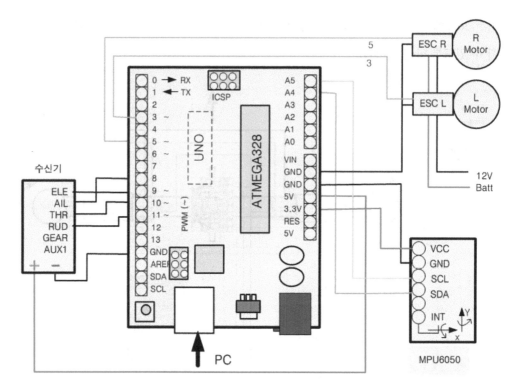

[그림 16.2] 한 축 드론 회로도

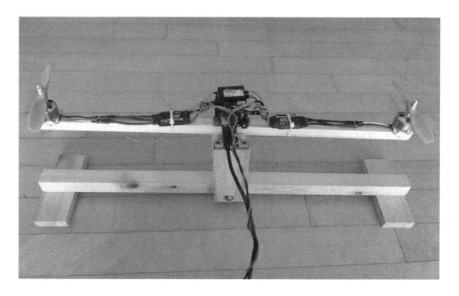

[그림 16.3] 완성된 한 축 드론

[그림 16.3]과 같이 모든 기자재들을 설치한 후에 균형대를 위 아래로 움직였을 때 정확하게 수평으로 돌아오도록 양쪽의 무게를 조절하는 것이 좋다.

16.2 한 축 드론 프로그램

한 축 드론 프로그램은 PID 균형대 프로그램에서 조종기와 수신기를 사용할 수 있도록 확장한 것이다. 앞 장에서는 가장 적절한 PID의 kp, ki, kd 계수들을 찾아내는 것이었고 여기서는 이 계수들을 그대로 이용하고 조종기의 스로틀과 보조날개를 사용하여 한 축 드론을 조종하는 것이다. 한축 드론을 조종하는 과정에서 다시 가장 적절한 PID의 kp, ki, kd 계수들을 찾아내야 한다.

이 실험에서 주의할 사항은 프로펠러가 크거나 스로틀을 많이 올리면 균형대 자체가 움직여서 사고가 날 수 있다. 프로펠러를 작은 것으로 시작하고 스로틀을 낮은데서 조금씩 올리고, PID 균형대의 받침대 위에 무거운 물건을 올려놓고 실험을 시작한다.

16.2.1 한 축 드론 조종 프로그램

한 축 드론에서는 균형대를 X축으로 보고 롤링(rolling)하는 실험을 수행하기 위하여 수신기의 신호를 롤과 스로틀 두 개만 받는다. (만약 피칭을 실험하는 것이라면 수신기의 신호를 엘리베이터와 스로틀 두 개만 받는다.) 조종기 Devo7의 규격에 따라서 아두이노 UNO 보드에서 D8 핀을 보조날개로 설정하고 D10 핀을 스로틀로 설정한다. [그림 16.4]의 setup() 함수에서 핀 체인지 인터럽트(PCINT, Pin Change Interrupt)를 롤과 스로틀 두 개만 걸기 위하여 아두이노 UNO 보드의 두 핀만을 인터럽트용으로 설정하였다. 모터 구동은 'Servo.h' 라이브러리를 사용한다. I2C Wire() 함수는 MPU-6050 센서에서 자료를 읽기 위하여 포함하였다.

kp, ki, kd 계수 값들은 제15장과 마찬가지로 각각 1.0, 0.0, 0.0으로 시작한다. 처음에는 kp 값을 1.0으로 시작하여 0.1씩 점차 올려서 가장 좋은 상태의 값을 찾아내고, 다음에는 ki 값을 0.001부터 0.001씩 올려서 가장 좋은 값을 찾아내고, 다음에는 kd 값을 0.01부터 0.01씩 올려서 가장 좋은 값을 찾으면 균형대는 안정된다.

```
#include <Wire.h>
#include <Servo.h>
Servo L_F_prop;
Servo R_F_prop;
int mot_activated=0;
long activate_count=0;
long des_activate_count=0;
double roll_kp = 1.0;                      //3.55 3.2;
double roll_ki  = 0.0;                      //0.003 0.006
double roll_kd = 0;                         //2.05 06
float roll_desired_angle = 0;

void setup() {
  PCICR |= (1 << PCIE0);                    //enable PCMSK0 scan
  PCMSK0 |= (1 << PCINT0);                  //pin D8 : 에일러론, Roll
  PCMSK0 |= (1 << PCINT2);                  //pin D10 : 스로틀
  DDRB   |= B00100000;                      //D13 as output
  PORTB &= B11011111;                       //D13 set to LOW

  L_F_prop.attach(3);                       //left front motor
  R_F_prop.attach(5);                       //right front motor
  L_F_prop.writeMicroseconds(1000);         //모터 초기화
  R_F_prop.writeMicroseconds(1000);
  i2cWire();                                //setup 센서 모듈
  delay(1000);
  time = millis();                          //Start 시간 측정
  cal_GyroAverage();                        //자이로 평균 계산
  cal_AccAverage();                         //가속도 평균 계산
}
```

[그림 16.4] 한 축 드론 프로그램의 setup() 모듈

한 축 드론 프로그램이 제15장 프로그램과 다른 점은 바로 수신기를 관리하는 인터럽트 프로그램이다. 수신기에서 새로운 신호가 들어오는 것을 파악하고 비행제어기에 반영하는 것은 PINCT를 이용하는 핀 체인지 인터럽트 기술이다. setup()에서는 보조날개와 스로틀만 필요하기 때문에 D8과 D10 2개의 핀에 인터럽트를 걸었다.

```
ISR(PCINT0_vect) {
  current_count = micros();
//////////////////////////       Channel 1 ----------
  if (PINB & B00000001) {         // if pin 8 is HIGH?
    if (last_CH1_state == 0) {    //If the last state was 0, then state change...
      last_CH1_state = 1;         //Store the current state into the last state
      counter_1 = current_count;  //Set counter_1 to current value.
    }
  }
  else if (last_CH1_state == 1) {       //If pin 8 is LOW
    last_CH1_state = 0;       //Store the current state into the last state
    input_ROLL = current_count - counter_1;   //the time difference.
  }
//////////////////////////       Channel 3 ----------
  if (PINB & B00000100 ) {    // if pin D10  is HIGH?
    if (last_CH3_state == 0) {
      last_CH3_state = 1;
      counter_3 = current_count;
    }
  }
  else if (last_CH3_state == 1) {       //If pin 10 is LOW
    last_CH3_state = 0;  //Store the current state into the last state
    input_THROTTLE = current_count - counter_3;
  }

}
```

[그림 16.5] 핀 체인지 인터럽트 프로그램

PINB – The Port B Input Pins Address

Bit	7	6	5	4	3	2	1	0	
0x03 (0x23)	PINB7	PINB6	PINB5	PINB4	PINB3	PINB2	PINB1	PINB0	PINB
Read/Write	R	R	R	R	R	R	R	R	
Initial Value	N/A	N/A	N/A	N/A	N/A	N/A	N/A	N/A	

[그림 16.6] ATmega328P의 PINB 레지스터

[그림 16.5]는 수신기에 나타나는 인터럽트를 처리하는 프로그램이다. 수신기의 D8 핀에서 D15 핀까지에 신호 상에 변화가 있으면 ATMega328의 PINB 레지스터에 변화가 발

생한다. [그림 16.6]의 PINB 레지스터의 0번 비트(PINB0)는 아두이노의 D8 핀에 해당하고, 2번 비트(PINB2)는 아두이노의 D10 핀에 해당한다. PINB 레지스터의 오른쪽 첫 번째 비트(PINB & B00000001)가 1이고 그 이전의 상태(last_CH1_state == 1)가 0이었다면 D8 핀에 변화가 감지된 것이다. 즉 인터럽트가 발생한 것이다. 그러므로 이때부터 시간 계산을 시작하기 위하여 현재 시간을 counter_1 = current_count; 문장으로 저장해둔다. PINB 레지스터의 오른쪽 첫 번째 비트(PINB & B00000001)가 0이고 지난번의 상태가 1이었다면 D8 핀에 걸린 상태가 종료된 것이므로 input_ROLL = current_count - counter_1; 문장으로 1의 상태로 있었던 시간을 계산한다. 인터럽트 서비스 프로그램의 역할은 수신기의 입력 핀에 걸렸던 1 상태의 시간을 측정해서 그 시간만큼 모터를 구동시키는 것이다.

```
void loop() {
  timePrev = time;  // the previous time is stored before the actual time read
  time = millis();  // actual time read
  elapsedTime = (time - timePrev) / 1000;
  read_MPU-6050();
        /*---X---*/         /*---Y---*/
  Gyr_rawX = (Gyr_rawX/32.8) - Gyro_raw_error_x;
  Gyr_rawY = (Gyr_rawY/32.8) - Gyro_raw_error_y;
    /*---X---*/    /*---Y---*/
  Gyro_angle_x = Gyr_rawX * elapsedTime;
  Gyro_angle_y = Gyr_rawY * elapsedTime;


        /*  angle_X : Pitch,  angle_Y : Roll    */
  Acc_angle_x = (atan((Acc_rawY)/sqrt(pow((Acc_rawX),2)
                + pow((Acc_rawZ),2)))*rad_to_deg) - Acc_angle_error_x;
  Acc_angle_y = (atan(-1*(Acc_rawX)/sqrt(pow((Acc_rawY),2)
        + pow((Acc_rawZ),2)))*rad_to_deg) - Acc_angle_error_y;


        /*   X axis angle : Pitch,   Y axis angle :  Roll */
  Total_angle_x = 0.98 *(Total_angle_x + Gyro_angle_x) + 0.02*Acc_angle_x;
  Total_angle_y = 0.98 *(Total_angle_y + Gyro_angle_y) + 0.02*Acc_angle_y;


/*///////////////  P I D   ////////////////////////////////////*/
  roll_desired_angle  = map(input_ROLL,1000,2000,-10,10);
  pitch_desired_angle = map(input_PITCH,1000,2000,-10,10);
```

```
roll_error  = Total_angle_y - roll_desired_angle;
pitch_error = Total_angle_x - pitch_desired_angle;

roll_pid_p  = roll_kp  * roll_error;
pitch_pid_p = pitch_kp * pitch_error;

if (-3 < roll_error <3) { roll_pid_i = roll_pid_i+(roll_ki*roll_error);  }
if (-3 < pitch_error <3) { pitch_pid_i = pitch_pid_i+(pitch_ki*pitch_error);  }

roll_pid_d  = roll_kd*((roll_error - roll_previous_error)/elapsedTime);
pitch_pid_d = pitch_kd*((pitch_error - pitch_previous_error)/elapsedTime);

roll_PID  = roll_pid_p  + roll_pid_i   + roll_pid_d;
pitch_PID = pitch_pid_p + pitch_pid_i + pitch_pid_d;

if (roll_PID < -400) {roll_PID=-400;}
if (roll_PID > 400) {roll_PID=400; }
if (pitch_PID < -400) {pitch_PID=-400;}
if (pitch_PID > 400) {pitch_PID=400;}

pwm_R_F  = 115 + input_THROTTLE - roll_PID - pitch_PID;
pwm_L_F  = 115 + input_THROTTLE + roll_PID - pitch_PID;


        //Right front
if (pwm_R_F < 1100) { pwm_R_F= 1100; }
if (pwm_R_F > 2000) { pwm_R_F= 2000; }
        //Left front
if (pwm_L_F < 1100) { pwm_L_F= 1100; }
if (pwm_L_F > 2000) { pwm_L_F= 2000; }

roll_previous_error = roll_error; //Remember to store the previous error.
pitch_previous_error = pitch_error; //Remember to store the previous error.

  if (!mot_activated) {    // 처음 실행할 때: mot_activated = 0
    L_F_prop.writeMicroseconds(1000); // 모터 초기화
    R_F_prop.writeMicroseconds(1000);
  }
  if (mot_activated) {    // 모터가 실행되면 항상 실행
    L_F_prop.writeMicroseconds(pwm_L_F);
    R_F_prop.writeMicroseconds(pwm_R_F);
```

```
    }
    if (input_THROTTLE < 1100 && input_YAW > 1800 && !mot_activated) {
        if (activate_count==200)    {       // 요 최대 & 스로틀 최소 & 비기동
            mot_activated=1;                // 기동: mot_activated = 1
            PORTB |= B00100000;   //D13 HIGH  //LED ON
        }
        activate_count=activate_count+1;
    }
    if (!(input_THROTTLE < 1100 && input_YAW > 1800) && !mot_activated) {
        activate_count=0;
    }
    if (input_THROTTLE < 1100 && input_YAW < 1100 && mot_activated) { //정지
        if (des_activate_count==300)    { // 요 최소 & 스로틀 최소 & 기동
            mot_activated=0;
            PORTB &= B11011111;   //D13 LOW = LED OFF
        }
        des_activate_count=des_activate_count+1;
    }
    if (!(input_THROTTLE < 1100 && input_YAW < 1100) && mot_activated) {
        des_activate_count=0;
    }
}
```

[그림 16.7] 한 축 드론의 메인 프로그램

[그림 16.7] 프로그램의 주요 처리 내용은 센서를 읽어서 자이로와 가속도 값을 이용하여 롤 각(Gyro_angle_y)과 피치 각(Gyro_angle_x)을 계산하고, 자이로 값을 98% 반영하고 가속도 값을 2% 반영하는 상보 처리를 수행하여 롤 각(Total_angle_y))과 피치 각(Total_angle_x)을 얻는 것이다. 이 값을 이용하여 롤과 피치에 대한 PID 값(roll_PID, pitch_PID)을 얻는다. 이들 롤과 피치의 PID 값을 스로틀 값에 반영하여 왼쪽과 오른쪽의 모터 속도(pwm_L_F, pwm_R_F)를 결정한다.

프로그램을 처음 실행하면 비 기동 상태(!mot_activated)이며 이때 두 모터를 초기화한다. 요가 최대이고 스로틀이 최소이고 비 기동 상태(!mot_activated)이면 기동 상태(mot_activated = 1)로 설정하고 activate_count가 200번 지속되면 LED 불을 켜서 모터가 기동되었음을 알린다. PID 제어 값들을 변경하면서 제어 실험을 시작한다. 스로틀이 최

소이고 요가 최소이고 비기동인 상태가 300번 지속되면 모터를 정지하기 위하여 비 기동 상태(mot_activated = 0)로 설정한다. 모터가 정지되면 실험도 정지된다.

요약

- 비행기와 헬리콥터는 하나의 엔진(모터)으로 비행하지만 미군의 Chinook CH47 헬리콥터는 두 개의 엔진으로 비행한다.

- 한 축 드론이란 하나의 축에 모터 두 개로 구동되는 드론이다. 하나의 축에 두 개의 모터를 역방향으로 회전함으로써 반 토크를 해결하여 진동과 소음을 줄인다.

- 한 축 드론은 PID 균형대에 수신기를 부착하고 조종기로 PID 균형대를 조종하는 실험 장치이다. 수신기에서는 스로틀과 에일러론 신호만 비행제어기에 연결한다.

- 한 축 드론 실험의 목적은 실내에서 드론의 조종기와 수신기 등 다양한 기자재들을 이용하여 PID 등의 다양한 기능을 실험하는 것이다.

- 한 축 드론 실험의 1차 목표는 시행착오를 통하여 PID의 각 계수 값들을 찾아내는 것이고, 2차 목표는 비행제어 프로그램을 이해하는 것이다.

- 수신기에 들어오는 신호를 감지하기 위하여 핀 체인지 인터럽트 기능을 이해한다.

- 수신기는 조종기의 스로틀과 에일러론 등 두 개의 신호를 수신한다. 두 신호가 비행제어 보드의 핀에 들어오는 것을 인식하고 핀 체인지 인터럽트를 발생시킨다.

- 수신기의 스로틀과 에일러론 신호를 인식하기 위하여 PINCT를 이용한다. 스로틀은 D8 핀을 설정하고 에일러론은 D10 핀을 설정한다.

- PINB의 오른쪽 첫 번째 비트는 아두이노 보드의 D8 핀에 해당하고 세 번째 비트는 D10 핀에 해당한다.

- D8 핀과 D10 핀을 인식하기 위하여 PINB 레지스터의 0번째와 2번째 비트 값의 변화를 검사한다.

- 모터를 구동하는 프로그램은 Servo.h 라이브러리를 이용한다.

- 한 축 드론에 수신기를 부착할 때는 균형대 중앙 위에 설치하는 것이 좋다. 만약 그 아래의 지지대에 부착하면 4가닥의 전선이 길게 연결되어 균형대의 회전을 방해할 수 있다.

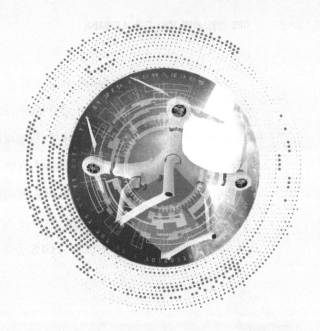

CHAPTER **17**

GPS와 촬영

　　사람들은 오래 전부터 자신의 위치를 알고 싶은 욕구가 있었다. 사냥꾼들은 멀리 사냥 터로 이동했다가 사냥이 끝나면 집으로 돌아와야 한다. 자연에 사는 짐승들은 본능적으로 위치와 방향을 찾아가는 능력이 있다. 철새들은 철 따라 장거리를 여행하고, 연어도 성장하면 멀리 나갔다가 알을 낳기 위하여 고향 산천으로 돌아온다. 북극에 살고 있는 일부 원주민들은 사방이 꽉 막힌 방 안에서도 동서남북의 위치를 본능적으로 알 수 있다고 한다. 현대인들은 스스로 위치와 방향을 찾는 자연 능력을 많이 잃었지만 기계의 힘을 빌어서 위치와 방향을 찾고 있다. 드론도 GPS 등을 이용하면 원하는 위지를 찾아갈 수 있다.

17.1   개요: 항법

　　차량 운전을 하는 사람들은 차안에 항법장치(navigation equipment)를 설치하고 길을 찾는다. 과거에는 대도시에서 택시 운전 면허증을 따려면 복잡한 시내 지리를 잘 알아야 했다. 지금은 항법장치만 있으면 모르는 길이라도 어렵지 않게 찾아갈 수 있다. 항법 (navigation)은 차량을 출발지에서 목적지까지 도달하도록 유도하는 방법이고, 항법장치 는 항법을 실행하는 기계장치이다. 과거에는 지형지물과 햇빛, 달빛, 별빛 그리고 나침판 등을 보고 방향을 찾아갔으나 이제는 각종 항법장치를 이용하여 찾아간다.

17.1.1 항법(avigation)

　　과거에는 사람들이 경험적으로 지형지물과 하늘을 보면서 방향을 찾았으나 과학이 발전하면서 점차 복잡한 기계를 이용하여 정교한 항법을 개발하고 있다. 항법은 대표적으로 다음과 같이 4가지가 있다.

(1) 천문항법(astronomical navigation)

　　천문항법이란 해, 달, 별과 같은 천체의 고도와 방위를 관측하여 위치를 찾는 방법이다. 처음에는 해와 달과 별빛을 보면서 위치를 파악했으나 장거리 여행은 쉽지 않았다. 나침 판이 발명된 후부터는 육지와 바다에서 장거리 여행이 가능하게 되었다. 과학이 발전하면서 점차 육분의[1]나 크로노미터[2]와 같은 정교한 기기를 이용하기 시작하였다. 이들 기기로 인하여 선박의 위치가 1해리(1,852미터)의 정밀도를 갖게 되었다. 그러나 이런 기기를 사용해도 하늘에 구름이 끼면 밤이나 낮에도 위치와 방향을 찾을 수 없다.

(2) 관성항법(Inertial navigation)

관성항법이란 자이로와 가속도계 등의 센서를 이용하여 이동한 방향과 거리를 측정하여 위치를 찾는 방법이다. 자이로를 이용하여 방위 기준 테이블을 만들고, 가속도계를 이용하여 출발 순간부터 임의의 시각까지 가속도를 측정하면 이동 거리를 계산할 수 있다. 관성합법장치(IMU)들을 사용하면서 항법 기술이 많이 향상되었다. 그러나 외부 지원 없이 독립적으로 상대적인 위치를 계산하는 것이므로 절대적인 위치를 찾기 어렵다는 단점이 있다. 수천 km 운행에서 오는 오차는 약 10km 정도이다. 오류가 어느 정도 있지만 외부 지원 없이 운영되는 독립적인 항법 기술이다.

(3) 전파항법(radio navigation)

전파항법은 기존에 위치를 알고 있는 무선국으로부터 전파의 도래 방향과 전파 이동에 소요되는 시간을 측정함으로써 방향과 위치를 파악하는 항법이다. 지상의 무선 시설이 위주가 되어 선박의 방위를 측정하는 방법과 선박의 무선기기가 위주가 되어 위성국에서의 방위와 거리를 측정하는 방법이 있다. 전파 항법은 약 100m‑200m의 정확도를 얻는다. 그러나 전파가 방해받으면 위치가 왜곡될 수 있다.

(4) 위성항법(satellite navigation)

위성항법은 인공위성에서 발사하는 전파를 관측하거나 위성을 중계국으로 이용하여 현재 위치를 파악하는 항법이다. 따라서 전파항법의 일종이라고 볼 수 있다. 위성은 위도, 경도, 고도 그리고 3차원의 속도 정보와 함께 정확한 시간 정보도 제공한다. 언제 어디서나 가장 정확하게 위치와 방향과 시간을 알려주는 최고의 항법 수단이다. 세계의 주요 국가들이 위성항법 시스템을 개발하고 있으나 가장 광범위하게 지원하는 것은 미국의 GPS이다.

---

1 sextant, 六分儀: 두 점 사이의 각도를 정밀하게 측정하는 광학기계. 선박이 대양을 항해할 때 태양·달·별의 고도를 측정하여 현재 위치를 구하는 데 사용하는 도구. 1731년 발명됨.

2 chronometer: 선박이 선박의 위치를 산출하기 위하여 사용하는 정밀한 시계. 1735년에 영국의 해리슨이 발명.

현재 가장 정확하게 위치기반 서비스를 하고 있는 기술은 위성항법이지만 아직도 천문항법과 관성항법과 전파항법 등을 모두 이용하고 있다. 사고가 발생하여 선박이나 비행기에 동력이 끊어지면 관성항법과 전파항법과 위성항법은 모두 무용지물이 된다. 사고가 발생하여 구명정에 타게 되고 첨단 장비가 유실되면 갑자기 천문항법이 중요해진다. 전력이 끊어지는 사고나 위기가 발생하면 천문항법을 이용해야 하고, 외국 GPS의 지원을 받지 않고 독자적으로 운항하려면 관성항법을 이용해야 하고, 외부의 감시를 피하려면 위성합법을 피해야 하고, 해안을 따라서 운행하려면 전파항법을 이용하는 것이 편리하다. 이런 까닭으로 외항선들은 아직도 나침판, 육분의, 크로노미터 등의 천문항법장치들을 싣고 다닌다. 전투기도 위성항법과 관성항법을 모두 이용하고 있다.

17.1.2 위성항법 시스템의 필요성

중국이 2018년에 위성항법시스템 베이더우(北斗)의 글로벌 서비스를 시작했다. 이것은 미국, 러시아, 유럽에 이어 4번째 글로벌 서비스이다. 중국이 쏘아올린 인공위성들이 전 세계에서 정확한 위치, 방향, 시간 정보를 제공한다는 의미이다. 정확도는 아시아, 태평양 지역은 오차 5m 이내, 그 밖의 지역은 오차 10m 이내라고 한다. 일본과 인도는 자국과 주변 국가들을 범위로 하는 '지역 GPS'를 구축하고 정밀도를 높여가고 있다.

[표 17.1] 위성항법 사용분야

구 분	적용 분야	비고
통신	우편, 택배, 전화, 자료 통신	
교통/물류	차량 내비게이션, 무인 차량 및 드론, 물류	
해운/항공	선박/항공기 운항 정보	
환경	지도 제작, 지진 관측, 측량/측지	
군사	무기 체계, 미사일 및 항공기 목표 유도	
레저/재난	등산, 캠핑 및 긴급 구조와 수색	

위성항법 시스템의 사용분야는 [표 17.1]과 같이 매우 다양하며, 산업과 사회와 안보에 필수적이다. 만약 어느 날 갑자기 GPS 정보가 차단되거나 제한적으로 제공된다면 사회 시스템 자체가 한숨에 마비될 것이다. 이러한 이유로 러시아, 중국, 유럽, 일본, 인도 등의

주요 국가들은 독자적인 위성항법 시스템을 구축하고 있다. 미국의 GPS가 제공하는 정교한 위치, 방향, 시간 정보가 없어지면 언제든지 위험한 상황이 예견되기 때문이다.

산업측면에서는 위치기반 서비스, 자동차 내비게이션, 자율주행차량 등 다양한 분야에서 위성항법 시스템이 요구된다. 군사적으로는 정밀유도 무기와 무기체계가 위성항법 없이는 쓸모없어질 것이다. 한국은 2024년까지 위성항법 기술을 개발하고 2024-2034년까지 GPS 위성 7기를 발사할 예정이다. 투자부진으로 'GPS 독립'을 이른 시기에 달성하지 못하면 4차 산업혁명 시대에 더욱 뒤쳐질 것이다.

17.2 GNSS

GPS(Global Positioning System)는 미국의 고유한 위성항법 시스템이므로 고유명사이다. 미국이 가장 먼저 위성항법 시스템을 개발했기 때문에 GPS가 보통명사처럼 사용되고 있다. 그러나 위성항법 시스템의 공식 이름은 국제적으로 GNSS(Global Navigation Satellite System)이다.

17.2.1 GNSS

GNSS를 정의하면 "언제, 어디서나 정확한 위치와 방향과 시간 정보를 제공하는 시스템"이다. GNSS는 인공위성에서 보내는 신호를 수신하여 현재 위치를 계산하는 위성항법 시스템이다. 인공위성의 전파를 이용하는 위치 측정 시스템으로 공간적으로 전 세계를 지원한다. 고도를 포함하여 3차원의 위치와 시간을 정확하게 측정할 수 있다. 전 세계를 대상으로 전 세계의 지리 좌표와 시간을 24시간 제공하고 있다. 위성의 구성과 운영 댓수는 국가별로 다양하다.

(1) 구성

GNSS의 구성은 인공위성, 지상 제어국, 사용자 수신기 등의 3가지로 되어 있다. 지상 20,200km의 고도에 있는 위성의 신호를 받아 위치 정보를 획득한다. 현재 위치를 계산하는 방법은 위성의 위치, 위성 시계의 시간, 전리층 모델, 위성 궤도의 변수, 위성 상태 등의 정보를 취합하는 것이다. 위성이 보내온 신호에는 위성에서의 발사 시간이 있으므로 수신된 시간과의 차이를 계산하면 거리를 계산할 수 있다. 3개 이상의 위성과의 거리를 알 수 있으면 현재 위치를 3차원으로 계산할 수 있다.

(2) 국가별 개발 현황

GNSS는 미국을 시발점으로 세계의 주요 국가들이 모두 개발하고 있다. 다음은 주요 국가들이 GPS 시스템을 운용하기 시작한 시기이다.

- 1978년: 미국 GPS
- 1995년: 러시아 GLONASS
- 2016년: 유럽 Galileo
- 2016년: 인도 IRNSS
- 2018년: 일본 QZSS
- 2018년: 중국 Beidou
- 2035년: 한국

이들 중에서 활발하게 운용되고 있는 것은 미국의 GPS와 러시아의 GLONASS이다. 그러나 유럽과 중국도 빠른 속도로 글로벌 시스템을 구축하고 서비스를 개선하고 있다.

(3) 국가별 운용 현황

① 미국 GPS

미국의 GPS는 대표적인 GNSS이다. 고도 26,500km 상공에 위치하고 있으며, 6개의 원형 궤도에 각각 4개씩의 위성이 배치되어 있다. 위성들은 12시간 주기로 지구를 회전하고 있으며 측위 정밀도는 약 10미터이다. 1978년부터 군사용으로 운영되고 있다.

② 유럽연합 Galileo

2005년에 유럽 연합에서 시작되어 2016년부터 글로벌 체제로 운영되고 있다. 2020년까지 30기의 위성을 발사하여 위성항법 시스템을 완성할 예정이다.

③ 러시아 GLONASS

1995년부터 운영되고 있다. 현재 미국과 함께 24개의 위성이 전 세계를 포함하고 있다.

④ 중국 Beidou

1993년에 시작하여 2018년 현재 30개의 위성을 운영하고 글로벌 서비스를 시작했다. 2020년까지 90억 달러를 투입하여 완성할 계획이다. 앞으로 12개의 위성을 추가할 계획이다.

⑤ 일본 QZSS

2018년부터 4기의 위성으로 일본 상공에서 운영하고 있다. 지원 범위는 일본과 주변국 정도이다. GPS와 함께 상호 보완적으로 사용할 계획이다.

⑥ 인도 IRNSS

2013년에 지역위성항법 시스템으로 시작하여 현재 10개의 위성으로 운영하고 있다.

⑦ 한국

2028년에서 2034년까지 7개의 위성을 발사할 계획이다. 2035년까지 2.3조원을 투자하여 지역적인 위성항법 시스템을 완성할 계획이다.

세계의 주요 선진국들은 모두 GPS 독립을 위하여 스스로 위성항법 시스템을 구축하고 있다. 한국은 항법위성 발사 시스템부터 국제 경쟁에서 밀리고 있다. 위성항법 시스템은 제4차 산업혁명의 기반이므로 'GPS 독립'은 물론이고 산업 경쟁에서 밀리지 않으려면 투자를 서둘러야 한다.

17.3 GPS

GPS는 미국이 제공하는 위성항법 시스템이며 수십 개의 위성에서 발사하는 신호를 이용하여 지구 각지에서 현재 위치와 시간을 제공한다. 미국의 민간용 GPS는 정밀도가 군 사용만큼 높지는 않지만 민간 사회에서는 매우 유용하게 사용되고 있다.

17.3.1 개요

미국 국방성은 1973년에 폭격의 정확성을 높이기 위해서 지리 좌표 계산기를 개발하였다. 더 나아가서 물체를 탐지하고 추적하고 항해하고 폭격하는 다양한 임무를 지원할 수 있는 지리 좌표 측정 위성 시스템을 개발하기 시작하였다. 1978년에는 개발이 완성되어 군사용으로 사용하기 시작하였다.

1983년에 알라스카를 출발한 대한항공 007 여객기가 관성항법장치의 오류로 인하여 소련 영공에 진입하였다. 소련은 전투기를 동원하여 대한항공 여객기를 격추하였으며 결과적으로 269명이 사망하는 사건이 발생하였다. 당시 미국 레이건 대통령은 여객기의 관성항법장치의 오류로 인하여 사고가 난 것으로 인지하고 군사용 GPS를 민간에서 사용하도록 허용하였다. 대한항공 여객기에는 3대의 관성항법장치가 있었지만 오류를 막지는 못했다. 이어서 2000년에는 클린턴 대통령이 정밀도가 높은 GPS를 민간에 허용함으로써 전 세계에서 활발하게 사용하는 계기가 되었다.

GPS가 민간에 개방되면서 자동차, 선박, 항공기 등의 항해에 적극적으로 이용되기 시작했으며 개인용 컴퓨터와 휴대폰에도 사용되기 시작하였다. 미국의 GPS는 민간이 사용하는 SPS(Standard Positioning System)과 매우 정밀한 군사용 PPS(Precise Positioning System)로 구분된다.

17.3.2 GPS 원리와 구성

(1) GPS의 원리

GPS 위성은 자신의 위치와 시간을 전파로 발신한다. 위성의 전파를 수신하면 발신 시간과 수신 시간의 차이를 이용하여 수신기와 위성 간의 거리를 계산한다. [그림 17.1]과 같이 수신기는 3개의 GPS 위성으로부터의 전파 수신을 이용하여 3차원의 공간 좌표를 계산할 수 있다. 4번째 위성 신호는 시계를 정확한 시간으로 보정함으로써 정확한 위치를 계산할 수 있다. 정확도는 보통 30미터이나 한국에서는 15-20미터 정도이며 위성 신호가 많이 잡힐수록 더 정확해진다.

위성의 위치와 위성 간의 각도는 고정된 값이므로 위성과 수신기의 거리를 측량할 수 있다. 위성에는 3만 6천년에 1초의 오차를 갖는 원자시계를 갖추고 있다. 각 위성에서 전파를 송출하는 신호의 송출 시점과 수신 시점의 시간차를 측정한다. 시간 차이에 전파의 속도를 곱하면 각각의 위성과 수신기 간의 거리를 계산할 수 있다. 거리를 측정하는 방법은 삼각측량[3]법을 이용할 수 있다.

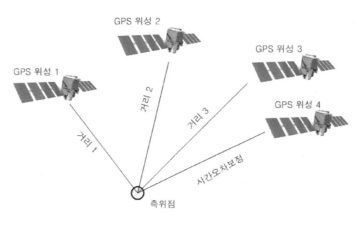

[그림 17.1] 위성과 측위

(2) GPS의 구성

GPS는 다음과 같이 GPS 위성과 지상 제어국과 사용자 수신기 등으로 구성된다.

① GPS 위성

6개의 궤도에 4개씩의 위성을 배치하고 6개의 위성을 예비용으로 두면 30개의 위성으로 전체 지구를 범위에 넣을 수 있다. 즉 세계의 어디서나 위성을 볼 수 있도록 배치한 것이다. 위성의 수명은 약 8-10년이며 지구 상공 20,200km에 위치한다. 11시간 58분마다 지구를 공전하고 있다. 지구의 어느 지점에서나 6개 이상의 GPS 위성으로부터 위성 신호를 수신할 수 있다.

② 지상 제어국(GCS, Ground Control Station)

GPS 위성의 궤도를 추적하고 위성을 관리하는 제어 업무는 지상 제어국에서 수행한다. 5곳의 지상 제어국에서 모든 GPS 위성을 추적하고 추적 자료는 미국 콜로라도주 스프링스 공군기지에 있는 주 제어국으로 보낸다. 이와 같이 1개의 주 제어국과 5개의 부 제어국이 위성을 추적하고 관리한다.

3　삼각측량 (triangulation): 두 점 사이의 거리를 구하려고 할 때, 두 점 사이의 거리를 직접 구하지 않고, 다른 거리와 각도를 구한 후 삼각함수를 적용하여 거리를 구하는 방법.

③ GPS 수신기

GPS 수신기는 위성 송신 주파수에 동조된 안테나와 수정 발진기 등을 사용한 정밀 시계와 수신된 신호를 처리하고 수신기의 위치의 좌표와 속도 벡터 등을 계산하는 처리장치, 계산된 결과를 출력하는 출력장치 등으로 이루어진다. 수신기는 3개 위성으로부터 거리를 계산하고, 4번째 위성으로부터 시간을 계산하고, 처리기로 거리를 계산한다.

모든 위성들은 동일한 주파수를 사용하지만 각 위성의 고유 부호를 전파에 실어서 발신하므로 수신기는 각 위성의 신호를 구분할 수 있다. 위성은 위성에 탑재된 시계의 시각과 오차와 위성의 상태 정보, 모든 위성과 관련된 궤도 정보와 이력, 오차 보정을 위한 계수 등이 포함된 항법 메시지를 50bps의 속도로 지속적으로 신호를 발신한다.

17.4 **GPS 도구**

GPS를 이용하기 위해서는 위성이 보내주는 신호를 지상에서 위성 수신기가 읽어야 한다. 위성이 보내주는 신호는 국제사회에서 사용할 수 있도록 NMEA 등의 국제민간단체에서 이들을 표준화하고 있다.

17.4.1 NMEA

NMEA(National Marine Electronics Association)[4]는 해양 전자산업을 촉진하기 위해서 모인 비영리 국제단체이다. 이 단체에서 만든 NMEA 표준은 "해양 전자 장비와 기자재들 간의 통신을 위해 정의된 전기적 접속과 규약"이다. NMEA에서 정의한 프로토콜 중에서 현재 GPS 통신에서는 'NMEA-0183'을 표준 프로토콜로 사용하고 있다. NMEA-0183은 위성 신호를 수신한 수신기가 정보를 외부에 알리기 위해서 만든 규약이다. [그림 17.2]는 GPS 위성이 마이크로웨이브 반송파에 실어서 보낸 위성 정보를 GPS 수신기가 해석하여 ASCII 코드의 문자를 직렬로 외부에 보내는 절차를 보여준다.

---

4 http://www.nmea.org

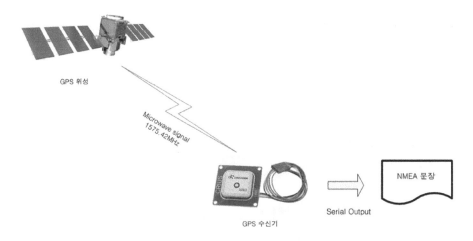

[그림 17.2] NMEA 정보의 문장화

17.4.2 Tiny GPS

TinyGPS는 GPS 위성이 제공하는 NMEA 형식의 위치, 날짜, 시간, 고도, 속도 및 코스 등의 정보를 아두이노 프로그램을 이용하여 제공하는 라이브러리이다. TinyGPS 사이트[5] 에서 TinyGPS 압축 파일을 다운 받아 아두이노에서 프로그램을 실행하면 된다. [그림 17.3]은 아두이노 UNO 보드에 CRIUS NEO-6 GPS 수신기를 연결하고 GPS 프로그램을 실행시키는 실험이다. 이 프로그램을 실행시키면 GPS 수신기에 파란 불이 들어오고 GPS 위성 신호가 잡히면 수신기에 초록색 불이 깜박거리기 시작한다.

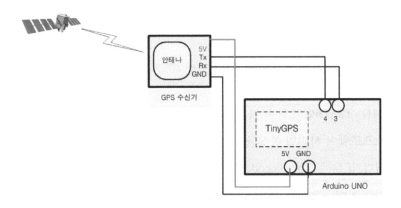

[그림 17.3] TinyGPS 회로

5　http://arduiniana.org/libraries/tinygps/

```
#include <SoftwareSerial.h>
#include <TinyGPS.h>
TinyGPS gps;
SoftwareSerial ss(4, 3);                        //RX: D4 핀, TX: D3 핀

void setup() {
  Serial.begin(115200);
  ss.begin(9600);
}

void loop() {
  for (unsigned long start = millis(); millis() - start < 1000;)  {
    while (ss.available()      {
      char c = ss.read();
       Serial.write(c);
      if (gps.encode(c))                        //new valid sentence come in?
        newData = true;
    }
    if (newData) {                              //새로운 자료가 입력될 때
      gps.f_get_position(&flat, &flon, &age);   //위도, 경도,
      gps.satellites()                          //위성의 갯수
      gps.hdop();                               //수평성분 정확도
       Serial.print                             //이미 들어온 문장 인쇄
    }
    gps.stats(&chars, &sentences, &failed);
    Serial.print,,,                             //문장 상태 인쇄
}
```

[그림 17.4] TinyGPS 단순 읽기 메인 프로그램

[그림 17.4]는 TinyGPS의 단순 읽기 프로그램이다. #include <SoftwareSerial.h>는 아두이노에서 소프트웨어 시리얼 통신을 수행하기 위한 설정이다. D4 핀은 Rx로 D3 핀은 Tx로 설정하였다. if 문에서 gps.encode(c)는 새로운 문장인지를 확인하여 이미 들어온 문장을 인쇄하려는 것이다. gps.f_get_position(&flat, &flon, &age) 함수는 현재 위치의 위도와 경도 등을 찾는 것이고, gps.satellites()는 위성의 개수를 검색하는 함수이고, gps.hdop()는 위성의 수평성분 정확도이고 gps.stats(&chars, &sentences, &failed)는 읽은 문장의 상태를 통계로 보여주는 것이다.

```
$GPGSY,3,3,09,28,06,040,18*41
$GPGLL,3730.33023,N,12707.65652,E,022442.00,A,A*6C
LAT=37.505504 LON=127.127609 Age=632.000000 SAT=6 PREC=155 CHARS=4074 SENTENCES=18 CSUM ERR=0
$GPRMC,022443.00,A,3730.33030,N,12707.65662,E,0.215,,100119,,,A*7B
$GPVTG,,T,,M,0.215,N,0.398,K,A*27
$GPGGA,022443.00,3730.33030,N,12707.65662,E,1,06,1.55,19.0,M,18.8,M,,*67
$GPGSA,A,3,05,24,15,28,21,10,,,,,,,2.15,1.55,1.49*06
```

[그림 17.5] TinyGPS의 출력 자료

[그림 17.5]는 TinyGPS 프로그램을 실행시킨 출력이다. $ 다음의 두 문자는 GP(GPS)와 LC(Loran)과 OM(Omega Navigation) 등을 구별하는 것이고, 다음 세 글자 GGA 등은 다양한 프로토콜 중의 하나를 의미한다. 이 문장들의 자세한 의미는 [그림 17.6]과 같은 NMEA 문서 형식 을 참조해야 한다.

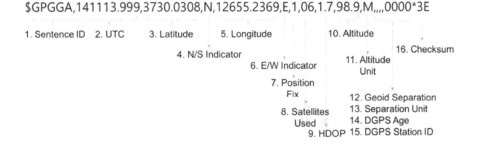

[그림 17.6] NMEA 문서 형식의 하나(GPS의 GGA 프로토콜)

17.5　Multiwii GPS

Multiwii는 GPS를 지원하고 있으므로 MultiwiiConf로 드론의 PID 계수 값과 자이로, 가속도 등의 비행 정보와 함께 GPS 관련 정보를 그림으로 보여주고 있다. MultiwiiWinGUI는 GPS 수신기가 받은 정보를 텔레메트리를 통해서 보내주면 지상에서 컴퓨터로 수신하여 지도 위에 그림으로 보여준다.

17.5.1 Multiwii GPS

Multiwii에서 GPS를 이용하기 위해서는 Multiwii 프로그램의 config.h 파일에서 직렬 포트 설정 등 다음과 같은 정보들을 설정해주어야 한다.

```
// GPS using a SERIAL port
#define GPS_ SERIAL  2  //should be 2 for arduino MEGA
#define GPS_BAUD 9600
#define NMEA              // National Marine Electronics Association 표준
```

GPS 보 레이트(baud rate)[6]를 '#GPS_BAUD 9600'과 같이 9600으로 설정한 것은 GPS 수신기에 따라서 결정된다. GPS에 사용할 통신 규약은 많이 보급되어 있는 NMEA를 따르는 것이 편리하다. GPS를 사용할 때는 텔레메트리 등 여러 가지 장치들을 연결해야 하므로 입출력 핀의 수가 많이 필요하다. 따라서 아두이노 UNO 보드보다 아두이노 Mega2560 보드를 사용하는 것이 편리하다. [그림 17.7]은 아두이노 Mega2560 보드에 GPS 수신기를 연결한 회로이다.

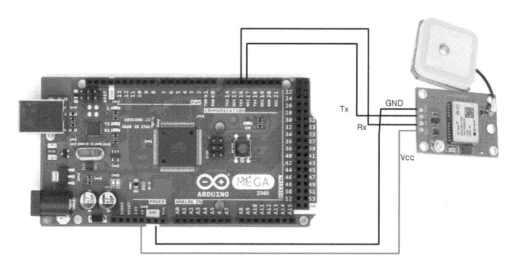

[그림 17.7] GPS 구성 회로

---

6   baud rate: 직렬 통신에서 변조 속도를 1초 동안 전송하는 신호의 수로 나타낸 값. 9,600 보 레이트는 직렬 통신에서 1초 동안 9,600개의 신호를 전송한다는 의미.

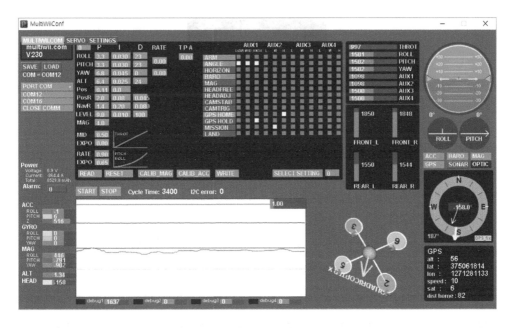

[그림 17.8] MultiwiiConf 사례

　[그림 17.8]은 [그림 17.7]의 아두이노 Mega2560 보드에 Multiwii 2.3을 올리고 MultiwiiConf를 실행한 화면이다. MultiwiiConf는 드론의 여러 가지 비행 상태와 함께 GPS 관련 정보를 그림으로 보여준다. Multiwii와 함께 MultiwiiConf를 실행하고 MultiwiiConf 화면의 오른쪽 중간에 있는 동그란 원을 주시한다. 처음에 GPS 전원을 연결하면 초록색 불이 들어오지 않고 붉은 색이 보이며 하얀 색의 둥근 원이 움직이지 않는다. 그러나 위성 신호가 수신되기 시작하면 둥근 테의 원이 깜박거리기 시작하는데 이것은 GPS 수신기에 GPS 전파가 수신되고 있다는 의미이다. 위성 신호가 충분히 수신되면 GPS_fix에 초록색 불빛이 들어오고 오른쪽 아래쪽에 위성 정보가 표시된다.

　GPS_fix에 초록색 불빛이 들어오면 이어서 오른쪽 아래에 GPS 상자에 숫자들이 들어와야 한다. 우선 아래에 있는 'sat: '에 위성(satellite)의 숫자가 4개 이상 표시되어야 한다. 이 상자에는 위성 수신기에 연결되는 위성의 수와 드론의 위도와 경도 그리고 위성의 속도 등을 표시해준다. 이 화면에서 수신된 위성의 수는 6개이며, 위도(latitude)는 37.506° 이고 경도(longitude)는 127.128°이고 위성 속도는 10km/s이다. 위성 신호가 충분히 잡히지 않으면 다시 GPS_fix의 불빛이 초록빛에서 붉은 빛으로 바뀌고 GPS 수치 정보도 사라진다.

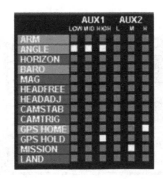

[그림 17.9] MultiwiiConf의 비행 모드

　[그림 17.9]는 MultiwiiConf 화면 중에서 비행 모드에 관한 부분만 표시한 그림이다. 비행 모드를 사용하려면 조종기의 특정한 스위치를 수신기의 AUX1이나 AUX2, AUX3에 연결되도록 사전에 설정해놓아야 한다. 특정 스위치를 조작할 때마다 비행 모드 표시가 붉은 색에서 초록빛으로 바뀌는 것을 확인할 수 있다. Multiwii에서 비행 모드를 ANGLE 또는 HORIZON으로 설정해야 GPS가 활성화된다. GPS를 사용하려면 먼저 GPS 위성이 9개 이상 잡혔을 때 사용하는 것이 바람직하다. GPS HOME을 활성화하면 비행하던 드론이 드론을 출발한 지점으로 되돌아온다. GPS HOME을 활성화하려면 조종기의 AUX1이나 AUX2 스위치를 Low, Medium, High 중에서 하나 또는 두 개를 설정해놓고 필요할 때 스위치를 그 곳으로 바꿔주면 GPS 기능이 비활성화 또는 활성화되어 드론이 움직인다. GPS HOLD를 설정하면 드론이 떠 있던 위치에서 고정한다. BARO(barometer)와 함께 사용하면 특정한 높이에 드론을 고정시킬 수 있다.

17.6   GPS와 Telemetry

　정보가 발생한 장소와 정보를 소비하는 장소와는 얼마든지 다를 수가 있다. 두 곳의 장소가 다를 때는 정보를 입수한 곳에서 정보를 소비하는 곳으로 신속하게 전송해야 한다. 마라톤 경기가 만들어진 이유도 전쟁이 벌어진 싸움터와 전쟁 소식을 기다리는 시민들이 사는 지역과의 거리가 멀어서 생긴 대표적인 텔레메트리(telemetry)이다.

　드론에 있는 카메라가 비행하면서 찍은 사진을 보조기억장치에 저장하면 비행이 완료된 다음에 지상에서 꺼내서 분석하고 처리할 수 있다. 비행하면서 실시간으로 촬영하는 내용을 지상에서 보고 싶다면 사진을 촬영하면서 동시에 지상으로 전송해야 한다. 드론에서 지상으로 영상을 전송하려면 텔레메트리가 필요하다.

17.6.1 텔레메트리

텔레메트리는 여러 가지로 정의된다. 텔레메트리는 원거리에서 정보를 측정하는 일이다. 텔레메트리는 자료를 취득한 장소에서 원거리로 송신기를 이용하여 전송하는 일이다. 텔레메트리는 접근하기 힘든 곳의 상태를 측정하여 원격지로 전송하는 통신장치이다. 드론에 GPS 수신기가 실려 있다면 드론이 비행하고 있는 지역의 좌표를 읽을 수 있으므로 지상에서도 비행 지역을 실시간으로 관측할 수 있다. 단 드론에 텔레메트리 송신기를 설치하고 지상제어국 컴퓨터에 텔레메트리 수신기를 설치해서 통신을 해야 한다. GPS로 얻은 지리 정보를 지상에서 전송받아서 지도 위에 투영하면 드론의 비행 궤도를 실시간으로 확인할 수 있다.

[그림 17.10]은 공중에 떠 있는 드론의 GPS 수신기가 위성의 신호를 받아서 텔레메트리 송신기로 지상으로 송신하면 지상에 있는 텔레메트리 수신기가 수신하여 MultiwiiConf와 MultiwiiWinGUI 프로그램을 통하여 지도 위에 비행 상태를 표시한다. 사전에 경유지(waypoint)를 지정하면 지정된 좌표를 따라서 스스로 비행하게 할 수도 있다. 드론에서 GPS를 이용하여 지상에서 비행 상태를 지도에서 확인하려면 다음과 같이 몇 가지 장치와 프로그램을 설치해야 한다.

① GPS 수신기
② MultiwiiConf
③ 텔레메트리 송신기
④ 텔레메트리 수신기
⑤ 3DRRadio
⑥ MultiwiiWinGUI

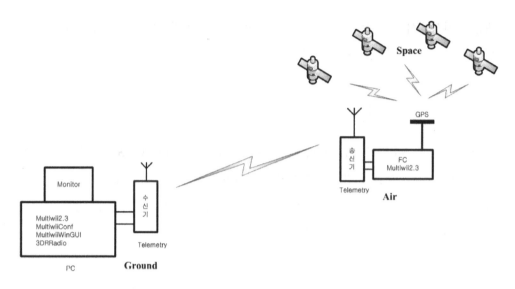

[그림 17.10] GPS와 텔레메트리

GPS 수신기는 말 그대로 위성이 송신한 신호를 지상에서 수신하는 장치이다. 시중에 많은 종류의 위성 수신기들이 판매되고 있다. GPS 수신기가 동작하여 위성들의 정보를 지상에서 위치를 계산하기 위해서는 위성이 4개 이상 잡혀야 한다. 그러나 텔레메트리가 동작하여 GPS를 이용한 자동 비행을 하려면 10개 이상 많이 잡힐수록 좋다. 텔레메트리 송신기는 GPS 수신기를 이용하여 드론의 비행제어기가 접수한 정보를 지상 제어국 컴퓨터로 송신한다. 텔레메트리 송신기가 보낸 정보는 지상 제어국의 컴퓨터에 연결된 텔레메트리 수신기가 수신하여 MultiwiiWinGUI 같은 그래픽 도구를 이용하여 드론의 비행 상태를 그림으로 보여준다.

[그림 17.8]과 같이 MultiwiiConf를 통하여 GPS 신호가 수신되었고 확인된 위성의 수가 6개 이상이면 텔레메트리를 연결할 수 있다. 3DRRadio 프로그램을 실행하면 [그림 17.11]과 같이 3DRRadio Config 화면이 떠오른다. 이 화면에서 텔레메트리를 연결할 포트를 지정하고 보 레이트를 57600으로 지정하고 'Load Settings' 버튼을 누르면 지상의 텔레메트리 수신기와 드론에 있는 텔레메트리 송신기가 연결하는 작업이 진행된다. 연결 작업이 'Done'이라는 메시지와 함께 종료되면 'Local Version'과 'Remote Version'의 내용이 동일해진다. 이때 'Save Settings' 버튼을 누르면 텔레메트리 정보가 저장된다.

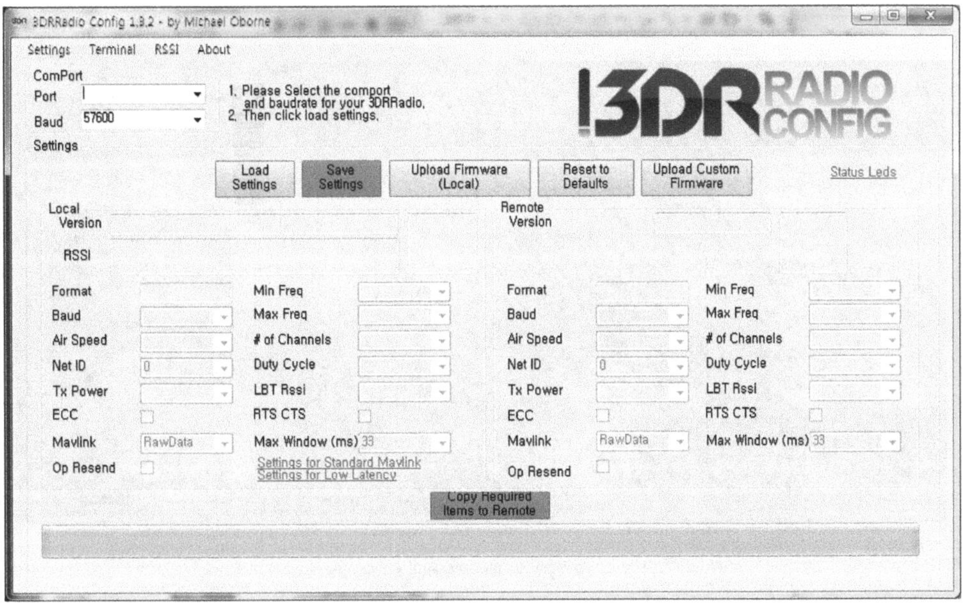

[그림 17.11] 3DR Radio Config 화면

텔레메트리 송신기는 아두이노 시리얼 통신 핀에 연결되어 GPS 수신기가 수신한 정보를 지상의 컴퓨터로 전송한다. 텔레메트리 수신기는 텔레메트리 송신기가 보낸 정보를 받아서 MultiwiiConf 또는 MultiwiiWinGUI 등을 통하여 위성 수신 내용을 보여준다. 텔레메트리 송신기와 수신기가 연결되기 위해서는 앞에서와 같이 3DR Radio 프로그램을 통하여 서로 접속되어야 한다. 또한 드론의 모터가 구동 상태(arming)이어야 한다.

[그림 17.12]는 MultiwiiConf를 통하여 GPS 신호가 수신되는 것을 확인한 상태에서 텔레메트리가 연결되어 MultiwiiWinGUI 프로그램이 실행되어 Mission 탭이 보이는 상태이다. 지도 정보는 드론이 위치한 서울 어떤 지역의 지리 좌표를 다운받아서 BingSatelliteMap 위에 표기해준 것이다. 드론이 비행할 항로를 미리 지정한 후에 항로를 따라서 자동비행할 수 있는 경로(waypoint) 기능이 있다. 경로 기능은 지도 위에서 마우스로 가고 싶은 경유지와 목적지를 찍으면 드론이 GPS 신호를 읽어서 지리 좌표를 따라서 비행을 하고 원하는 지점으로 돌아오는 기능이다.

[그림 17.12] MultiwiiWinGUI Mission

[그림 17.13]은 MultiwiiWinGUI 프로그램이 실행되어 Flight Deck 화면이 보이는 상태이다. 드론의 기울기를 보여주고 있으며, GPS 연결이 부진한 상태가 붉은 색으로 보이며, 드론이 서쪽을 향하고 있음을 보여주고 있다. 또한 조종기의 스로틀과 롤, 피치, 요 스틱의 수치 값을 보여주고 있다.

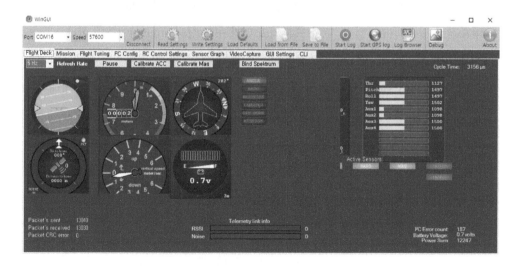

[그림 17.13] MultiwiiWinGUI Flight Deck

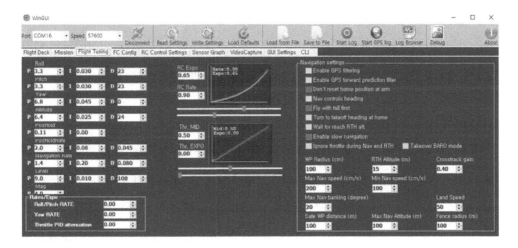

[그림 17.14] MultiwiiWinGUI Flight Tuning

[그림 17.14]는 MultiwiiWinGUI 프로그램이 실행되어 Flight Tuning 화면이 보이는 상태이다. Roll, Pitch, Yaw, Altitude 등에 대한 PID 계수를 보여주고 있다. 오른쪽 화면에는 항법에 관한 정보를 보여주고 있다.

17.7　카메라 촬영

드론이 가장 많이 사용되는 분야에 영상 촬영이 있다. 군대에서도 드론의 첫 번째 임무는 주로 적군의 진지를 영상으로 촬영하는 정찰이다. 비행기가 처음 실용화된 분야도 군대의 정찰과 연락 임무라고 한다. 민간에서도 방송국이나 영화회사에서 드론이 우선적으로 촬영 목적으로 사용되었다. 야외에서 대형 행사를 주관하는 기관에서도 행사의 기록을 드론을 통하여 수행하려고 한다. 드론 동호인과 사진작가도 일찍부터 드론을 이용하여 촬영을 시작하였다.

17.7.1 촬영 장비

드론이 영상을 촬영하기 위해서는 드론에 카메라를 싣고 비행해야 한다. 카메라가 촬영한 동영상과 소리를 영상 송신기를 이용하여 지상으로 전송한다. 카메라가 드론의 진동을 막으면서 원하는 각도로 카메라 렌즈를 돌리기 위해서는 짐벌(gimbal)이 필요하다.

또한 카메라가 찍은 영상을 저장장치에 지장한 후에 지상에 내려와서 볼 수도 있고, 드론에서 직접 영상을 통신장치를 이용하여 실시간으로 송신할 수도 있다. 지상에서는 영상을 실시간으로 수신하여 볼 수 있는 디스플레이 장치가 필요하다.

(1) 카메라

카메라는 빛에 의하여 반사된 영상을 저장하는 장치이다. 과거에는 영상을 필름에 저장했지만 지금은 주로 컴퓨터 기억장치에 저장한다. 드론에 사용할 카메라는 짐벌이 필요한 카메라와 필요 없는 카메라로 구분할 수 있다. 드론이 소형이면 무거운 짐벌을 적재할 수 없으므로 짐벌이 필요 없는 소형 카메라를 설치한다. 짐벌을 적재할 수 있을 정도로 큰 드론이라면 카메라도 짐벌에 설치할 수 있는 큰 카네라가 요구된다. 짐벌의 전원이 12V인 반면에 카메라 전원은 5V에서 12V로 다양하므로 배터리 전원에 주의해야 한다.

카메라에 따라서 음성을 영상 수신기로 출력하는 경우가 있다. 더 좋은 카메라는 스테레오 음성을 출력하므로 왼쪽 채널과 오른쪽 채널 두 개의 음성 출력 선을 지원하기도 한다. 이런 경우에는 스테레오 음성을 송신할 수 있는 영상 송신기를 설치해야 한다.

(2) 짐벌 gimbal

짐벌은 물체의 기울기와 관계없이 항상 수평을 유지하는 지지장치이다. 드론이 비행하면서 이리저리 기울어지더라도 카메라는 물체를 잘 촬영할 수 있도록 수평을 유지하는 것이 필요하다. 짐벌은 카메라의 수평을 유지하고 상하로 각도를 돌려주는 2축 짐벌과 수평, 좌우, 상하 3축을 지원하는 3축 짐벌이 있다. 하나의 축마다 모터가 자이로의 제어로 움직이기 때문에 2축보다 3축 짐벌이 크고 무거울 수밖에 없다. 짐벌을 설치하려면 최소한 프레임의 크기가 550급 이상이 되어야 한다. 짐벌은 모터를 제어하기 위하여 자이로 등의 관성측정장치가 있는 짐벌 제어 장치가 필요하다.

짐벌을 상하 또는 좌우로 움직이기 위해서는 조종기에서 AUX1, AUX2 채널을 볼륨 스위치로 설정한다. 드론 수신기의 AUX1 또는 AUX2 채널을 짐벌과 연결하고 접지선을 연결하면 조종기에서 짐벌을 움직일 수 있다. 짐벌의 배터리 소모가 많이 예상되면 배터리를 짐벌 전용으로 설치할 필요가 있다.

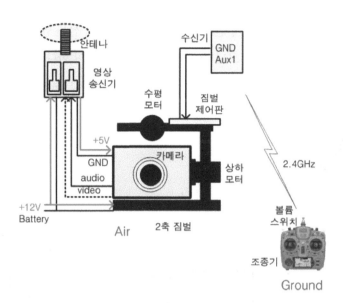

[그림 17.15] 짐벌과 카메라

(3) 영상 송신기

영상 송신기는 카메라에서 촬영한 영상을 지상으로 전송하기 위한 통신장치이다. 조종기가 2.4GHz를 사용하기 때문에 영상 송신기는 주로 5.8GHz를 사용한다. 영상송신기는 출력을 유지하기 위하여 전력을 많이 사용하기 때문에 열이 많이 난다. 안테나는 열을 발산하는 기능이 있기 때문에 영상송신기에 전원을 넣기 전에 반드시 안테나를 설치하는 것이 필요하다. 영상 송신기는 카메라에서 보내주는 음성도 함께 송신할 수 있다.

영상 송신기에 5V로 감압하는 변압기가 있어서 카메라 전원으로 사용하는 경우가 많이 있으나 가끔 12V를 사용하는 카메라도 있으므로 전원 연결에 주의해야 한다.

(4) 영상 수신기

영상 수신기는 드론에서 보내는 영상 신호를 지상에서 수신하기 위한 수신 장치이다. 영상 수신기와 모니터가 별개인 경우와 두 개가 하나로 합쳐진 제품이 있다. 영상 수신기가 없는 경우에는 스마트폰으로 영상을 수신하여 스마트폰의 화면으로 영상을 보여준다. 스마트폰을 수신 장치와 모니터로 사용하기 위해서는 'Easy_GUI' 등의 응용 프로그램을 설치해야 한다.

영상 수신기는 모니터와 분리형과 일체형으로 구분된다. [그림 17.16]은 영상 수신기가 모니터가 분리되어 있어서 영상 수신기에서 동영상과 오디오 선을 별도로 연결해야 한다. 물론 12V 전원도 영상 수신기와 모니터에 별도로 공급해주어야 한다. [그림 17.17]은 영상 수신기가 모니터가 결합되어 있어서 12V 전원만 공급해주면 되므로 배선이 간단하다.

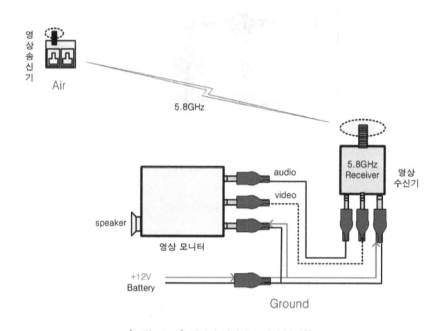

[그림 17.16] 영상 수신기와 모니터 분리형

(5) 모니터

드론에서 보내는 영상을 실시간으로 보기 위한 스크린 장치이다. 모니터 기능만 하는 장치를 사용할 수도 있고 영상 수신기와 모니터를 포함한 장치를 사용할 수도 있다. 영상 수신기와 모니터의 전원이 대부분 11.1V이므로 야외에서 미리미리 준지해야 한다. 드론을 FPV[7]로 사용하는 경우에 [그림 17.7]과 같이 고글을 머리에 쓰고 비행을 한다. 고글에는 영상 수신기와 모니터 스크린이 두 눈을 가리고 있어서 드론의 시야로 밖을 보면서 비행한다.

---

7   First Person View: 기체 전면에 카메라를 설치하고 지상에서 실시간으로 기체 전면을 보면서 기체에 탄 것처럼 느끼면서 비행할 수 있도록 하는 장치

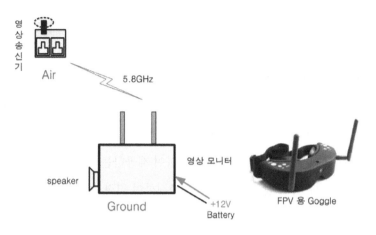

[그림 17.17] 영상 수신기와 모니터 일체형

전선을 색으로 구분하는 기준을 이용하면 편리하다. 전원은 붉은색, 접지는 검은색, 영상은 노란색, 음성은 흰색 전선을 사용하므로 이 기준대로 배선하는 것이 바람직하다.

요약

- 항법(navigation)은 사람, 비행기, 선박, 차량 등을 한 지점으로부터 다른 지점으로 안전하고 빠르게 도달하도록 유도하는 방법이다.
- 천문항법이란 해, 달, 별과 같은 천체의 고도와 방위 등을 관측하여 위치를 찾는 방법이다.
- 관성항법이란 자이로와 가속도계 등을 이용하여 위치를 찾는 방법이다.
- 전파항법은 기존에 위치를 알고 있는 무선국으로부터 전파의 도래 방향과 전파 이동에 소요되는 시간을 측정함으로써 현재 위치를 파악하는 항법이다.
- 위성항법은 위성에서 발사하는 전파를 관측하여 현재 위치를 파악하는 항법이다. 전파항법의 일종이라고 볼 수 있다.
- GPS는 미국의 고유한 위성항법 시스템이다. GPS 위성에는 3만 6천년에 1초의 오차를 갖는 원자시계를 갖추고 있다. 위성은 20,200km 높이에서 약 12시간마다 지구를 공전하고 있다.

- GPS는 GPS위성과 지상 제어국과 수신기로 구성되며, 지상 제어국은 5개의 제어국 과 1개의 주 제어국으로 구성된다.
- NMEA는 해양 전자산업을 촉진하기 위해서 만든 비영리 국제단체이다. NMEA 표준 은 "해양 전자 장비와 기자재들 간의 통신을 위해 정의된 전기적 접속과 규약"이다.
- TinyGPS는 GPS 위성이 제공하는 NMEA 형식의 위치, 날짜, 시간, 고도, 속도 및 코 스 등의 정보를 아두이노 프로그램을 이용하여 제공하는 라이브러리이다.
- 텔레메트리는 접근하기 힘든 곳의 상태를 측정하여 원격지로 전송하는 통신장치이다.
- MultiwiiConf를 이용하면 GPS 연결 상태를 알 수 있다. GPS가 연결되면 텔레메트리 를 연결하여 MultiwiiWinGUI를 이용하여 드론의 비행 상태를 지상에서 컴퓨터로 확 인할 수 있다.
- 카메라는 빛에 의하여 반사된 영상을 메모리에 저장하는 장치이다.
- Gimbal은 물체의 기울기와 관계없이 항상 수평을 유지하는 지지장치이다. 드론이 아 무리 움직이더라도 카메라가 항상 수평을 유지하도록 균형을 유지하는 장치이다.
- FPV(First Person View)는 드론의 카메라로 촬영한 영상을 지상으로 보내서 지상에 서 마치 드론에 타고 비행하는 것처럼 보여주는 기술이다.
- 조종기는 2.4GHz를 이용하고 영상 송신기는 주로 5.8GHz를 사용한다.

연습문제

1. 항법의 종류를 나열하고 현재 항공기에서 사용하고 있는 항법을 설명하시오.

2. 위성 항법이 사용되는 가장 중요한 응용분야를 3가지만 설명하시오.

3. GPS와 GNSS의 차이를 설명하시오.

4. GPS가 정밀공업에 필요한 이유를 설명하시오.

5. GPS가 사용하는 삼각측량의 계산법을 설명하시오.

6. GPS를 사용하기 위해서 꼭 필요한 요소들을 설명하시오.

7. NMEA가 하는 일은 무엇인가?

8. MultiwiiConf를 이용해서 GPS를 활용할 수 있는 기능들이 무엇인지 설명하시오.

9. MultiwiiConf에서 GPS HOME, GPS HOLD. MISSION, LAND 등의 기능을 설명하시오.

10. 드론에서 Telemetry를 사용하는 분야들을 설명하시오.

11. Telemetry를 사용할 때 필요한 장비들을 기술하시오.

12. GPS와 Telemetry를 함께 사용해서 얻을 수 있는 장점들을 기술하시오.

13. 3DR RADIO CONFIG의 역할과 기능을 설명하시오.

14. MultiwiiWinGUI가 하는 일은 무엇인가? MultiwiiWinGUI의 응용분야를 설명하시오.

15. GIMBAL을 만드는데 필요한 기술들과 기자재들을 설명하시오.

16. 드론에 카메라를 설치하고 촬영하고자 할 때 필요한 장비들을 기술하시오.

17. 드론의 카메라가 영상을 전송할 때 사용하는 주파수와 조종기로 드론을 조종하는 주파수는 어떻게 다른지 설명하시오.

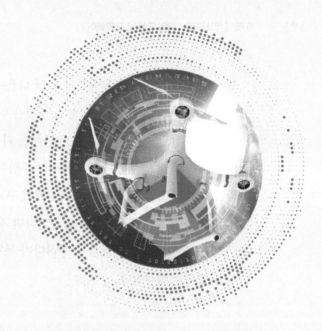

C H A P T E R **18**

드론 조립

드론에 관한 지식을 모두 공부하고 난 다음에 드론을 조립하고 날리는 것과 드론을 조립하고 날려본 다음에 드론을 공부하는 것은 어느 것이 더 효율적인가? 드론을 잘 알아야 조립도 하고 날릴 수 있으므로 드론 공부를 다 마치고 조립하는 것이 당연할 것 같다. 그러나 드론을 오래 공부하는 과정에서 지루함을 느낀다면 비효율적일 수도 있다. 드론을 조금 공부하고 조립을 하면 조립 과정에서 구체적인 지식을 쉽게 습득할 수 있으며 조립이 끝난 다음에 계속해서 이론을 병행한다면 지루함을 덜 느낄 수 있을 것이다. 따라서 드론 조립은 드론에 관한 지식을 공부하다가 독자의 형편에 따라서 필요한 시점에 시도하는 것도 좋다고 생각한다.

18.1   조립 준비

드론을 조립하는 절차는 [그림 18.1]과 같이 조립 준비를 시작하여 물리적, 전기적, 소프트웨어적 조립 등의 3단계 조립을 거쳐서 시험하는 과정으로 구성된다. 즉, 설계 명세부터 시작하여 부품 구입, 기체 조립, 기자재 설치, 비행제어 소프트웨어 설치, 시험 비행 등으로 마무리 된다. 기체 조립에 필요한 공구들은 별도로 준비한다. 여기서는 특정한 하드웨어나 소프트웨어에 얽매이지 않고 개방된 시장에서 가장 쉽게 구할 수 있는 부품과 소프트웨어를 도입하여 드론을 조립하고자 한다.

18.1.1 드론 조립 준비

조립 준비에서는 조립할 드론의 명세를 결정하고, 명세에 따라서 견적서를 요구하고 관련 부품들을 구입한다. 드론 조립에 필요한 공구와 소모품도 같이 구입한다.

(1) 설계 명세

드론을 조립하는 경우에는 목적과 용도 등을 정리하고 드론의 크기와 종류 등의 명세를 결정한다. 처음 조립에 입문하는 경우에는 입문용으로 이미 많은 제품들이 나와 있어서 이들 중에서 선택하면 된다. 입문용이라면 드론의 크기가 비교적 작은 250급을 선택한다. 크기가 작아서 다루기 쉽고 덜 위험하고 가격도 저렴하기 때문이다. 드론 기자재를 구매하기 전에 어떤 비행제어기를 선택할 것인지를 결정한다. 여기서는 시중에 가장 많이 보급되어 있는 아두이노 UNO 보드 또는 아두이노 메가2560보드를 사용한다. 비행제어 소프트웨어는 널리 보급되어 있는 오픈 소스 Multiwii를 사용한다.

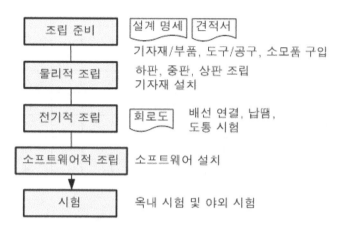

[그림 18.1] 드론 조립 절차

(2) 견적 및 구매

드론의 명세에 따라서 구입할 기자재와 부품들을 기재하여 관련 업체에 견적을 의뢰하고 자문을 구한다. 사용자가 원하는 기자재들이 항상 구비되어 있지 않을 수 있으므로 대체품과 유사품에 대한 도움을 받는 것이 필요하다. 드론을 구매할 때 낱개로 사는 것보다는 키트로 구매하는 것이 경제적이고, 업체에서 직접 구매하는 것보다 인터넷에서 온라인으로 구매하는 것이 경제적이다. 드론 조립을 위한 품목들은 첫째 드론을 구성하는 기자재와 부품, 둘째 드론 조립을 위한 공구와 드론 조종을 위한 도구(조종기 등), 셋째 드론을 조립하기 위한 소모품들이 있다.

① 드론을 구성하는 기자재와 부품

[표 18.1]은 250급 드론을 구성하는 기자재와 부품들을 정리한 것이다. 시중에 210급이나 230급이 있는데 이들을 사용하면 모터와 변속기, 프로펠러 등의 크기와 용량이 작아진다. 비행제어기는 여러 분야에서 다목적으로 사용되는 아두이노 UNO를 사용하거나 Mega2560을 사용한다. 관성측정장치는 주로 자이로와 가속도계가 필요한데 가장 저렴하고 많이 보급된 것이 MPU-6050이다. 전원 분배 보드는 경우에 따라서 사용하지 않고 전원 연결선만으로 해결할 수도 있다. 수신기는 조종기와 통신하는 장치이므로 같은 제조사에서 함께 구매한다.

[표 18.1] 250급 드론을 구성하는 기자재/부품 목록

구분	품 명	명 세	수량	단위	비 고
1	쿼드콥터 기체	250급	1	set	
2	비행제어기	아두이노 UNO	1	개	Mega2560
3	모터	MT2204 2300kv	4	개	
4	변속기	12A	4	개	
5	프로펠러	5045, 5030	4	개	
6	관성측정장치	자이로, 가속도계 등	1	개	MPU−6050
7	전원 분배 보드	쿼드콥터용	1	개	PDB
8	전원 케이블	XT60 male	1	개	10cm
9	수신기	조종기와 연결되는 것	1	개	6채널 이상

② 드론 조립을 위한 도구와 공구

[표 18.2] 드론 조립을 위한 도구/공구

구분	품 명	명 세	수량	단위	비 고
1	조종기	2.4GHz	1	대	6채널 이상
2	충전기	리튬 폴리머용	1	대	
3	육각 렌치	1.5, 2.0, 2.5, 3.0mm	1	set	자루형
4	드라이버	소 형: 일자형+십자형	1	개	
		초소형: 일자형+십자형	1	개	
5	니퍼	소형	1	개	
6	롱 노우즈 플라이어	소형: 1자형	1	개	
		소형: 기억자형	1	개	
7	전선 피복 탈피기	소형	1	개	
8	납땜 인두	220V용	1	개	

[표 18.2]는 조립과 비행을 위하여 필요한 도구와 공구들이다. 드론을 비행하려면 드론에 무선 신호를 보내서 드론을 제어할 수 있는 6채널 이상의 2.4GHz용 조종기가 필요하다. 조종기를 구매할 때는 앞으로 계속 드론을 사용할 수 있도록 장기적인 안목에서 구입하고 그 조종기에 맞는 수신기를 구매한다. 조종기와 수신기는 제작사에서 함께 제작하여 판매하기 때문에 따로따로 구매해서는 곤란하다. 리튬 폴리머 배터리를 충전하려면 리튬 폴리머 전용 충전기를 사용해야 한다. 드론을 조립하려면 6각 볼트를 많이 사용하기

때문에 육각렌치를 크기별로 구입해야 하는데 작업 능률상 자루가 달린 육각렌치를 마련하는 것이 좋다. 이들 공구들은 계속 사용하기 때문에 장기적인 안목으로 구매한다.

(3) 드론 조립을 위한 소모품

[표 18.3]은 드론을 조립하거나 운용할 때 필수적으로 사용되는 소모품들이다. 나사 고정제는 나사가 진동에 의하여 풀리는 것을 방지하는 점착제이다. 나사를 너무 강하게 조였다가 나사가 망가지는 것을 방지하기 위하여 나사 고정제를 바르는 것이 바람직하다. 점착제는 접착제와 달리 나사를 다시 풀 수 있으므로 편리하다. 배터리는 드론의 중요한 부품이기도 하지만 일정한 횟수를 사용하면 폐기해야 하는 소모품이다. 땜납은 유연납과 무연납이 있는데 납 성분이 없는 무연납이 건강에 좋지만 쉽게 녹지 않아서 불편한 측면도 있다. 조종기용 배터리는 대부분 1.5V 건전지 8개를 사용한다. 건전지를 사용하면 자주 교환해주어야 하는 불편이 있어서 재충전이 가능하도록 리튬 폴리머(Li-Po) 전지를 사용하면 편리하다. 양면테이프는 비행제어기나 수신기나 센서를 설치할 때 충격방지용으로 사용한다. 열수축 튜브는 두 개의 전선을 연결했을 때 노출되는 전선을 절연시키기 위해서 사용한다. 열수축 튜브를 사용하기 위하여 열풍기를 구입하면 편리하다.

[표 18.3] 드론 조립을 위한 소모품

구분	품 명	명 세	수량	단위	비 고
1	땜납	무연	1	롤	
2	순간 접착제	일반용	1	통	록타이트 401
3	나사 고정제	보통 강도		통	록타이트 242
4	케이블 타이	소형	1	봉지	
		중형	1	봉지	
5	Li_Po 배터리	3S 11.1V	3	개	리튬 폴리머
6	건전지	1.5V	8*2	개	조종기용
7	점퍼 케이블	male to male	1	뭉치	10cm,20cm
		male to female	1	뭉치	10cm,20cm
		female to female	1	뭉치	10cm,20cm
8	양면테이프	탄력 접착용	1	롤	
9	벌크로 테이프	배터리 고정용	1	미터	
10	열수축 튜브	소형	1	미터	
		초소형	1	미터	

물리적 조립

드론의 물리적 조립은 기자재들을 기체에 결박시키는 작업이므로 드론의 강도를 결정한다. 물리적 조립은 3단계 조립(물리적, 전기적, 소프트웨어적)의 1 단계이므로 1단계 조립을 잘 수행해야 다음 단계의 조립이 편리해진다.

하판   중판   상판

(a) 하판과 중판과 상판

암대   센서 받침대   중판과
상판 연결

판 연결 기둥   볼트와 쿠션

(b) 암대와 기둥과 볼트 등

[그림 18.2] 250급 쿼드콥터의 대표적인 프레임 키트

(1) 물리적 조립 절차

물리적인 조립은 [그림 18.2]와 같은 프레임들을 연결하여 기체를 만들고 관련 기자재와 부품들을 기체에 결박시키는 작업이다. 대부분의 250급 드론 기체들은 3층 구조로 구성된다. 하판에는 12V 전력을 사용하는 변속기와 모터들을 배치하고, 중판에는 비행제어보드를 설치하고 상판에는 수신기와 센서 등을 설치한다.

[그림 18.2]는 전형적인 3층 구조의 250급 쿼드콥터의 프레임과 부속들이다. 무거운 모터가 부착된 암대는 중판과 하판 사이에 끼워서 고정시킨다. 중판과 상판 사이는 알루미늄 파이프 기둥 8개를 이용하여 고정하고, 중판과 상판 연결판으로 기체 구조를 강화한다. 센서 받침대는 GPS 센서 등의 진동 방지용으로 사용한다. 이 구조에서 배터리는 하판 아래에 또는 상판 위에 부착할 수 있다. 배터리가 하판으로 가면 상판을 쉽게 열어서 비행제어기 등을 정비하기 쉽고 무게 중심이 낮아서 안정성이 높아진다. 배터리를 상판 위로 올리면 상판을 열기 불편한 반면에 쿼드콥터의 기동성이 좋아지는 장점이 있다. 레이싱용 드론들은 기동성을 위하여 배터리를 상판 위에 올린다.

① 하판 조립

하판 중간에 전원 분배 보드를 설치하고 배터리 전원 선을 납땜으로 연결한다. 모터를 암대(arm)에 설치하고 암대에 변속기를 설치한다. 변속기의 전원 선을 전원 분배 보드에 납땜하거나 커넥터로 연결한다. 암대를 중판과 하판 사이에 끼워서 볼트로 조인다. 4개의 모터와 변속기와 암대에 동일한 작업을 수행한다.

② 중판 조립

중판 중앙에 병행제어기 아두이노 보드를 설치하고 보드 중앙에 센서를 설치한다. 비행제어 보드는 양면 테이프를 이용하여 중판에 부착한다. 센서도 양면테이프를 이용하여 병행제어기 중앙에 부착한다. 센서에 양면 테이프를 두껍게 붙이면 감도가 저하하므로 한 겹으로 부착한다. 센서의 전원을 비행제어기의 3.3V 또는 5V에 연결하고 SCL과 SDA 전선을 납땜하여 비행제어기에 연결한다. 비행제어기에 연결할 때는 기억자 헤더 핀을 사용하여 납땜하여 접촉 문제가 없도록 조심한다. 양면 테이프를 이용하여 절연이 잘 되도록 금속 부분을 잘 감싸준다.

변속기의 신호선에 모터 번호를 표시하고 비행제어 보드의 해당 핀에 연결한다. 신호선에 모터 번호를 표시하지 않고 조립하면 어느 모터의 신호선인지 구분하기 어려워서

자구 프레임을 분해하게 된다. 중판의 앞이나 뒷부분에 수신기를 설치한다. 수신기 전원
은 비행제어기의 5V에 연결한다. 스로틀, 러더, 요, 에일러론 등의 핀을 중판에 있는 비행
제어 보드에 연결한다.

　③ 상판 조립

　상판 중간에 배터리를 설치한다. 배터리는 벌크로 테이프를 이용하여 상판에 부착하
고, 벌크로 테이프로 만든 줄을 이용하여 배터리를 상판에 묶는다. GPS 센서와와 수신기
는 공간의 여유에 따라서 상판 또는 중판에 설치한다.

　전선 연결에 주의할 사항은 센서와 수신기 그리고 병행제어기와 같이 전파에 민감한
부품들은 전력선을 사용하는 변속기와 모터 등에서 멀리 떨어지게 설치한다. 변속기는
발열 시에 강한 전파를 발신할 수 있으므로 민감한 부품들로부터 거리를 두도록 설치한
다. 전파에 민감한 부품들을 연결할 때는 전선의 길이를 가급적 짧게 한다.

　물리적 조립이 완성되었다는 것은 배터리 전원을 전원 분배 보드에 연결하면 센서, 수
신기, 비행제어기 변속기와 모터 등에 전기가 공급되어 드론의 모든 전기 장치들을 시험
할 수 있다는 뜻이다.

　⑵ 조립 검사

　물리적 조립을 완성했으면 약 30-50cm 높이에서 드론을 잔디밭 위에 떨어뜨리는 시험
을 수행한다. 이 때 드론의 기자재들이 안전하게 고정되었는지 또는 충격을 크게 받는지
확인한다. 충격이 심하면 전기장치들이 기능을 상실할 수 있으므로 충격을 완화하도록
보강하도록 한다.

18.3　전기적 조립

　전기적 조립은 물리적으로 조립된 드론에서 전기 장치들의 전원 선을 연결하고 신호
장치들의 신호선을 연결하는 작업이다. 따라서 전선들을 연결한 후에는 배터리의 전원을
넣어서 전선들이 정확하게 연결되었는지 검사한다. 아두이노 보드에 전선을 연결할 때는
접촉 불량을 줄이기 위하여 기억자 헤더 핀에 전선을 납땜하도록 한다.

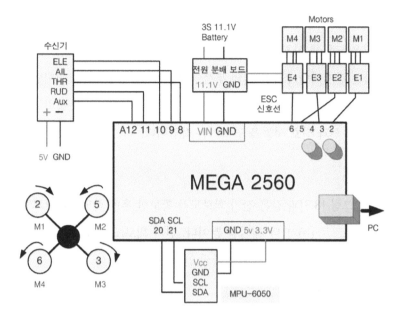

(a) 전기 회로도1

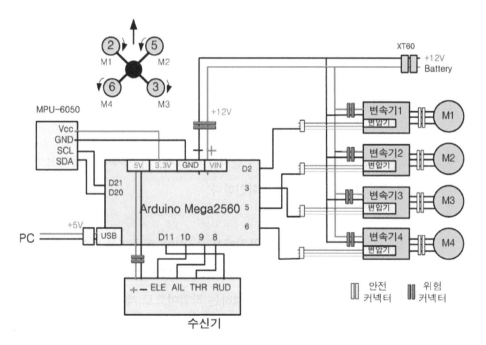

(b) 전기 회로도2

[그림 18.3] 250급 쿼드콥터의 전기 회로도

(1) 전기적 조립 절차

전기적 조립은 드론에 설치된 장치들이 전기적인 동작을 가능하도록 전원을 연결하고 기능을 부여하는 단계이다. [표 18.1]의 부품들이 모두 물리적으로 조립되면 전선을 연결하여 전기적 조립을 시작한다. 배터리 전원으로 가동되는 모든 전기 장치들이 정상 작동할 수 있도록 전원 선과 신호 선들을 연결하는 작업이다.

① 전기 회로도

전기 조립은 [그림 18.3]과 같은 전기 회로도를 확보한 후에 작업한다. [그림 18.3](a)와 (b)는 동일한 회로도로 (b)가 더 세밀할 뿐이다. 전기 회로도가 없다면 스스로 만들어서 사용해야 한다. 전기 회로도를 보면서 하나씩 연결하고 점검한다.

- 전원 분배기

  기체 하판에 전원 분배기(PDB, Power Distribution Board)를 설치하고 3S 11.1V 배터리를 연결한 다음에 테스터로 각 단자의 전압을 확인한다.

- 비행제어기

  비행제어기 전원 핀 VIN에 배터리 전원을 연결하고 3.3V와 5V 전원을 테스터로 확인한다.

- 자이로 및 가속도 센서

  센서에 5V 전원을 연결하고 SCL, SDA 단자를 비행제어기 단자에 연결하고 배터리 전원을 넣고 센서에 불이 들어오는지 확인한다.

- 수신기

  수신기가 정상 작동하는지 확인하는 차원에서 수신기와 조종기를 바인딩 시킨다. 조종기로 모터를 구동하기 위하여 조종기와 수신기를 바인딩(binding)한다. 바인딩은 조종기와 특정 수신기를 배타적으로 연결하는 작업이므로 제작사에서 작성한 방법대로 수행해야 한다. 제작사마다 수신기 바인딩 방법이 다를 수 있기 때문이다.

② 변속기 초기화

앞에서 각 전기 장치들을 연결했으면 변속기와 모터가 정상 작동하는지 확인하는 차원에서 변속기 초기화(calibration) 작업을 수행한다. 변속기 초기화는 조종기 스틱의 최소값과 최대값을 변속기의 최소값과 최대값으로 일치시키는 작업이다. 조종기와 수신기를 연결하고 수신기의 스로틀을 변속기 신호선에 연결하고 조종기로 모터를 구동하는 방법을 사용한다. 서보 테스터가 있으면 손쉽게 변속기 초기화 작업을 할 수 있다.1번과 3번 모터는 시계 방향으로 회전하고 2번과 4번 모터는 시계 반대 방향으로 회전해야 한다. 이 때 주의할 사항은 모터에 프로펠러를 설치하지 않고 모터 회전 실험을 해야 한다.

수신기가 바인딩 되었으면 수신기의 스로틀에 변속기의 신호선을 연결하고, 조종기의 전원을 켜고 스로틀을 최대로 올린 다음에 배터리 전원을 변속기에 연결한다. 이 때 '삐리릭' 소리가 나면 변속기의 최대값이 설정된 것이다. 즉시 스로틀 스틱을 최소로 내린다. 이 때 다시 '삐릭' 소리가 나면 변속기의 최소값이 설정된 것이다. 그리고 다시 배터리와 조종기 전원을 껐다가 다시 켜고 모터가 회전하는 방향을 확인한다. 4개의 모터를 모두 회전 방향을 확인하는 것으로 드론의 전기적 조립이 완성된 것이다. 즉 조종기에서 보낸 신호가 수신기에 연결된 것이며, 수신기의 스로틀 신호에 따라서 변속기와 모터가 정상적으로 동작하는 것을 확인한 것이다.

전기적으로 조립되었다는 것은 비행제어 프로그램이 실행되면 드론이 비행할 수 있다는 뜻이다.

(2) 조립 검사

각 전기 장치와 신호 장치들을 설치하고 전선을 정확하게 연결한 후에 전원을 넣으면 아무런 문제가 발생하지 않는다. 가장 위험하고 경계해야 할 것은 + 전선과 − 전선을 반대로 연결하는 것이다. +와 −를 반대로 연결하면 수신기, 센서, 변속기, 비행제어기 등은 불꽃이 튀고 연기와 함께 타는 냄새가 난다.

👑 **참고**   납땜 방법

첫째 납땜인두를 충분히 가열한다. 둘째 연결할 전선을 인두로 가열한 다음에 땜납을 접촉하여 전선에 납을 녹여 둔다. 셋째 고열의 인두 끝으로 납땜할 금속을 가열한다. 넷째 납땜할 금속의 온도가 오르면 땜납을 넣어서 납을 충분히 녹여서 붙인다. 다섯째 땜납이 완전히 녹으면 연결할 전선 등을 녹은 땜납에 접촉하여 땜납이 공처럼 매끈하고 둥글게 되면 인두를 제거한다.

18.4   소프트웨어적 조립

소프트웨어적 조립은 전기적으로 조립된 드론을 비행제어 소프트웨어로 비행할 수 있는 상태로 만드는 일이다. 다른 말로 드론이라는 하드웨어에 생명을 부여하는 작업이다. 여기서는 비행제어 프로그램으로 Multiwii를 사용한다.

(1) Multiwii 설치

소프트웨어적 조립은 비행제어기에 비행제어 프로그램을 적재하고 프로그램이 해당 멀티콥터를 최적의 상태로 제어하도록 각종 매개변수들을 설정하는 작업이다. 우선 Multiwii의 최신 버전을 관련 사이트에서 내려 받아서 비행제어기에 설치한다. Multiwii 는 Arduino 환경에서 동작하기 때문에 미리 Arduino 최신 버전을 컴퓨터에 설치한다. Multiwii를 설치하고 Multiwii 디렉토리에 있는 Multiwii.ino 파일을 실행하면 [그림 18.4] 와 같이 Multiwii 프로그램 환경이 표시된다. 이 화면의 오른쪽 탭을 누르고 config.h 파일 을 열어서 멀티콥터의 기본적인 조건들을 설정한다. 비행제어기를 설정하는 방법은 멀티 콥터의 기본 사항들을 갱신한 후에 다시 컴파일하고 아두이노 비행제어기에 업로드 하는 것이다.

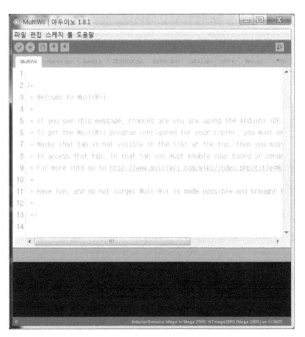

[그림 18.4] Multiwii 실행 초기 화면

(2) Multiwii 비행 상태 설정

Multiwii는 다양한 멀티콥터를 운전할 수 있는 비행제어 프로그램이므로 다양한 기자 재들이 사전에 코멘트되어 코드로 작성되어 있다. 따라서 조립하려는 비행기를 위하여 이들을 가장 적합한 코드로 다음과 같이 재설정해야 한다.

① 멀티콥터 형태 설정

Multiwii 파일의 config.h에서 다음과 같이 멀티콥터의 형태를 정의한다. 조립하는 드 론은 쿼드콥터이며 날개가 X자 형태이므로 다음과 같이 정의한다. [그림 18.5]는 실제 Multiwii 파일의 config.h에 코멘트되어 있던 것을 제거한 내용을 보여준 것이다.

```
#define QUADX
```

```
34    /*************************    The type of multicopter    *****
35      //#define GIMBAL
36      //#define BI
37      //#define TRI
38      //#define QUADP
39      #define QUADX
40      //#define Y4
```

[그림 18.5] 멀티콥터 형태 설정

② I2C 속도 선택

이 쿼드콥터에서 사용하는 자이로와 가속도 센서는 MPU-6050이므로 통신 속도는 400k로 정의한다.

```
#define I2C_SPEED 400000L
```

③ 자이로 가속도계 선택

이 드론의 센서는 MPU-6050이므로 MPU-6050을 찾아서 코멘트를 풀어준다.

```
#define MPU-6050 //combo + ACC
```

④ 스로틀 범위 설정

Multiwii에서는 배터리 전원을 넣은 후에 아두이노 보드의 불빛이 켜지면 시동 가능 상 태가 된다. 이때 조종기의 스로틀 스틱을 최소화하고 요(러더) 스틱을 최대로 밀어주면 시 동이 걸린다. 조종기 스틱 범위를 최소 1150으로 설정하고 최대 1850 이상으로 설정하면 시동 걸기에 편리하다.

```
#define MINTHROTTLE  1150    시동 시 최소 모터 출력값
#define MAXTHROTTLE 1850     최대 모터 출력값
```

⑤ 비 시동시 최소 모터 출력값 설정

MINCOMMAND는 모터가 시동이 걸리지 않도록 범위를 설정하는 것이다. 최소값을 1000으로 설정하면 스로틀이 1000이하에서는 모터의 시동이 걸리지 않는다.

```
#define MINCOMMAND 1000 // 스로틀이 1000 이하면 시동이 걸리지 않음
```

⑥ 통신 두절 시 안전 대책

드론을 비행하는 도중에 사고로 인하여 통신이 두절 되었을 때 수행할 응급조치 사항을 설정하는 명령이다.

```
#define FAILSAFE
```

응급조치 사항은 첫째 마지막 신호대로 계속 비행하거나, 둘째 그 자리에 천천히 착륙하거나, 셋째 제자리에 가만히 떠 있거나, 넷째, 출발지점으로 복귀하도록 지정할 수 있다.

⑦ Serial 2 포트에 GPS 연결

GPS를 설치했을 경우에 직렬 통신을 수행하기 위하여 직렬 포트 번호를 지정한다.

```
#define GPS_SERIAL 2  //GPS의 직렬포트 번호는 2번이다.
```

⑧ GPS 연결 시 통신 속도

GPS를 설치했을 때 사용하는 통신 속도를 설정한다.

```
#define GPS_BAUD 115200
```

⑨ 표준 NMEA protocol 설정

GPS를 설치했을 때 사용하는 통신 표준을 NMEA로 설정한다. NMEA(National Marine Electronics Association)는 해양 전자산업을 위한 국제단체로 관련 정보의 표준을 제공하고 있다.

```
#define NMEA
```

여기서 설명한 것 이외에도 설정할 사항들이 더 있으나 여기서는 제17장 GPS에서 언급한 사항들만 기술하였다.

(3) 수정된 Multiwii 코드 올리기

Multiwii 코드의 config.h 파일에서 조립하려는 멀티콥터의 모든 사항을 앞에서와 같이 수정하였으면 다시 컴파일하고 비행제어 보드에 업로드 한다. 업로드에 성공하면 비행제어 프로그램의 상태를 확인하기 위하여 다음 절에서 비행 전 시험 과정을 수행한다.

18.5　시험

소프트웨어적 조립이 완성되면 비행을 수행하기 전에 시험을 해서 드론의 상태를 확인해야 한다. 시험하는 방법은 두 가지이다. 첫째는 비행 전 시험이고 둘째는 야외에서 실제 비행을 수행하는 시험이다. 비행 전 시험이 완벽해야 비행 시험에서 발생할 수 있는 문제들을 사전에 예방할 수 있다.

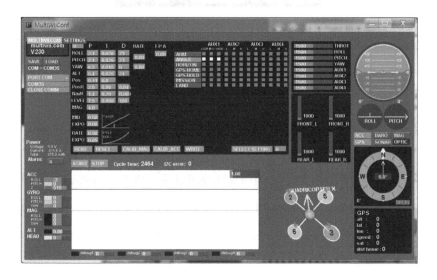

[그림 18.6] MultiwiiConf 화면

(1) 비행 전 시험

Multiwii 프로그램이 정상적으로 적재되면 MultiwiiConf 파일을 열어서 드론의 상태를 점검한다. MultiwiiConf는 멀티콥터의 상태 정보를 그래픽으로 보여주고 PID gain 값과 Flight Mode 등을 입력하고 갱신하고 실행하는 프로그램이다. 드론을 조립한 다음에 비행하기 전에 반드시 MultiwiiConf를 이용하여 비행 전 점검 사항들을 확인하고 설정해두어야 한다. [그림 18.6]은 250급 쿼드콥터의 실제 MultiwiiConf 화면이다. MultiwiiConf는 Multiwii가 실행되고 있는 상태이며 쿼드콥터의 각 모터 번호가 인식되고 있고 PID 값들도 설정되어 있는 것이 보인다. 그러나 ARM의 색조가 고동색인 것은 아직 모터가 기동되지 않은 상태이다.

① 센서 초기화

비행 시험을 수행하기 전에 센서들을 초기화한다. MultiwiiConf를 가동한 상태에서 중앙에 있는 다음 버튼 중에서 CALIB_ACC 버튼을 누르고 10초를 유지한 후에 WRITE 버튼을 누르면 가속도 센서가 초기화되면서 [그림 18.7](a)의 상단에 있는 원이 자리를 잡고 드론의 상태를 보여준다. 이때 MultiwiiConf 오른쪽 하단에 있는 멀티콥터 그림이 정확하게 보이면서 방향을 잡는다.

CALIB_MAG CALIB_ACC WRITE

두 번째로 CALIB_MAG 버튼을 눌러서 지자기계를 초기화한다. 초기화 방법은 드론을 들어서 Y축을 기준으로 오른쪽으로 한 바퀴 돌리고, X축을 기준으로 앞으로 한 바퀴 돌리고, Z축을 기준으로 오른쪽 방향으로 한 바퀴 돌리면 지자기계가 초기화되어 드론의 방향성이 자리를 잡는다. 단 지자기계를 초기화하려면 센서에 지자기계가 있는 센서(예를 들면 GY-86)를 사용해야 한다.

세 번째로 자이로를 초기화한다. 자이로를 초기화하는 방법은 MultiwiiConf에는 없으므로 조종기 스틱으로 초기화하는 방법을 사용한다. 조종기의 러더 스틱과 엘리베이터 스틱을 최소화하고 스로틀 스틱을 최소화하고 10초를 유지하면 자이로가 초기화된다.

② 시험 절차

[그림 18.7](a)의 상단의 둥근 원 모양은 드론의 평형 자세를 보여준다. 푸른색은 하늘이고 갈색은 땅을 의미한다. 드론이 수평 자세로 있다면 그림의 원도 수평으로 있어야 한다. 드론을 들어서 앞으로 기울이면 원의 그림도 앞으로 이동하고, 뒤로 기울이면 원의 그

림도 뒤로 이동한다. 드론의 왼쪽을 들면 원도 오른쪽으로 이동하고 오른쪽을 들면 왼쪽으로 이동해야 한다. 이것으로 자이로와 가속도 센서가 정상으로 동작하는지를 확인할 수 있다.

[그림 18.7](b)의 왼쪽 상단을 보면 Flight Mode가 있다. ANGLE 모드는 수평 비행을 의미하는 것으로 이것을 설정하지 않으면 디폴트로 ACRO Mode가 된다. ACRO Mode는 곡예비행이므로 초보자들은 ANGLE Mode를 지정하는 것이 좋다. HORIZON Mode는 ANGLE Mode와 ACRO Mode의 중간으로 스틱의 움직임이 작으면 ANGLE Mode로 동작하고 움직임이 크면 ACRO Mode로 동작한다. ARM은 모터의 기동여부를 보여준다. 갈색이면 미 기동 상태이고 초록색이면 기동 상태이다.

(a) 드론의 피치와 롤 자세

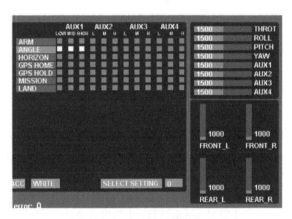

(b) Flight Mode와 모터 미 기동 상태

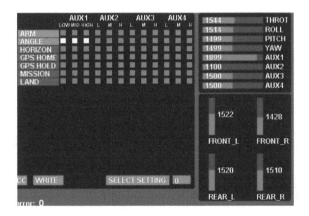

(c) Flight Mode와 모터 기동 상태

[그림 18.7] [그림 18.6]의 조종기 관련 부분의 확대 화면

[그림 18.7](b)의 오른쪽 아래를 보면 4개의 모터 속도가 모두 1000으로 최소화되어 있고 오른쪽 상단에 각 조종기 스틱의 값들이 1500으로 초기화된 것을 보여주고 있다. 또한 ARM의 색이 고동색이므로 모터가 기동되지 않았음을 알려준다. 스로틀 스틱을 최소로 내리고 요(러더)를 최대로 올리면 모터가 기동한다. 모터가 기동하면 [그림 18.7](c)와 같이 ARM이 초록색으로 바뀌고 오른쪽 하단의 4개 모터의 속도가 1000에서 1500 부근으로 올라와 있다. 스로틀을 천천히 올리면 모든 모터의 속도가 같은 값으로 올라가야 한다. 그렇지 않으면 센서와 관련된 전선의 접촉 불량 등의 원인을 찾아야 한다. 또한 I2C error:0으로 나와야 센서 통신에 문제가 없는 것이다.

이와 같은 방법으로 드론의 비행 상태를 MultiwiiConf를 이용하여 모두 점검하여 이상이 없도록 조치해야 한다. 모든 점검에 이상이 없으면 비행장으로 가서 비행 시험을 진행한다.

(2) 비행 시험

비행 전 시험이 완성되었으면 비행장으로 가서 실제로 시험 비행을 실행할 단계이다. 시험 비행의 첫 단계는 후면 정지 비행(hovering)이다. 약 2미터 높이에서 정지 비행을 했을 때 어느 한쪽으로 흐르면 1차적으로 트림을 조절하고 잘 안되면 2차적으로 PID 값들을 점검한다. PID 값들을 조절하는 것은 제3.4.2절의 드론의 PID 제어를 참조한다. PID 값도 해결이 되면 제6.4.3과의 비행연습을 참조하기 바란다.

요약

- 드론을 조립하려면 멀티콥터의 설계도를 확보하고 부품을 구입한다.
- 처음 조립하는 경우에는 조립 설명서가 들어있는 부품 키트를 구매하는 것도 좋은 방법이다.
- 드론을 조립하기 위해서 최소한의 도구와 공구와 소모품들을 미리 확보한다.
- 드론 조립은 물리적 조립, 전기적 조립, 소프트웨어적 조립 그리고 시험의 순서로 진행된다.

- 물리적인 조립은 프레임으로 기체를 만들고 관련 기자재와 부품들을 기체에 고정시키는 작업이다.
- 전기적 조립은 물리적으로 조립된 드론에서 전기 장치들의 전원 선을 연결하고 신호 장치들의 신호선을 연결하는 작업이다.
- 전기적 조립을 위하여 미리 [그림 18.3]과 같은 전기 회로도를 확보한다. 필요에 따라서 납땜이 요구된다. 전선들이 연결되면 전원을 넣어서 모터의 초기화 작업을 수행한다.
- 소프트웨어적 조립은 전기적 조립이 완성된 드론에 비행제어 프로그램을 설치하는 작업이다.
- 소프트웨어적 조립은 전기적으로 조립된 드론을 비행제어 소프트웨어로 비행할 수 있는 상태로 만드는 일이다. 이 장에서는 비행제어 소프트웨어로 Multiwii를 선정한다.
- Multiwii는 Arduino 환경에서 실행되므로 Arduino 환경을 미리 설치해야 한다.
- 소프트웨어 조립이 완성되면 MultiwiiConf를 이용하여 비행 상태를 점검하고 매개변수들을 재설정한다.
- PID 조정 작업은 제3.4.2절을 참조한다.
- MultiwiiConf 상으로 모든 점검이 완료되면 야외에서 비행 시험을 수행한다.
- 비행 시험은 정지 비행부터 시작한다. 이후의 시험 비행은 제6.4.3과를 참조한다.

연습문제

1. 드론을 조립할 때 필요한 문서들을 열거하고 설명하시오.

2. 드론을 조립할 때 필요한 주요 공구 5가지를 설명하시오.

3. 드론을 조립할 때 나사 고정제의 필요성을 설명하시오.

4. 물리적 조립과 전기적 조립의 차이점을 구분하여 설명하시오.

5. 전기적 조립과 SW적 조립의 차이점을 구분하여 설명하시오.

6. 모터의 회전 방향을 결정하는 것은 전기적 조립인가 SW적 조립인가 설명하시오.

7. 드론의 비행체가 3개의 프레임으로 구성되었다고 할 때 상판, 중판, 하판의 역할을 각각 설명하시오.

8. 조립을 완성했을 때 잘 조립되었는지 검사하는 방법을 설명하시오.

9. 땜납의 종류를 설명하고, 납땜을 잘하는 방법을 설명하시오.

10. Multiwii를 설치할 때 config.h에서 설정할 사항들을 기술하시오.

11. Multiwii를 설치했을 때 드론의 비행 상태를 점검할 사항들을 설명하시오.

12. 드론 조립과 Multiwii 설정을 마치고 시험 비행하는 절차를 설명하시오.

참고문헌

강덕수, "RC 헬리콥터 입문," 서울:전파기술정보사, 2002

공현철, 한기남, 김지연, 서동훈, "픽스호크 드론의 정석," 서울: 성안당, 2019

김성걸, "전투기 100년 역사," 서울: 한국국방연구원, 2009

김용규, 고일한, "드론 제어실습," 서울: WisdomPL, 2018

김회진 · 김시준 · 패트릭 에릭슨, "드론 DIY 가이드," 경기도: 광문각, 2017

나카무라 간지, 권재상 역, "알기 쉬운 항공역학," 서울:북스힐, 2017

남명관, "항공기시스템," 서울:성안당, 2018

데이비드 맥그리피 지음 임지순 옮김, "Make: 드론," 서울: 힌빛미디어(주), 2017

민진규 · 박재희, "드론학 개론," 서울: 세종홍익(주), 2018

서민우, "라즈베리 차이 드론 만들고 직접 코딩하기," 경기도: 엔씨북 출판사, 2018

서민우, "아두이노 드론 만들고 직접 코딩하기," 경기도: 엔씨북 출판사, 2016

오인선·강창구, "무인 멀티콥터 드론," 서울: 복두출판사, 2018

이상종, "항공전기전자," 서울: 성안당, 2019

정건호, "조립 드론 한 번에 끝내기," 경기도 파주: 혜지원, 2019

조용욱, "항공기계," 청연, 2006

조용욱, "항공역학," 서울: 청연, 2015

정성욱, 신재관, "무인 항공기 드론 소프트웨어를 만나다," 서울: 크라운 출판사, 2018

존 베이치틀, 박성래 · 이지훈 옮김, "나만의 드론 만들기", 경기: 에어콘출판주식회사,
    2016

최준호, "드론의 기술," 서울: 홍릉과학출판사, 2017

테리 킬비 · 베린다 킬비, "처음 시작하는 드론," 서울: 한빛미디어, 2016

항공기개념설계교육연구회, "항공기개념설계," 서울:경운사, 2016

황인수, "항공진기전자개론," 시울:선학출판사, 2015

Starlino electronics, "A Guide To using IMU (Accelerometer and Gyroscope Devices) in Embedded Applications," http://www.starlino.com/imu_guide.html

"Geek Mom Project" http://www.geekmomprojects.com/

WaterBottle, "아두파일럿(아두이노 드론) 공부 순서", https://sensibilityit.tistory.com/449?category=657462

ELECTRONOOBS, "PID control with arduino", http://www.electronoobs.com/eng_robotica_tut6.php

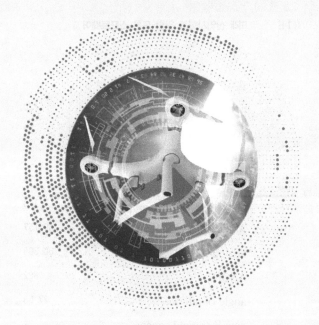

INDEX

미래 산업사회를 위한 드론 소프트웨어

1판 1쇄 인쇄 2019년 08월 05일
1판 1쇄 발행 2019년 08월 10일
저   자 이병욱·황준
발 행 인 이범만
발 행 처 **21세기사** (제406-00015호)
　　　　　　경기도 파주시 산남로 72-16 (10882)
　　　　　　Tel. 031-942-7861   Fax. 031-942-7864
　　　　　　E-mail : 21cbook@naver.com
　　　　　　Home-page : www.21cbook.co.kr
　　　　　　ISBN 978-89-8468-841-4

정가 30,000원